# 中国古代宫殿

中国建筑设计研究院有限公司
建筑历史研究所 傅熹年 著

中国建筑工业出版社

# 目

# 录

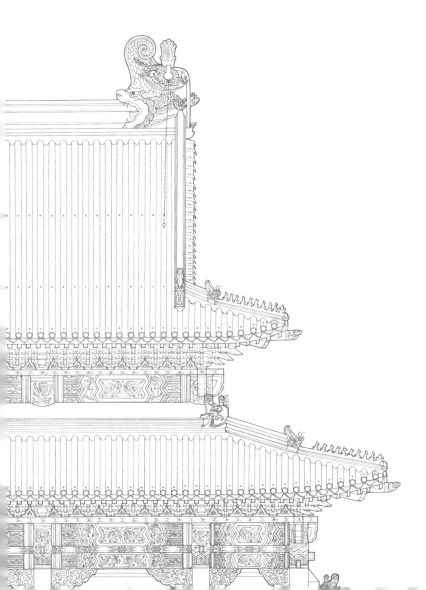

# 概　说

在中国古代由帝王统治的皇权国家中，宫殿是一国之君施政和居住之处，是国家的统治中心，也是国家政权和家族皇权在建筑上的体现，所以它是一国中最重要、最巨大、最豪华，反映最高建筑水平的建筑群。宫殿建筑除满足使用要求外，还要加强保卫设施，并以建筑艺术手段表现王朝的稳固和皇帝的无上权威。（汉）萧何说宫殿"非壮丽无以重威"；（唐）骆宾王诗"不睹皇居壮，安知天子尊"，很清楚地说明了这个要求。中国历代王朝都建造了自己的宫殿，虽然在布局和建筑风格方面随着时代进展不断发展演变，但功能包括行政、居住两部分和以宫殿表现皇帝无上权威这两点上是一致的。

# 一、"宫殿"名称的由来

"宫"在秦汉以前只是房屋的通称，这可在很多古籍中得到印证。《墨子》卷一《辞过第六》云："子墨子曰：古之民未知为宫室时，就陵阜而居，穴而处。下润湿伤民，故圣王作为宫室。为宫室之法，曰：'室高足以辟润湿，边足以围风寒，上足以待雪霜雨露，宫墙之高足以别男女之礼'。谨此则止，凡费财劳力，不加利者，不为也。"可知在墨子所在的先秦时期，平民的居所也称"宫室"，屋壁也可称"宫墙"。又据汉刘熙《释名》所载："宫穹也，屋见垣上，穹窿然也"。也可证当时"宫"所指是在四壁上覆盖高起屋顶的房屋。据宋王应麟撰《玉海》卷一百五十五宫室所载："《白虎通》谓黄帝作宫室，《世本》谓禹作宫室，《尔雅》谓宫，穹也，屋见垣上穹穹然。古者贵贱所居皆得称宫，至秦汉以下乃定为至尊所居之称。"可知到秦汉以后"宫""宫室"才转为帝王统治和居住之所的专用名称。

关于殿，《仓颉篇》曰："殿，大堂也。商周以前其名不载。"殿之称较早见于《商君书》，其卷五《定分第二十六》载："天子置三法官：殿中置一法官，御史置一法官及吏，丞相置一法官。"可知在战国时秦已称其国主宫中施政之主要建筑为"殿"。又据《史记·秦始皇本纪》所载秦始皇"作前殿，上可以坐万人，下可以建五丈旗。"可知"殿"之称可能始于战国后期之秦国，西汉建国后延用，直至后世。

# 二、宫殿形制规模的形成和发展过程

《周礼》中的《考工记·匠人营国》部分是现存有关宫殿最早的文献，但内容较分散，经前代学者孙诒让先生、贺业钜先生分别在其专著《周礼正义》《考工记营国制度研究》中对周代王宫规制进行分析归纳，可知周代王宫内布局依使用功能分三部分，称"三朝"，即外朝、内朝、燕朝三部分，依次由建在中轴线上的皋门、应门、路门三重门加以区隔。皋门即宫城南面正门，其内为外朝区，是举行大朝会等国家重大礼仪活动之处，左右分列太庙和社稷，即"左祖右社"。应门是周王日常听政的内朝区的正门，左右分列宫中办事机构。路门是周王寝区的正门，其内为燕朝区，与路寝相连，即王及其家庭的生活居住区。这就形成了宫内"三朝"的分区。

《周礼》在西汉时失去司空之篇，当时人以相关文献补入，题为《冬官考工记第六》，故有些学者不能确认其所记全为西周时制度。但自《周礼》列入《六经》《九经》成为儒家经典后，《考工记》中所载西周王城、王宫制度遂成为汉代以后正统王朝在建造宫室时必须加以考虑和比附的内容，其中以"三朝""五门""左祖右社"等对历朝皇宫布置的影响最大。

周以来称王为"天子"，认为是代表上天进行统治，故后儒又多主张宫室形制应与天相应。在实际建造时虽是按使用需要布置，但有时也加上一些比附依托的说法。

皇帝号称"九五之尊"，其说源自《周易注疏》卷一《上经乾》："九五曰飞龙在天，利见大人。"

"九五"指帝位。旧指帝王的尊位，于是便以龙附会君德，以天附会君位，从而将"九五之尊"作为帝王之称，"九五"也就被"御用"了。

古人认为，九在阳数（奇数）中最大，有最尊贵之意，而五在阳数中处于居中的位置，有调和之意。这两个数位组合在一起，既尊贵又调和，无比吉祥，实在是帝王最恰当的象征。

宫廷中常见"九五"的实用例证，最多表现在建筑的开间数上。殿之间数据考古发掘所知，唐宋以来，如唐含元殿殿身、麟德殿、宋大庆殿等主要殿宇大都是面阔九间，以后明清北京的天安门、午门、太和殿（明后期改作 11 间）、乾清宫等主要门阙、殿堂也都是主殿面阔九开间，进深五开间，以符"九五"的卦象（重檐殿宇的下檐副阶不计入）。

宫殿建筑随着皇权的初步建立至盛期和末期有一个初步形成到发展成熟并走向衰落的过程。下面就这方面进行初步探讨。

据现存古代遗址可知，在原始社会后期，由于经济的发展，部落规模扩大，出于管理、统治需要，部落酋长的办事处日渐扩大，与其住宅分开，形成所谓"大房子"，在甘肃秦安大地湾遗址、陕西西安半坡遗址等地可见其实例。这是人类社会中居所发生差异的最初现象（图 0-1）。

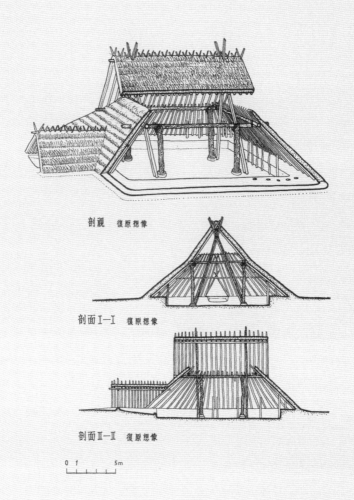

剖視　復原想像

剖面Ⅰ—Ⅰ　復原想像

剖面Ⅱ—Ⅱ　復原想像

0　1　　　5m

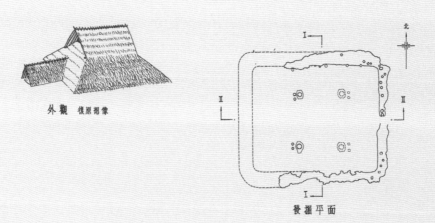

外觀　復原想像

發掘平面

北

图 0-1　西安半坡大房子
（刘敦桢《中国古代建筑史》图 10）

# 夏代、商代

进入奴隶社会的夏、商王朝后，各级奴隶主役使奴隶开始在"大房子"的基础上进一步拓展，建造更大型的办公用建筑群，实例如夏代的偃师二里头宫殿址。与前代单座"大房子"不同处是它主体建筑巨大、有廊庑环绕围合成庭院，在南面辟正门的布局，除处理公务外，兼有一定防卫作用，出现了宫殿的雏形。但它还只是一座土墙木柱茅草顶的独立办公用院落，尚未发现其外围有附属居住院落、宫城或都城（图0-2）。

至商代，宫殿又进一步发展，在偃师商城遗址中已出现在都城内建宫城，宫城中成排建造五六所廊院式宫殿的实例（图0-3）。

宫城的出现表明随着奴隶制王朝的发展壮大和各级奴隶主政权间的争斗，宫殿已有防卫需要，逐步出现宫城和其外围的都城。宫殿、宫城、都城的多重布局也反映出当时政权对防卫和威势的需求已经出现。

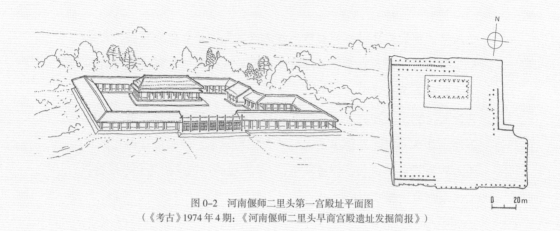

图 0-2　河南偃师二里头第一宫殿址平面图
（《考古》1974 年 4 期：《河南偃师二里头早商宫殿遗址发掘简报》）

图 0-3　河南偃师商城宫城平面图
（据《考古》1988 年 2 期：《河南偃师尸沟商城第五号宫殿基址发掘简报》）

# 西周

西周时，中国由奴隶制社会进入封邦建国的封建制社会，周王朝以公侯伯子男五等封爵分封各级诸侯，令其共尊王室，形成统一的国家。史籍中关于周代宫室制度的记载较夏商为多，以《周礼·考工记》最重要。《周礼》传为周王朝建立之初由周公总结历史经验制定的，其中冬官部分有建都城宫殿规制的内容。但史载《周礼》在西周后即亡失，汉初以重金求得之，但其中遗失冬官，后人以《考工记》补入代之。故东汉郑玄注说："此篇司空之官也，司空篇亡，汉兴，购千金不得，此前世识其事者记录，以备大数尔。"可知《考工记》已不是《周礼》中原文，而是汉人以相关记录补入"以备大数"者。但其内容至迟亦为汉以前所载，仍是我们目前了解夏商周三代建都城宫殿的较早期史料（图0-4）。

据《考工记》所载，我们可以了解夏商周三代相当于宫殿的世室、重屋、明堂和王宫的形制、尺度和大致做法。从所载世室、重屋、明堂、王宫的形制、尺度的不同，已可看到其由小到大，由简至繁的发展进程。但至今发现的考古遗迹尚无与之较接近者，故目前尚只能视之为参考史料。

西周立国后建有丰镐、洛邑两座都城，因遗址未经发掘，对其宫殿形制也尚不了解。但1970年代发掘的陕西周原岐山县凤雏村西周初宗庙和扶风县召陈西周宫殿等遗址对了解西周前期宫殿建筑有一定帮助（图0-5）。其凤雏西周初宗庙址已是用廊庑环绕主殿围合成的纵长形两进院落。

这些都反映了西周初宫殿的布局和建造发展水平。但这些都不是周王朝的主宫，《考工记》中所载西周宫殿的形制、规模、尺度等在其中都没有体现。典型式的西周宫殿形制仍有待考古发掘工作来揭示。

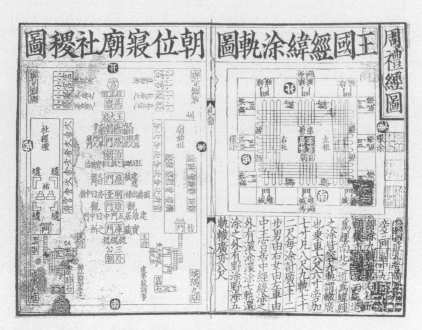

图 0-4 《考工记》王城图（南宋福建刊本）

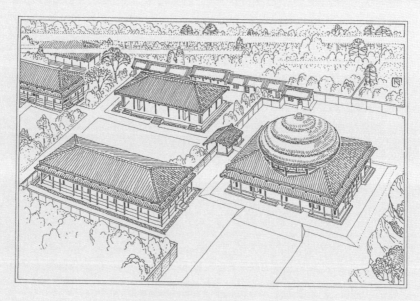

图 0-5 陕西扶风召陈西周宫室建筑遗址总体布置示意图

# 春秋战国

东周时期各级诸侯壮大，逐渐摆脱周王朝控制，互相征战吞并，形成五霸、七雄诸大国，进入春秋战国时期。最后诸国被秦逐个击破，统一全国。此期间各国均有发展，实力增强，都开始拓建宫室，形成各自的都城。从已发现各国宫室遗址看，主体多是当时盛行的兼有防卫和壮威作用的土木混合结构的高层台榭建筑。宫墙内以一座或几座台榭为中心，在其周围建附属建筑，形成一组宫殿群。

现存河北邯郸赵王城由品字形排列的三城组成，其西南部城中建有巨大的"龙台"，南北296米，东西265米，面积约78440平方米，高19米，以地上部分之体积计，夯土工程量约149万立方米，是现存战国最大台榭遗址，可知当时已能进行体量巨大的土方工程（图0-6）。

建高大台榭的原因之一是防御外敌和内部动乱，另一原因则是展示其政权之强大有力，故时人讽刺当时统治者"高台榭美宫室以自鸣得意！"

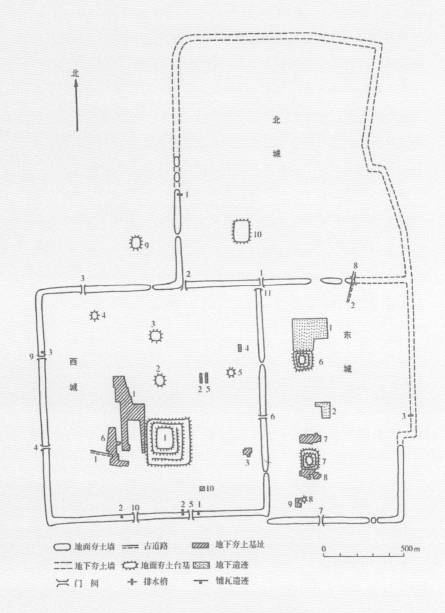

北

北
城

西
城

东
城

1

9

10

8

2

3

2

11

1

4

3

1

4

6

9

3

2

5

2

5

7

6

1

7

8

3

1

6

1

3

10

2

8

9

8

7

2

10

2

5

1

地面夯土墙　　　古道路　　　地下夯土基址

地下夯土墙　　　地面夯土台基　　地下遗迹

门阙　　　排水槽　　　铺瓦遗迹

0　　　　　　　500 m

图 0-6　赵邯郸故城平面图
（据段宏振：《赵都邯郸城研究》）

中国古代宫殿

# 秦代

秦始皇灭六国统一全国后，废除分封诸侯制，在地方设置由中央统一控制的郡县进行辖治，建立中央集权的郡县制国家，是中国古代社会性质的巨大变化。秦毁六国都城宫殿，在其首都咸阳大建宫室。公元前212年，在渭水南新建主殿阿房宫前殿，相当其外朝。自此向北建长达13公里的复道桥梁，抵渭河北岸，相当其听政的治朝区和居住的燕朝区的咸阳宫。宫内主要为土木混合结构之大小台榭建筑，其规模远超各国宫殿。但因新建宫室、陵墓规模过大，过度滥用民力，使民不聊生，终于引发农民大起义，秦遂于建宫6年后的公元前206年亡国，宫室被毁。过度建造宫室成为导致其亡国的主要原因之一。巨大的秦咸阳宫全貌现仍不详，但从公元前215年秦所建离宫碣石宫可知其宫室面积为0.254平方公里，已有轴线的院落式布置，施政的外朝和居住的内廷已在位置和尺度上有所区分，其宫室仍是土木混合结构（图0-7）。

自秦始，以后各王朝，均只有帝王可建造都城（包括陪都）和代表国家政权和家族皇权的宫殿（包括行宫、离宫）。

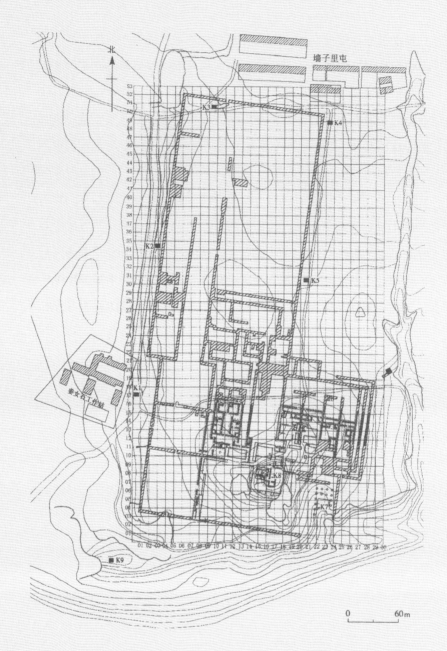

图 0-7  辽宁绥中石碑地秦离宫遗址区域划分图

（《姜女石秦行行宫遗址发掘报告》辽宁省文物考古研究所编）

# 西汉

西汉立国后建都长安，以新建的未央宫为主宫。宫平面近方形，东西宽2250米，南北深2150米，面积4.84平方公里。四面各一正门，其北门、东门外建双阙，当是正门。主殿称前殿，分前中后三殿，建在宫中心称为龙首山的丘陵上，是汉帝施政之处，其北主体为皇后所居椒房殿，二者共同形成全宫中轴线（图0-8）。

据此可知，西汉宫殿已划分出听政的治朝区和居住的燕朝区。但与秦代大朝会不在宫中而在南方的阿房前殿相似，汉帝举行大朝会之处也不在宫中，而在其南部司徒府中所建的百官朝会殿，以其为外朝正殿。可知当时未央宫只代表家族皇权，而司徒府中的百官朝会殿才代表国家政权。这表明在西汉初《考工记》对宫殿尚无很明确的影响。但西汉宫殿仅存遗址，其形象在现存石刻、壁画中都没有反映。

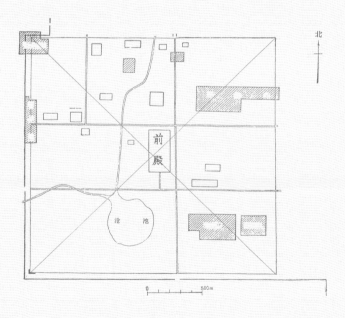

图 0-8　汉长安未央宫总平面图
（据社科院考古所汉长安城工作队：《汉长安城未央宫西南角楼遗址发掘简报》图 1）

# 东汉

公元25年东汉定都洛阳，光武帝入居南宫，38年建南宫前殿。60年拓建北宫后，以北宫为主宫。

北宫划分为南北两区，南为朝区，北为寝区，前后相重，形成全宫南北轴线。至此，一所宫殿中始终同时具有代表国家政权的外朝和代表家族皇权的寝区两部分。《考工记》所载宫室正门、朝区、寝区主殿形成全宫中轴线的布局已开始出现。

东汉宫殿也没有形象史料留传下来。

# 魏晋南北朝

220年曹丕代汉，以洛阳为曹魏首都。265年，司马炎代魏，建立西晋，统一全国，洛阳再次成为全国首都。魏晋重建的北宫有三重宫墙，第三重宫墙内为新建宫殿的主体部分，前为举行大朝会的太极殿，相当于"外朝"。皇帝听政和日常活动的东堂、西堂位于太极殿东西侧，相当于"治朝"。其后为式乾殿和昭阳殿，为帝、后的寝殿，相当于"燕朝"。"外朝"象征国家政权，"治朝"和"燕朝"象征家族皇权。三朝的明显划分应是较全面反映了《考工记》的影响（图0-9）。

在都城中只在北部建一宫，宫有三重宫墙，在中轴线上建"外朝"太极殿，和"燕朝"式乾殿（帝寝）、昭阳殿（后寝），并把相当于"治朝"的东堂、西堂与"外朝"太极殿东西并列，是曹魏洛阳宫不同于两汉宫殿之处。由于代魏的西晋统一了全国，成为正统王朝，西晋所继承的曹魏洛阳宫遂成为两晋、南北朝时期宫殿的楷模，包括少数民族建立的北魏、北齐、北周的宫殿大都基本循此模式并加以拓展完善，以示自己为正统王朝（图0-10）。

直至隋统一全国后创建大兴宫才改变此宫殿规制，撤去东西堂，把相当于"治朝"的一组宫殿建在外朝正殿大兴殿之北，形成中轴线上建三朝的布局。北朝宫殿建筑已不存，目前只能从个别壁画中了解其概貌（图0-11）。

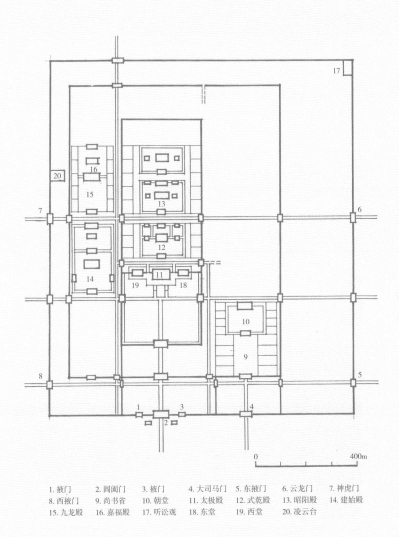

1. 掖门　　 2. 阊阖门　 3. 掖门　　 4. 大司马门　 5. 东掖门　 6. 云龙门　 7. 神虎门
8. 西掖门　 9. 尚书省　 10. 朝堂　 11. 太极殿　 12. 式乾殿　 13. 昭阳殿　 14. 建始殿
15. 九龙殿　 16. 嘉福殿　 17. 听讼观　 18. 东堂　 19. 西堂　 20. 凌云台

图0-9　曹魏洛阳宫殿平面示意图
（《中国古代建筑史》第二卷，图1-2-1）

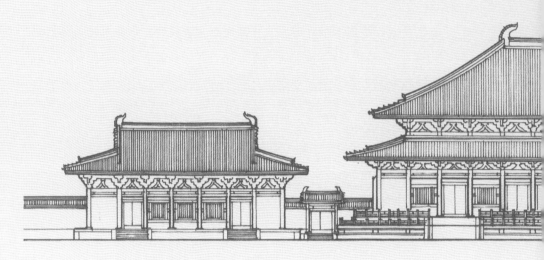

图 0-10　北魏洛阳太极殿及东西堂立面复原图

图 0-11　山西忻州北朝墓壁画中的宫门
　　　　（其斗栱，鸱尾均体现北朝特点）

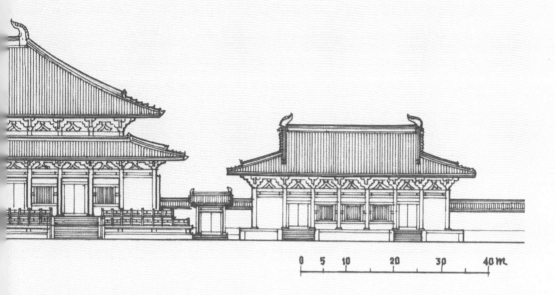

0  5  10    20    30    40 m.

# 隋代

589 年隋灭陈重新统一全国，建立隋朝。隋开皇二年（582 年）隋文帝杨坚弃汉魏长安城，在其西南龙首原创建新都，定名为"大兴城"，宫城为大兴宫，主殿为大兴殿。大兴宫东西宽 2820 米，南北深 1492 米，面积 4.2 平方公里，仅稍小于西汉未央宫，是中国古代所建第二大宫殿（图 0-12）。

隋炀帝杨广于大业二年（606 年）又创建东京城，宫城称"紫微宫"。其布局与大兴宫基本相同，但更为侈大豪华，超越前代（图 0-13）。

隋炀帝又在各地建大量离宫别馆。这些活动严重影响国内经济，大失民心，加之连年发动对外侵略，终于引发农民起义和内部叛乱，导致隋代二世而亡。

隋所建两宫遗址近年已进行了勘探和局部发掘，与魏晋南北朝以来宫殿规制有很大的不同，经唐代继承后，对后世宫殿有较大影响。

其一，因大兴城为重新创建，故可以把宫城置于全城南北中轴线上，凸显了首都的特色，开创一代新风，并为以后的金中都、元大都、明清北京在规划布局上有所继承。

其二，宫墙由内外三环改为前后数重，由墙和其内的东西向干道自南而北分全宫为外朝、内廷、后苑三大部分。

其三，魏晋以来在太极殿举行的大朝会改在宫前正门——承天门举行，在东西堂举行的日朝、常朝和皇帝日常起居活动改在太极殿和其后的两仪殿举行，宫中象征外朝、日朝的建筑由魏晋以来太极殿与东堂、西堂三殿东西并列改为承天门、太极殿、两仪殿、甘露殿一门三殿南北相重。这些差异表明中国宫殿布局在隋唐时发生了巨大的变化，外朝、日朝、燕朝有明确的区分，由南而北，都在宫廷中轴线上，更多地反映了《考工记》的影响。

其四，朝堂及尚书省等原设在宫内的办事机构由原在宫城内太极殿东南侧向外迁至宫城南的皇城中。隋宫的这些特点在唐代基本继承下来。

但隋代宫殿也没有形象资料留传下来。

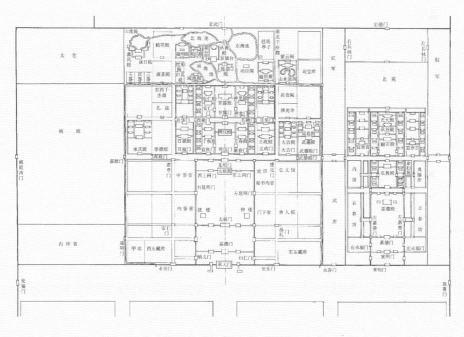

图 0-12　隋大兴宫唐太极宫平面示意图
（据《中国古代建筑史》第二卷图 3-2-2）

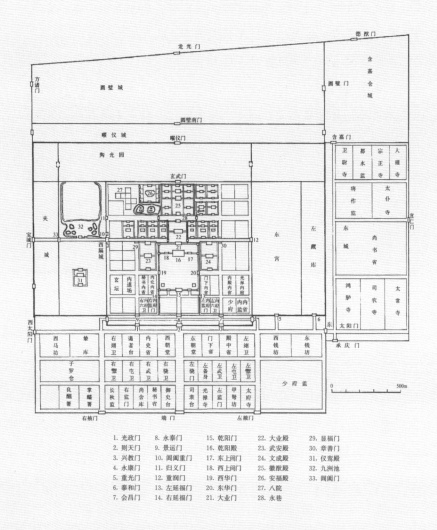

图 0-13　隋紫微宫唐洛阳宫平面示意图
（据《中国古代建筑史》第二卷图 3-2-4）

| 1. 光政门 | 8. 永泰门 | 15. 乾阳门 | 22. 大业殿 | 29. 显福门 |
| 2. 则天门 | 9. 景运门 | 16. 乾阳殿 | 23. 武安殿 | 30. 章善门 |
| 3. 兴教门 | 10. 闿闾重门 | 17. 东上阁门 | 24. 文成殿 | 31. 仪鸾殿 |
| 4. 永康门 | 11. 归义门 | 18. 西上阁门 | 25. 徽猷殿 | 32. 九洲池 |
| 5. 重光门 | 12. 重润门 | 19. 西华门 | 26. 安福殿 | 33. 闿闾门 |
| 6. 泰和门 | 13. 左延福门 | 20. 东华门 | 27. 八院 | |
| 7. 会昌门 | 14. 右延福门 | 21. 大业门 | 28. 永巷 | |

# 唐代

唐代自建的宫殿是位于长安城北的大明宫,唐高宗以后为唐之主宫。它基本按隋大兴宫——唐太极宫的规制建造,但其相当于太极宫正门——承天门的宫城正门恰位于高岗上,不便建为宫城门楼形式,而建为大殿,称"含元殿",经坡道登上。其原门楼左右应有的双阙则改称"翔鸾阁"和"栖凤阁"(图0-14)。

虽其作用仍为举行大朝会的外朝,但形式由门改为殿,这是大明宫的最大特点。其后中轴线上依次为日朝宣政殿、燕朝紫宸殿、蓬莱殿等,布置则和太极宫接近。但因宫在长安城外,故含元殿以南至长安城北墙之间部分相当于其皇城,其内也建造宫署。宫后部开辟大面积苑囿区,总面积大于太极宫(图0-15)。但其位置东移,不在长安城南内太极宫的中轴线上。

唐代宫殿实物及图像均不存,但从敦煌莫高窟148窟和217窟两幅盛唐大型壁画中可以大体了解唐代宫殿的形制和风貌(图0-16、图0-17)。

图 0-14　唐含元殿复原示意图

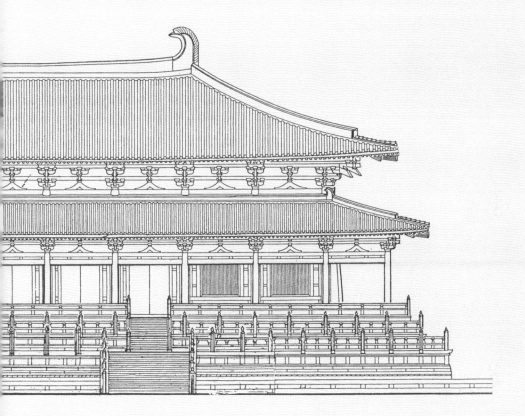

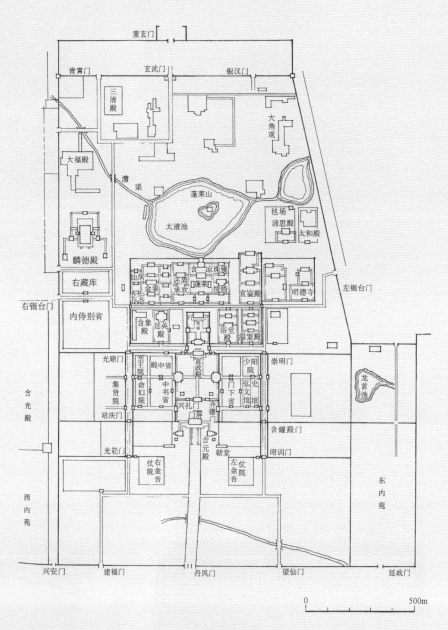

图 0-15　唐大明宫平面复原图
（据《中国古代建筑史》第二卷，图 3-2-8）

图 0-16　敦煌莫高窟第 148 窟观无量寿经变壁画中用庑殿顶的大型佛寺
（《中国石窟·敦煌莫高窟》四，图 39）

图 0-17　敦煌 217 窟壁画观无量寿经变中主殿两侧用阙亭的大型佛寺
（《中国石窟·敦煌莫高窟》三，图 103）

027
概说

# 五代

五代后唐时曾定都洛阳，加以改建，据文献记载，改乾元殿为太极殿并加建后殿形成工字殿，为大朝正殿。又把在其西侧的隋武安殿改为文明殿，为日朝正殿，又出现了魏晋以来大朝、日朝东西并列的布局。

# 北宋

北宋建都的汴梁是一座州府城规模的城市，新建的宫殿在原州府衙城基址上建造。受旧城规模的限制，整体尺度缩小，不可能按隋唐那种在中轴线上建三朝的布局，只能采取五代后唐时洛阳宫的大朝、日朝东西并列的布局。其举行大朝会的外朝主殿——大庆殿居中，朔望听朝的日朝正殿——文德殿在其西。在大庆殿之北隔横街为垂拱殿，文德殿之北隔横街为紫宸殿，都是皇帝日常视朝之殿，相当于常朝。这前后两组左右并列的殿宇都是工字殿，当是受五代时洛阳宫的影响。在垂拱殿之北为正寝福宁殿和皇后所居坤宁殿。这样，虽外朝大庆殿位置在宫中几何中轴上，但从殿宇布局上，偏西的日朝文德殿及其后的常朝垂拱殿和其北的正寝福宁殿和皇后所居坤宁殿却在宫内形成最长的轴线（图0-18）。

北宋宫殿规模虽小，但其内外檐装修都比唐代豪华精致，可从绘画中看到（图0-19）。

受宫城面积限制，其苑囿规模则大为缩减。现存北宋建筑中，山西太原晋祠圣母殿为一面阔五间，四周加副阶的歇山顶重檐殿宇，其规格近于一般宫殿，可作为了解北宋宫殿风貌的参考（图0-20）。

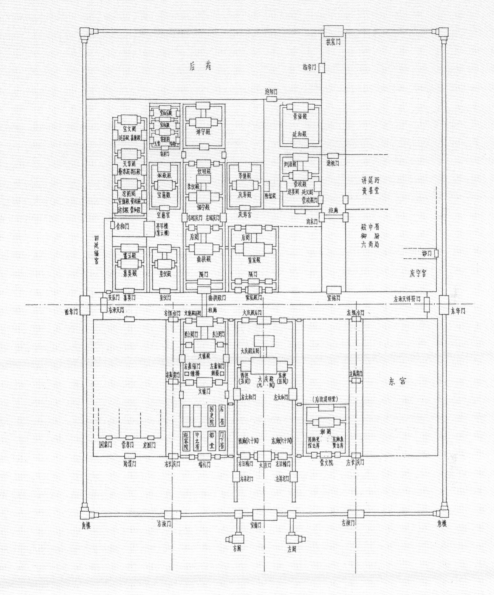

图 0-18　北宋汴梁宫城平面布置示意图
（据《中国科学技术史·建筑卷》p367 图 7-14）

图 0-19　宋徽宗画中的北宋宫城宣德门
（据复印本）

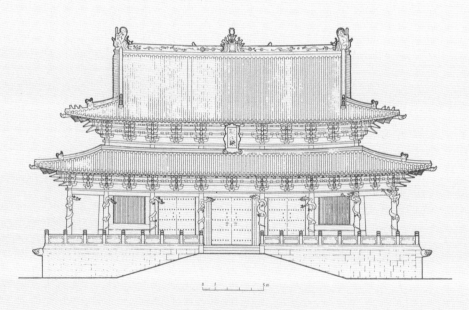

图 0-20　山西太原晋祠北宋建圣母殿
（据刘敦桢著《中国古代建筑史》图 115-5）

# 南宋

南宋建炎三年（1129 年），宋高宗赵构定都杭州。为表示有志恢复中原，不称杭州为都城，而称为"行在所"，以原州衙改建之宫亦不称"大内"而称"行宫"。受原州治的地域限制和行宫的体制限制，南宋杭州宫殿规格、尺度、数量远低于汴梁宫殿，只有一两座主殿用歇山屋顶，为适应不同的礼仪和使用需要，临时冠以北宋汴梁宫殿的不同殿名。其余大量宫殿都是面阔不超过五间，用悬山屋顶的近于厅堂级的建筑。其装修虽不如北宋豪华，但更倾向于精雅（图 0-21）。

南宋宫殿建筑已不存。在现存南宋宫廷绘画中有些表现宫中建筑的内容，可据以了解其规模和风貌（图 0-22）。

# 辽代

辽为契丹族建立的政权，早期几座宫殿建在内蒙古及东北地区，主殿仿宋制南向，而所居住的宫室则按其民族传统东向。进入华北地区后，在今北京西南仿北宋制度建南京析津府及宫室，旋毁于金军攻占析津府之役。遗址尚未发掘，其布局不详。辽代宫殿实物不存，但辽代以大同为西京，建华严寺以贮辽帝之铜像和石像，其大殿面阔九间，进深五间，上覆单檐庑殿顶，属宫殿规格，虽为金代重建，但规制风格未改，可据以了解辽代宫殿风貌（图 0-23）。

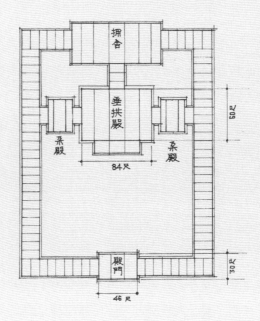

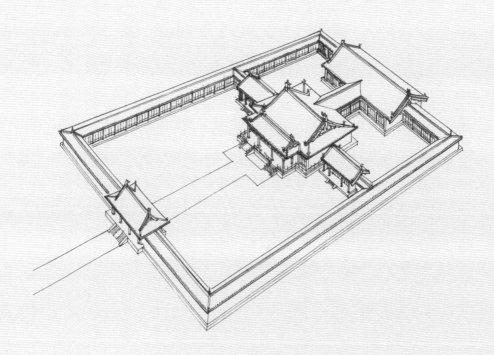

图 0-21 南宋临安行宫垂拱殿透视示意图

图 0-22　南宋院画《宫苑图》
（据《南宋艺术与文化·书画卷·生活美学》图Ⅲ—6，台北"故宫博物院"藏）

图 0-23　大同华严寺大殿
（据《中国古代建筑史》图 119-3）

# 金代

金为女真族建立的政权，灭北宋后，1151年迁都燕京，创建中都城及宫殿。在宫殿体制方面，在其前期，按女真族的民族传统，金宫中不称前朝、后寝，而称"皇帝正位""皇后正位"，表现出帝后并尊，与以前各代都不同。以后汉化日深，才改称"外朝""内廷"，以符合中原宫殿的传统体制，以利于与南宋争正统地位。其

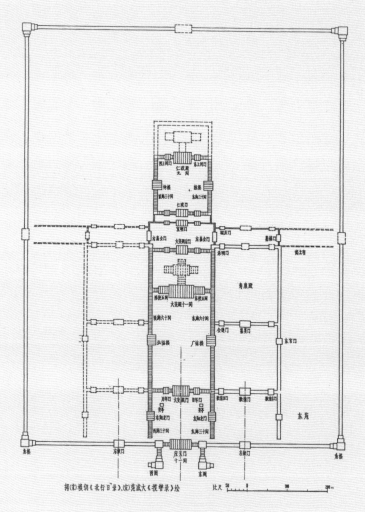

图 0-24　金中都宫殿主体部分平面示意图
（据《中国科学技术史·建筑卷》图 7-22）

前朝、后寝的主殿都建在都城中轴线上，前后相重，恢复了北宋时已放弃了的隋唐以来宫城建在都城中轴线上、宫中主要建筑建在宫城中轴线上的传统。而其前朝、后寝又均为工字殿则是接受北宋传统，但规模加大（图0-24）。

金宫把主殿下的台基由二层增为三层，把殿前左右两阶改为明间居中一阶，把正殿前广庭的左右廊庑中部的侧门改为楼阁，为宫殿布局中的创举，并为以后的元、明、清宫殿所继承。中国古代宫殿采用朱柱、黄瓦、白石台基栏杆即始于金代，并为以后的元明清三朝宫殿所继承。金代宫殿已无保存至今者，但从现存山西繁峙岩山寺金代宫廷画师所绘壁画中可以看到金代宫殿的规制和风貌（图0-25）。

图 0-25　山西繁峙岩山寺金代壁画中的宫殿
（摹本）

# 元代

元是蒙古族建立的统一全国的王朝，中统元年（1260年）进驻燕京，至元四年（1267年）建大都城。都城宫殿建设由汉人刘秉忠主持，其宫城部分采纳《周礼》中"前朝后市，左祖右社"的布局，以表示其为正统王朝，有权统治全国。其宫殿部分则在隋唐和金代的基础上加以发展，宫城的中轴线与都城的规划中轴线重合，宫中主体为前朝、后寝。但它也保持了一些本民族帝后并尊的习俗，前朝为皇帝主宫，为重檐工字殿，后寝为皇后主宫，为前殿是二重楼阁的工字殿，宫院面积和建筑体量基本相同。这两座工字殿的后殿是帝、后寝殿，且继承金宫传统，在明间向后突出香阁。此外，在寝殿左右又并列各一组小寝殿，反映元代宫廷生活的一些特点，为前代所无（图0-26）。

元代宫殿实物图像均不存，但其形制风貌可从元人所绘表现前代宫殿的绘画中得到参考（图0-27）。

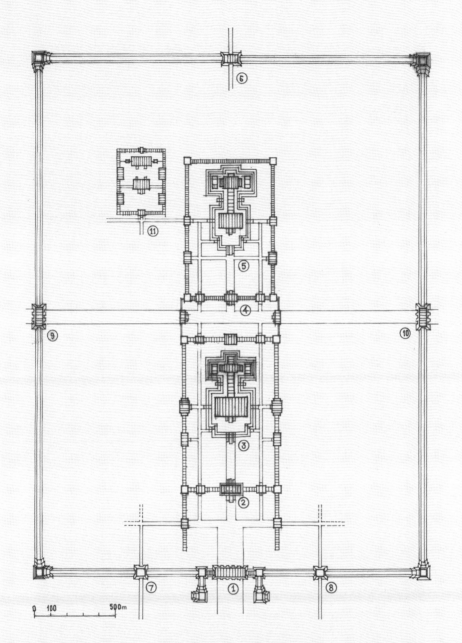

图 0-26 元大都大内平面复原图
(《中国科学技术史·建筑卷》图 8-8)

图 0-27　元人所绘《汉苑图》中的宫殿

中国古代宫殿

# 明代

明于 1368 年建国时以南京为首都，参考元大都宫殿建立宫殿。但规模缩小。明成祖为帝后，在燕京（原元大都）建宫殿，1420 年正式迁都，改称"北京"，为明代的正式首都和主宫。其宫城称"紫禁城"，是在拆毁的元大都大内基址上稍向南移而创建的，其中轴线上主体前为外朝的奉天殿、华盖殿、谨身殿三殿（入清后改名为"太和殿""中和殿""保和殿"），后为内廷的乾清宫、交泰殿、坤宁宫三殿，都建在工字形大台基上，实是由元大内的大明殿、延春阁两组巨大的工字殿发展而来。明宫中轴线上建外朝、内廷两组工字殿形宫殿的布局实源于元大都，而元大都又源于金中都。但金、元均为少数民族建立的王朝，按其民俗习俗，帝后并尊，故其代表帝权和后权的外朝、内廷两组宫院体量大体相等。而明是汉族重新统一后建立的王朝，恢复了汉族以外朝代表国家政权，以内廷代表家族皇权的传统，故把内廷后两宫面积拓展四倍为外朝前三殿，以反映家族皇权拓展为国家政权的关系（图 0-28）。

明紫禁城宫殿后为清代继承，成为历史上唯一保存下来的宫殿实物，故可通过对其航拍照片的分析了解其较具体的规划方法。大体有如下特点：

紫禁城宫院布置按其规模尺度使用了不同尺度的方格网。

在规划中还使用了古代传统的模数制，以后两宫面积为基本模数。

在宫院布置中，每所宫院均采用中轴线布局，其主殿均位于该宫院的几何中心（图 0-29）。

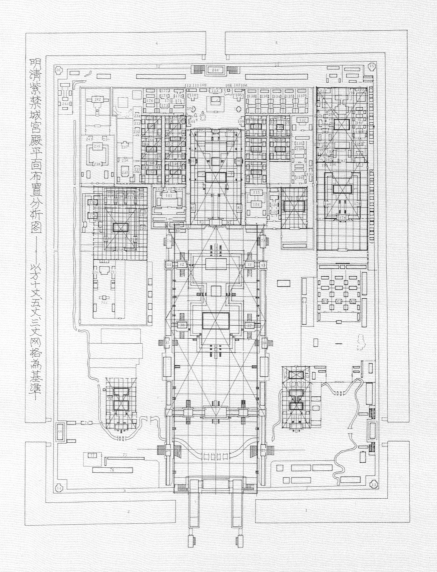

图 0-28　紫禁城平面图内廷后两宫面积拓展四倍为外朝前三殿，以反映家族皇权拓展为国家
政权的关系

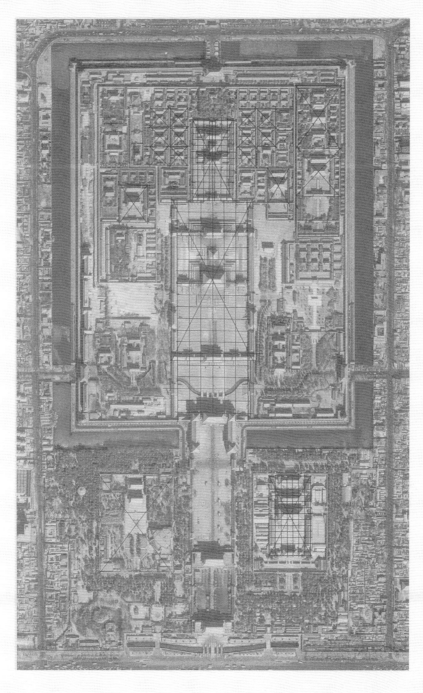

图 0-29　紫禁城航拍照片中反映出的使用"择中"手法置主建筑于院落几何中心的情况

# 清代

1644 年清入关定都北京后，仍沿用明紫禁城宫殿。中国古代有一个坏传统，即新兴王朝大都要把前朝的标识性建筑如宫殿、坛庙等毁去，甚至连其都城也要弃去另建，以绝其复辟之望，并树立新王朝的标识。自公元前 221 年秦皇灭六国建立全国统一王朝后即拆除六国宫殿在咸阳建立秦朝宫殿为发端，其后在公元前 206 年秦亡后，楚项羽出于报复，也烧毁咸阳都城宫殿，以后即成为惯例，在王朝更替时，新兴王朝大都进行过这种破坏。在历史上只有六朝时南朝的宋、齐、梁、陈继承东晋都城建康及其宫殿，清王朝继承明都城北京及其宫殿没有进行破坏等几个特例，其余各朝的都城宫殿都在易代后全部被毁灭。故在两千余年来，十几个王朝的都城宫殿中，只有明北京城及其紫禁城宫殿得以幸存并在清代发展完善，保存至今。清代之所以如此，是因为它是少数民族建立的王朝，沿用中国正统王朝——明朝的都城、宫殿，有助于确立自己的正统王朝地位，还可以降低汉族的抵制、抗拒心理。所以在顺、康、雍三朝对宫殿只是修复、维护，未作重大变动。

但清入关后，为了不忘旧俗，把正式寝宫——坤宁宫按满族习俗加以改造。到乾隆时期，为自己退位后作太上皇时预建住所，在紫禁城东北角参照后两宫的形式建造宁寿宫、乐寿堂二组宫殿。其使用模数网格和择中的手法与明代相同（图 0-30 ）。

1911 年清亡后，永久废除帝制，但其宫殿得以保存下来，为我国几千年历史中唯一保存下来的完整宫殿，代表了我国古代建筑的特色和卓越成就，成为我国重要的物质文化遗产。

综观历代宫殿建筑的发展，共同点是：都是因其为家族皇权和国家政权的象征，所以都是当时最为豪华、尺度最大的建筑，以表示皇

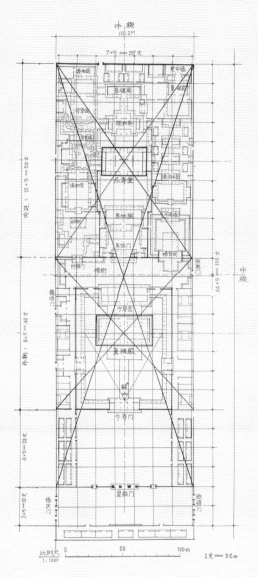

图 0-30　清新建宁寿宫、乐寿堂两组宫殿

权和政权至高无上的威势。在宫殿建筑中，把对外宣扬国威的外朝
建筑尽量建得巨大，甚至使殿内可以聚集大臣及侍卫近千人，殿下
广庭可以陈列巨大的仪仗队和乐队，并聚集上万人以显示皇权得到
拥戴是可以理解的。但帝王居住的内廷宫殿除为了反映家族皇权的
崇高威势和皇族内的等级差异外，主要还是要解决有关生活方面的
实际使用功能需要，如起居环境的舒适方便、冬季的采暖和夏季的
降温等问题。如其寝宫的尺度过大，在古代技术条件下就难以圆满

地解决这类要求，遂产生人居其中是否舒适方便的问题。此外，在宫内还有以"祖训"名义设定的礼仪规定，对帝、后、妃嫔、皇子们的活动都有严格的约束。例如清代就有皇帝晚起，太监要按规定跪在窗前大声背诵"祖训"，迫使其起床（太监如未呼叫，皇帝起后还要责备、处分值班太监）。这些内部规定对其生活也有较大的实际约束和干扰。

故一个王朝在稳定以后，皇帝为追求生活上的舒适方便往往还要另建一些离宫别馆居住，以避免这些约束引起的不便。史载，至迟在汉以后已出现皇帝建离宫、苑囿居住的记载。汉武帝时，在未央宫西建建章宫是较早的例子。隋唐时期，隋文帝杨坚在麟游县建仁寿宫，每年春秋居此，唐代改建其为九成宫后，唐太宗、高宗亦常居于此。唐玄宗时又在临潼建规模巨大的华清宫，其前并建有官署和官邸。北宋虽无建离宫记载，但在《宋会要辑稿》中有"徽宗亦踵神宗、哲宗故事，昼日不居寝殿"而居较小的睿思殿、宣和殿的记载。到明代也有明永乐帝曾居西苑（他为燕王时的燕王府）、正德帝死于豹房、嘉靖帝建西苑宫殿后曾久居西苑，死前始还宫等记载。这实际相当于住在尺度较适中、行动较方便、不受宫殿规制约束的离宫。清代在康熙时期即因紫禁城寝宫坤宁宫的室内空间过于高旷，不能满足人居舒适和听政的要求，而移居到面阔只有五间的养心殿，在前殿听政，后殿居住，使面阔九间的坤宁宫成为名义上的寝宫。这表明在面阔九间巨大空旷的内廷正规寝殿中居住，在皇家内部难以形成家庭气氛，也不能适应日常生活舒适方便的需要，此外在冬季供暖、夏季防暑方面受技术条件限制，也不能尽如人意。

到清康熙中期以后，又开始在西郊建尺度适宜、环境优美供皇家园居的圆明园，其生活规制也较宫中宽松。故此后每年自清明以后清帝即赴西北郊圆明园居住，连百官也必须到圆明园上朝和入直，直到冬至要举行大朝会前皇帝始入城还宫，每年在宫中居住最多只有四个月左右，主要在举行大朝会等活动的时期。

清后期圆明园被毁，但即使在国力衰退时，西太后叶赫那拉氏仍要建颐和园居住而不居宫中。可知在王朝中后期，宫殿建筑已发展到不能满足帝后居住舒适方便的需求，使皇帝、皇后都不愿久居，而宫殿实际已是主要起政权标志的作用了。但限于传统的帝王体制和等级制度约束，对它又是不能作重大改动的。

此外，元代为蒙古族建立的王朝，清代为满族建立的王朝，因他们来自北方的蒙古沙漠地区和关外的东北地区，不能适应华北地区夏日的炎热酷暑，故每到夏季元朝廷要远赴内蒙古地区的上都去避暑。清代在康熙以后也在北方的承德建行宫，定名为避暑山庄，每年夏季前去避暑，延续至咸丰时期。

综上所述，可以看到自汉人据《周礼》归纳出宫殿的最基本体制后，历代在此基础不断细化和充实其内容，发展和形成一整套作为宫殿必备的在布局、规模、宫院形制、建筑等级、建筑装饰诸方面的规制，如三朝、五门、左祖右社、前朝后寝的布局和主殿九间面阔，使用庑殿或歇山屋顶，彩画用朱色等，已到了必须遵守，不如此即不能称为帝王宫殿的程度。典型的表现即金、元、清三朝的宫殿。这三朝是女真、蒙古、满族建立的王朝，但其宫殿除极个别处有反映本民族特色除外，主体部分仍要沿用汉族王朝宋朝和明朝的宫殿体制，以强调它是继承中原正朔的正统王朝，有权统治全国。这是中国古代宫殿体制能长期延续的重要原因。但从另一角度看，也是千百年来宫殿形制陈陈相因、只能在前朝基础上向精密、豪华方面发展，难以有重大变化的原因。

这也是大多数王朝在已有庄严宏大的正式宫殿之外还要另建一些尺度适中、规制较宽松、更适于日常生活的离宫的原因。

公元前二〇三三——一九一一

第
一
章

# 夏代
# 宫殿

据《史记》和《竹书纪年》记载，夏是中国古代第一个实行帝位继承的朝代，自禹至桀先后传 14 世、共 17 帝，历时 470 余年（据《中国通史简编》推定，为公元前 2033—前 1562 年）为由原始社会进入奴隶社会之始。史载当时夏和诸侯争斗不断，在山西、河南等地多次迁都，但具体情况多未详载。近年在考古发掘工作中发现河南偃师二里头遗址为夏代晚期都城，虽尚未发现都城、宫城遗迹，但其宫殿已是正殿居中、南面开门的封闭式院落布局。现据中国社会科学院考古研究所编的《偃师二里头：1959—1978 年考古发掘报告》所载综括介绍如下：

# 一、偃师二里头宫殿址（夏）

二里头夏都遗址在河南省偃师市西部，经中国社会科学院考古研究所
1959—1978 年的多次发掘后，已理清其范围和内容，确定为夏代后期的都
城和宫室。

自 1959 年起，中国社会科学院考古研究所对河南偃师县二里头遗址进行
了多次发掘，发现其遗存时代可分四期，在中国社会科学院考古研究所发
表的《偃师二里头：1959—1978 年考古发掘报告》的结语中说："二里头
文化一至三期属于夏代，四期则已进入商代。"可知其第三期文化遗存大
体属于夏代之末。

遗址总范围约 4 平方公里，分四期。未发现城墙。中部为宫殿区，已发掘
出两座大型宫殿址和若干夯土基址。宫殿四周有手工业作坊遗址：南部为
铸铜遗址，西北部为制陶遗址，北部、东部为骨器制作遗址。其时代据
C14 测定为公元前 1900—前 1500 年。据其时代、规模和出土的大量精美
的青铜器、玉器、陶器、骨器，考古学家认为它应是夏朝的王都之一。从
规模布局看，此时的王朝主要是以王宫及其附属设施为主，包括为其服务的手工业作坊、仓库等，尚无城和大型居民区。在都城遗址中已发现两座宫殿遗址，编为一号和二号宫殿址（图 1-1）。

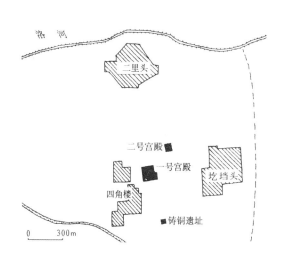

图 1-1　河南偃师二里头宫殿遗址分布图

# 一号宫殿遗址：

自 1960—1975 年，经社会科学院考古研究所 11 次发掘，已取得较完整资料。遗址东西宽 108 米，南北深 100 米，下为厚 0.8 米深的夯土基，其上再筑廊庑和殿基，由廊庑围成略近方形的院落，其东侧北半部凹入少许，面积约 9500 平方米。沿夯土地基周边筑有木骨泥墙，围合成宫院。在北、东、南三面墙的内、外均有檐柱洞，间距 3.7 ~ 3.8 米，形成内、外有廊的双坡顶重廊，檐柱与木骨泥墙间之跨距近于 3 米。西面墙只在墙内侧有檐柱洞，檐柱与外侧木骨泥墙间之跨距约 6 米，形成单坡顶的单廊。正殿在院落北侧中部，有东西约 36 米、南北约 25 米、面积约 900 平方米，夯土厚约 3.1 米的夯土殿基。殿基中北部发现一圈檐柱洞，南北两面各 9 个，东西两面各 4 个，檐柱柱洞直径 0.4 米，下置石础。正侧面檐柱间距约 3.8 米，构成东西 30.4 米、南北 11.4 米、面阔 9 间、进深 3 间、面积约 347 平方米的主殿。在每个柱洞外侧 0.6 ~ 0.7 米处还各附有 2 个相距 1.5 米的小柱洞或础石，角柱处则有 3 个，可能是挑檐所用的辅柱。在殿址堆积物中发现木柱灰和草拌泥块，可知在殿内部深 11 米的跨距间还可能有内柱和堆垛草拌泥而成的墙，但如何布置？分间与否？已不可考。在南庑上建有一座东西 28 米、南北 13 米、面阔 8 间的大门。东庑北段内折部分有三间凸出部分，形成进深两间的建筑（参见图 0-2）。[①]

① 中国社会科学院考古研究所. 偃师二里头 [M]. 北京：中国大百科全书出版社，1999：138.

从发掘所见遗址的情况分析，可知当时建造方法是整个地区夯筑平整，主体建筑基址要挖掘较深，下层平铺鹅卵石三层以加固地基，其上分数层用土夯筑，形成殿基。殿基立柱处先下挖柱洞，放入础石数块后，在其上立柱，再用夯土筑实，使其能稳固地上承构架，形成殿顶。其木构架的结合可能采取绑扎方法。殿及廊庑的墙壁则是先在夯土基上挖条形墙沟，夯实底部后间隔 1 米左右立小木柱，再夯实使柱直立，形成墙身骨干，在其间加植物编织物，抹泥后形成木骨泥墙，墙顶上承廊庑的草泥屋顶。

# 二号宫殿遗址：

遗址在一号殿址东北 150 米处，是廊庑围成南北向长的矩形院落，东西宽 58 米，南北长 72.8 米，面积约 4230 平方米。北、东、西三面有宽 4.9 米的廊基，沿外侧筑有厚约 1.9 米的夯土围墙。东西围墙内侧均有柱列，柱距约 3.5 米，与围墙间形成深近 4 米的单坡顶东、西向廊庑。南面廊基宽约 6.5 米，中间为厚约 0.6 米的木骨泥墙，内、外侧廊基边缘原均有柱，构成双坡顶的重廊。南廊中间略偏东处被宽三间的殿门分割为东西两段，东段长约 15 米，3 间 4 柱，西段长约 25 米，6 间 7 柱。殿门面阔三间，中间辟门，左右有门塾，前后檐各立 4 柱，构成宽三间的内外门廊。

庭院内北部正中为正殿，夯土殿基东西 32.6 米，南北 12.75 米，最厚处近 3 米。殿基四周沿边有檐廊柱洞，径约 0.2 米，埋深最深者约 0.75 米。南北面各 10 个，东西面各两个，间距约 3.5 米，形成进深约 2 米的一圈檐廊。其内殿堂东西长 25.5 米、南北深 7.1 米、面积约 182 平方米、由木骨泥墙围合成的三室。三室中，东间宽 7.5 米，中间宽 8.1 米，西间宽 7.7 米。木骨泥墙的做法是先在殿基上挖宽 0.75 米、深 0.75 ~ 1 米不等的基槽，槽内卧置断面 0.29 米 ×0.15 米的条形横木，横木上立直径 0.18 ~ 0.2 米、间距约 1 米的木骨，再夯土，筑成木骨泥墙。三室四周的檐廊深约 2 米，檐柱 24 根立在台基边缘，形成宽九间深三间的外观。柱之间距 3.5 米，其柱洞径约 0.2 米，埋深最深者约 0.75 米。殿后约 7 米为夯土筑的北墙，墙内侧无廊，在中部偏西处建有宽 5 间深一间的单坡顶小屋（图 1-2）。①

① 中国社会科学院考古研究所. 偃师二里头 [M]. 北京：中国大百科全书出版社，1999：151.

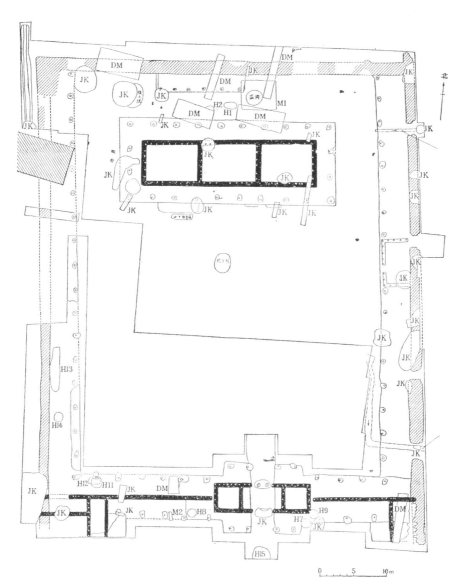

图 1-2　河南偃师二里头二号宫殿遗址平面图

（据《考古》1983 年 3 期：《河南偃师二里头二号宫殿遗址》）

# 二、二里头宫殿遗址所反映的此期宫殿特点

二里头宫殿遗址属于其遗存时代第三期，学术界公认是夏代末年遗址，这两座宫殿址是迄今所见最早的用廊庑围合成的院落式宫殿的实例，表明中国古代建筑采用院落式布局的特点早在夏末商初已具雏形。但二座宫殿都建在院中，尚未与廊庑相连，其大门虽都在主殿之南，但略偏东，在门与殿之间尚未形成中轴线关系，属于初期特点。从规模布局看，此时的王朝主要是以王宫及其附属设施为主，包括为其服务的手工业作坊、仓库等，尚未发现城和大型居民区。

遗址的夯土筑基址和围墙，用木骨泥墙造隔墙的做法在仰韶文化后期的郑州大河村遗址已出现，但二号宫殿址中木骨泥墙外包夯土和墙下基槽中卧置横木连各木骨为一体的做法则是初见，也具有一定的时代标志性，并影响到以后的商代。但这时房屋的上部构架和屋面的具体做法不明，较有可能为绑扎方式，斜铺芦苇束为屋面，上敷草泥，但具体实况尚有待进一步考古工作去探索。

上述二所宫院，都是在由廊庑围合成的庭院内北部建一座八间或九间的宫殿，其南廊上稍偏东建三间或八间的大门，其中不包括居住生活房屋，当是专用为礼仪或办公的处所。①

① 二图均据中国国社会科学院考古研究所. 偃师二里头 [M]. 北京：中国大百科全书出版社，1999.

# 第二章

# 商代
# 宫殿

史载汤灭夏桀，建立商朝，都亳（山东曹县）。其后迁都五次，传至十代盘庚时迁都殷（安阳小屯），至十七代纣亡于周。其年代跨度有496年（《竹书纪年》）和626年（《三统历》）两种记载。《中国通史简编》依《竹书纪年》记载，大体把它定在公元前1562—前1066年间。自1930年代至今，已陆续发现偃师商城宫殿址、洹北商城一号宫殿址、安阳小屯宫殿址、湖北盘龙城宫殿址等数座宫殿址，下文作分别介绍。

# 第一节　偃师商城宫殿址

偃师商城是在 1983 年被中国社会科学院考古研究所发现的，至 2001 年基本完成考古发掘和研究工作，于 2004 年发表研究报告《偃师商城遗址研究》。该报告推定此城址即商汤灭夏后所都的西亳，则应属商代早期宫殿。

商城遗址在河南省偃师市西南侧，有内外二重城郭。内城在南，呈纵长矩形，东西宽约 740 米，南北长约 1100 米，面积约 0.81 平方公里。外城在内城之北套建，包内城北墙及东墙的北段于内，可视为后代郭之初型，总面积近 2 平方公里。外郭墙厚约 17 ~ 18 米，北、东、西三面城外有濠。已发现东西城墙上各有二门相对，北城墙一门，共有 5 座城门，门内连通干道。东城墙二门内路土下有木石结构的排水道，西连宫城排水道，长近 800 米。南城墙在与西城墙相接转角处发现一小段，其余已被洛河冲毁。内城中央偏南为宫城，平面矩形，南北长 230 米，东西宽 216 米，面积 0.05 平方公里，夯土城墙厚 6 ~ 7 米。另在内城西南角和外城东南部各有一小城，城内建连排房屋，是仓储城。宫城内已发现数处宫院，都是主殿三面周以廊庑，围成庭院。外郭为手工业区和居住区。此城从考古层位上判断可分三期，宫城建造最早，以后先后兴建了内城和外郭并重建和拓展了宫城内的宫殿。

目前史学界倾向于认为此城可能是汤灭夏后始建之都城。和夏都不同，除宫城居内城中轴线上外，它的宫、城、郭都有城墙，也与无城墙的二里头遗址不同；北墙上城门和宫城南北相对，形成中轴线，明显表现出规整有序。这表明随着王国政权建设的发展和逐步完善，在都城规划上初步出现了宫城居中的趋势，是都城规划布局上新的重要发展（图 2-1）。

宫城在内城中轴线上稍偏南，在城中已发现多处宫殿基址，多为院落式布局。其中第三号、五号宫殿基址已探明。二者左右对称，体量及形式基本相同（参阅图 0-3）。

五号宫殿基址在宫城内东南隅，压在一个口字形平面的早期宫院遗址之上。正殿在北面正中，下为夯土基，东西宽 54 米，南北深 14.6 米，殿基后部建在生土上，厚 1.6 米，前部建在早期宫院遗址之上，总厚 1.35 米。环殿基四周有 48 个柱洞或柱础，柱洞径 0.42 米，柱础径 0.55 米，平均间距 2.5 米，东西柱列总长 51 米，南北柱列总长 11.5 米，从它前后檐柱不对位的情况看，是檐廊之柱，其内还应有土墙建造的室，和二里头二号宫殿基址的主殿相似。正殿四周原有一圈回廊，形制也可能与二里头二号宫殿基址相同。[①]

① 中国社会科学院考古研究所河南第二工作队. 河南偃师尸沟商城第五号宫殿基址发掘简报 [J]. 考古，1988（2）:128-140.

# 河南偃师商城四号宫殿基址

遗址在五号宫殿基址北面，东西宽 51 米，南北深 32 米，面积只有五号宫殿基址的 1/4。正殿在北面正中，其夯土殿基东西宽 36.5 米，南北深 11.8 米，厚约 2 米，夯层 0.07 ~ 0.12 米。殿基四周残存若干小夯土墩，直径 0.8 ~ 1.1 米，中—中间距 2.5 米，距殿基边缘 0.8 米，可能是檐柱基的残迹。台基边缘局部尚存用黄泥抹面残迹，其南面有四个登殿用土阶，均位于二檐柱之间，一般保留三级台阶，其侧壁护以石片。正殿台基表面被毁，但仍高出庭院 0.25 米以上。残存柱基底加柱础后，应高出现台基面 0.45 ~ 0.60 米，柱子埋深若按一般的 0.7 米计，则殿基应高出庭院地面 1.5 米以上。这表明这时的主要殿宇虽仍是"茅茨土阶"，却已有相当高的台基，大大超过"堂崇三尺"的记载了。正殿之东、西、南三面均有深 5.5 米左右庑，围成东西 40 米余、南北 14 米余的殿庭。庑之地面低于正殿，东庑长约 25.2 米，有五室；西庑长约 24.9 米，内部遭破坏，是否分室不明，在偏北处开有西侧门。南庑长 51 米，分为七室，在东起第三、四室之间设南门。各庑外侧均有厚约 0.6 米的木骨泥墙，内侧有檐柱洞，则也是单坡顶的廊庑。各庑均横向用素夯土墙分隔为若干个室，但隔墙并不与檐柱对位。宫院之正门开在南庑中间稍偏东处，与正殿东起第二阶相对。在此宫殿基址的东北、东南及南庑之南均发现石砌下水道，内部断面为 0.3 米 ×0.47 米（图 2-2）。[②]

②中国社会科学院考古研究所河南二队. 1984 年春偃师尸沟商城宫殿遗址发掘简报 [J]. 考古，1985（4）：322-335.

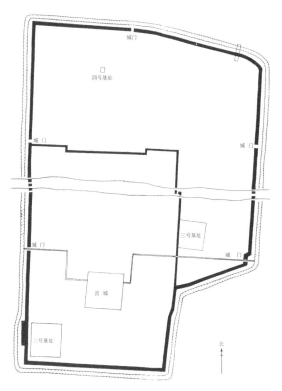

图 2-1 河南偃师商城平面图

（据《中国十年百大考古新发现》p.384）

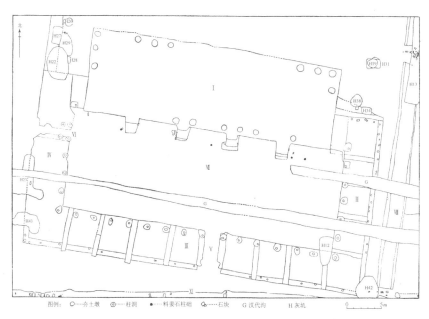

图例：○—分土墩 ◎—柱洞 ●—料姜石柱础 ◔—石块 G 汉代沟 H 灰坑 0 5m

图 2-2 河南偃师商城四号宫殿基址平面图

（据《考古》1985 年 4 期：《1984 年春偃师尸沟商城宫殿遗址发掘简报》）

偃师商城已发表的两座宫殿遗址均为院落式布置，主殿在北，东西南三面有廊庑围成殿庭，和二里头两座宫殿址比较，除殿庭由竖长变为横长外，基址、墙壁、殿庑的柱网等基本相同，其正门在主殿前方稍偏东也相同，表现出夏商间在宫殿规制和做法上的继承性。

# 第二节　洹北商城一号宫殿址

宫殿址在河南安阳小屯的东北方，基址平面呈横长矩形，主殿在北，门在南，用廊庑围合成东西长约 173 米、南北深约 85 ~ 91.5 米的矩形殿庭，面积近 16000 平方米。主殿下为夯土台基，南北深 14.4 米、东西宽在 90 米以上，面积约 1300 平方米，残高 0.6 米。其主体残存部分为用木骨夯土墙围合成的九室，每室宽约 8 米、深约 5 米，面积约 40 平方米，南墙上各开一门。在九室外围以宽约 3 米的回廊，其檐柱间距为 2.5 ~ 3 米不等。廊之前檐与九室之门相对处有夯土台阶，踏步及侧壁均有木构件痕迹，有可能是在夯土上建木踏步。在主殿的西外侧接长 30 米、宽约 9 米的北廊，廊中部有以双柱为骨的隔墙，墙南北各有一排檐柱，构成分别向南北面的复廊。

殿门在南廊上，稍偏东，与主殿间未形成南北中轴线关系。南廊夯土基宽约 6 米，南面为用双柱为骨的长墙，北面立檐柱，构成宽 3 米的向内回廊。南廊自西起 65 米处夯土基加宽，形成东西宽 38.5 米，南北深 11 米，面积约 423 平方米的殿门。殿门开有两个宽约 4 米的门道，其间形成 3 个门塾，南廊的长墙及檐柱即穿过门塾向东继续延伸为南廊的东段。

在殿庭的西端有深 13.6 米、长 85.6 米、面积约 1164 平方米的夯土基，因原台面已毁，建筑形制不明，《河南安阳市洹北商城宫殿区 1 号基址发掘简报》称之为"西配殿"（图 2-3）。

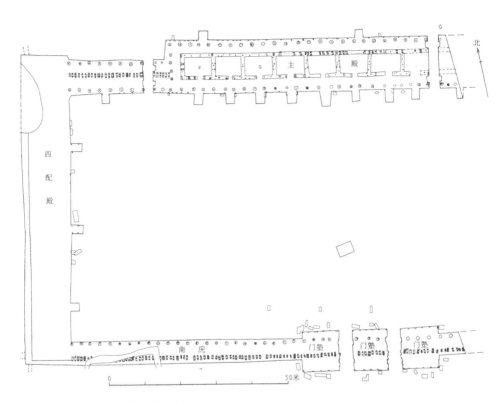

图 2-3 洹北商城一号宫殿基址平面图

[ 据杜金鹏 . 洹北商城一号宫殿基址初步研究 [J]. 文物，2004（5）]

从遗址覆盖物中的夯土块、土坯、有白灰墙皮的草拌泥块、带芦苇束痕的薄泥块可知，主殿之墙为在木骨外加夯土筑成，表面抹白灰面；屋顶则是在木屋架上顺坡密铺芦苇束，以代椽及望板，在其表面抹草泥构成，首次提供了屋顶部分做法的物证，极为重要。[1][2]它是已发现的商代宫院遗址中面积最大一例，其廊院式布置和基本做法、构造特点与二里头夏代宫殿和偃师商城宫殿一脉相承，而位置就在殷墟遗址邻近，这就为探讨夏、商二朝和商代晚期建筑间的继承和发展关系提供了线索。

① 中国社会科学院考古研究所安阳工作队. 河南安阳市洹北商城宫殿区 1 号基址发掘简报 [J]. 考古，2003（5）：17-23.
② 杜金鹏. 洹北商城一号宫殿基址初步研究 [J]. 文物，2004（5）：50-64.

据中国社会科学院考古研究所杜金鹏研究员推测，洹北商城的年代"可能在盘庚之后、武丁之前的时间范围内"。

# 第三节　安阳小屯殷墟宫殿址

宫殿区南北约 350 米，东西约 200 米，已发现建筑的基址可分为甲、乙、丙三区。甲区基址 15 处，乙区基址 21 处，丙区基址 17 处。甲区及乙区北部建筑基址多呈南北长的矩形，乙区南部和丙区多呈东西长矩形，从残基关系看，可能有一定的对称关系。最大一座在乙区，南北长达 85 米，是很巨大的宫殿建筑群。丙区基址较小，但多用人殉，有人推测可能是宗庙[3]（图 2-4）。

③ 北京大学历史系考古教研室商周组. 商周考古 [M]. 北京：中国大百科全书出版社，1979.

小屯宫殿都是下为深入地面以下的夯土基，出地后，在其上深挖柱洞，埋入石柱础，其上栽柱填土，做法似比偃师和郑州商宫更为规整。柱础大多用块石、卵石，直径在 30 ~ 50 厘米左右，厚 10 ~ 20 厘米。在一座较大的建筑基址中发现 10 个青铜础，直径约 15 厘米，厚 3 厘米，上表面微凸，

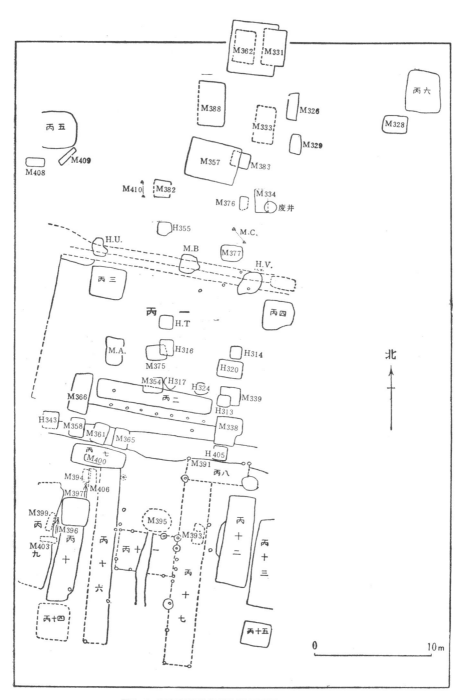

图 2-4　河南安阳殷墟丙组基址平面图

（据社科院考古研究所：《殷墟的发现与研究》p68）

下表面微凹，上承直径 15 厘米的木柱。但在铜础下尚有一石础，其间有 20 厘米的灰土，且石础

铜础间可能尚有一段

木柱，其作用待考。[①]

① 石璋如. 小屯（第一本）遗址的发现与发掘·乙编 [M]. 台北："中央研究院"历史语言研究所，1959.

小屯宫殿属商代晚期，其最令人不解之处是它的布局，已发掘的大型基址都集中聚拢，未发现廊庑和大型殿庭，与偃师商城和洹北商城几座宫殿址均为主殿在北、三面周以廊庑围成开敞殿庭的院落式布局完全不同，是商的早、晚期宫室制度发生了突变，还是二者属性质全然不同的建筑群，目前尚存疑。

# 第四节　湖北盘龙城宫殿址（商）

1954 年在湖北黄陂县（今为黄陂区）发现盘龙城遗址，1974 年进行发掘，发现东西约 260 米，南北约 290 米的城址，属商代二里岗时期，并在城东北部宽约 60 米、深约 100 米的夯筑成的高地上发掘出一座商代大型宫殿遗址，编号为 F1。

宫殿遗址部分目前只发掘了主殿，其整体布局尚有待进一步发掘。主殿的台基东西 39.8 米、南北 12.3 米、面积约 490 平方米，由主室和檐廊组成。主室由木骨泥墙围合成，形成东、西并列的四室。主室深约 6 米余，中间二室宽 9.4 米，南北开门，左、右侧二室宽 7.55 米，只南面中间开门，反映出不同的用途。室四周沿台基边立一圈檐柱，南面 20 柱，北面 17 柱，东西各 3 柱，共 43 柱。以檐柱中线计，主殿东西 38.2 米，南北 11 米，面积 420 平方米，是座很大的建筑（图 2–5）。[②]

②湖北省博物馆，北京大学考古专业. 盘龙城 1974 年度田野考古纪要 [J]. 文物，1976（2）：5–16.

宫殿的做法是先平整、夯筑

整个建筑群的地基，再在其上分别挖各建筑的基坑，夯筑房基。主殿的夯

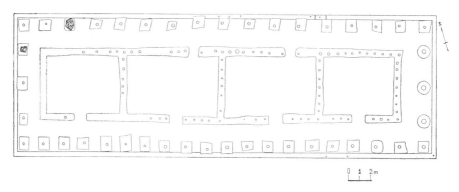

图 2-5　湖北黄陂盘龙城宫殿遗址平面图
（据《文物》1976 年 2 期；《盘龙城 1974 年度田野考古纪要》）

土基边厚中薄，四周立柱处下挖达 1 米左右，而中间部分只下挖数十厘米，明显是已考虑到各部位在承重上的差异。主殿檐柱都先在房基上挖柱穴，穴内深埋块石柱础，其上立柱后填埋，靠约 0.7 米的埋深来增加柱的稳定。在檐柱外侧相距 70～80 厘米处，还发现几处挑檐柱的残迹，柱穴深仅 7～9 厘米，直径在 10～14 厘米之间。四室的夯土墙厚 70～80 厘米，墙内间隔 58～95 厘米立一直径 0.2 米左右的木柱，是为了加强墙体稳定用的木骨。

综合上述，此殿可能是殿身部分为两坡，周围一圈为檐柱支撑的下檐，形成歇山顶建筑，屋面部分做法可能是在密排的芦苇束上用草泥抹面而成。盘龙城宫殿的形制、做法和偃师、郑州商城的宫殿很接近，表明商文化已拓展到这一地区。地区方国的宫殿也采取这种形制，但其通面阔 40 米，四室的规模要比与洹北商城宫殿通面阔 90 米、九室要小很多，这可能反映了当时王和地方诸侯在宫室上的差异。

综括上述，可知在商代宫殿有进一步发展，在偃师商城遗址中已出现在都城内建宫城，宫城中成排建造五六所廊院式宫殿的实例（参见图 0-3）。宫城的出现表明随着奴隶制王朝的发展壮大和各级奴隶主政权间的争斗，宫殿已有加强防卫的需要，逐步出现宫殿外建宫城，宫城外建都城的完整布局。宫殿、宫城、都城的多重布置反映出通过它表现当时政权的强大、巩固，并出现展示其威势的要求。

# 西周
# 宫殿

史载武王伐纣灭商，建立西周王朝。周初以镐京为都城，称"宗周"；稍后，成王造洛邑，称"东都"；以东西两都间为西周的中心地域，四周分封各级诸侯，建立"封邦建国"的封建制国家。从武王灭商立国，到幽王亡国，共十一代十二王，据《竹书纪年》的记载，西周历时 257 年。

# 第一节　文献记载的西周宫殿概况

丰镐、洛邑的西周宫殿虽迄今尚未发现较完整的遗址，但综合《尚书·周书》《逸周书》《周礼注疏》《礼记正义》等文献记载，以及贺业钜先生《考工记营国制度研究》第三章"宫城规划"中的论述，对其形制已可有大致了解。西周王宫已分为三朝。最前为"外朝"，其南门称"皋门"，门内正中即外朝，左右为宗庙、社稷，即"左祖右社"。外朝是举行大朝会和重要典礼之处，近于宫前区广庭。其内的"治朝"和"燕朝"是宫之主体。"治朝"是宫内的办公区，其正门称"应门"，为王日常治事之处；再内为"燕朝"，是宫内的生活区，其正门称"路门"，为王和其家属的寝宫；宫前的"外朝"和宫中的"治朝""燕朝"合称"三朝"。但这只是大的分区情况，其中具体的宫室布置，则因遗址未经考古勘探发掘，史籍亦未详载，且诸家解释不一，目前尚难作具体探讨。

在《尚书·周书·顾命》中，记有成王死后康王继位之事，涉及成王宫殿的情况。文中称其所居宫殿前为毕门，门左右有门塾，门内为庭。所居宫殿前部为堂，堂前有左右相对的阼阶、宾阶。堂之左右墙称"东序""西序"，墙外侧为东夹、西夹，堂后壁称"牖间"，其后为室，室左右为东房、西房。此外又有东堂、西堂、翼室等，当是左右侧的辅助建筑。[1] 所叙述的情况和近年在陕西岐山周原发掘出的早周宗庙遗址大体一致，可以互证。

[1]《尚书·周书·顾命第二十四》

在《逸周书·作雒解》中对西周宫室形制也有记载：

> "乃作大邑成周于土中……城方千七百二十丈，郭方七百里。南系于洛水，地因于刿山，以为天下之大凑……乃位五宫：大庙、宗宫、考宫、路寝、明堂五宫，宫，府寺也。太庙、后稷二宫祖考庙也。

路寝王所居也。明堂在国南者也……咸有四阿、反坫、重亢、重郎、常累、复格、藻梲、设移旅楹惷常画。咸，皆也。庙四下曰阿。反坫，外尚室也。重亢，累栋也。重郎，累屋也。常累，系也。

复格，累之桴也。藻梲，画梁柱也。承屋曰　　①《逸周书·作雒解》《文津阁四库全书》本
移。旅，别也。惷谓藻井之饰也，言皆画列

柱为之也。内阶玄阶堤唐山墙。以黑石为间，唐，中庭道。堤谓为高之也。墙谓画山云。应门库台玄闻。门者皆有台，于库门见之，后可知也。又以黑石为门阶也。"①

文中对宫室的类型、构造、装饰都有大致记载，可能已是庑殿顶（四阿）的重檐（重亢、重郎）建筑，但限于资料，仍难有更具体的理解。

在《周礼·考工记》中对夏、商、周宫室都有所描述，其中对周代宫室记述较详细，原文如下：

"夏后氏世室，堂修二七，广四修一。注：世室者，宗庙也。鲁庙有世室，牲有白牡，此用先王之礼。修，南北之深也。夏度以步，令堂修十四步，其广益以四分修之一，则堂广十七步半。五室，三四步，四三尺。注：堂上为五室，象五行也。三四步，室方也。四三尺，以益广也。木室于东北，火室于东南，金室于西南，水室于西北，其方皆三步，其广益之以三尺。土室于中央，方四步，其广益之以四尺。此五室居堂，南北六丈，东西七丈。九阶。注：南面三，三面各二。四旁两夹窗，注：窗，助户为明。每室四户八窗。白盛。注：蜃，灰也。盛之言成也，以蜃灰垩墙，所以饰成宫室。门堂三之二，注：门堂，门侧之堂，取数于正堂，令堂如上制，则门堂南北九步二尺，东西十一步四尺。尔雅曰：门侧之堂谓之塾。室三之一。注：两室与门各居一分。

殷人重屋，堂修七寻，堂崇三尺，四阿重屋。注：重屋者，王宫正堂，若大寝也。其修七寻，五丈六尺，放夏周，则其广九寻，七丈二尺也。五室各二寻。崇，高也。四阿，若今四注屋。重屋，复笮也。

周人明堂，度九尺之筵，东西九筵，南北七筵，堂崇一筵。五室，凡室二筵。注：明堂者，明政教之堂。周度以筵，亦王者相改。周

堂高九尺，殷三尺，则夏一尺矣。相参之数，禹卑宫室，谓此一尺之堂与此三者，或举宗庙，或举王寝，或举明堂，互言之以明其同制。**室中度以几，堂上度以筵，宫中度以寻，野度以步，涂度以轨。**注：周文者，各因物宜为之数。室中，举谓四壁之内。**庙门容大扃七个。**注：大扃，牛鼎之扃，长三尺。每扃为一个，七个二丈一尺。**闱门容小扃参个。**注：庙中之门曰闱。小扃，膷鼎之扃，长二尺。参个六尺。**路门不容乘车之五个。**注：路门者，大寝之门。乘车广六尺六寸，五个三丈三尺，言不容者，是两门乃容之。两门乃容之，则此门半之，丈六尺五寸。**应门二彻参个。**注：正门谓之应门。谓朝门也。二彻之内八尺，三个二丈四尺。**内有九室，九嫔居之，外有九室，九卿朝焉。**注：内，路寝之里也。外，路门之表也。九室，如今朝堂诸曹治事处。九嫔掌妇学之法，以教九御。六卿三孤为九卿。**九分其国，以为九分，九卿治之。**注：九分其国，分国之职也。三孤佐三公论道，六卿治六官之属。

　　**王宫门阿之制五雉，宫隅之制七雉，城隅之制九雉。**注：阿，栋也。宫隅，城隅，谓角浮思也。雉长三丈，高一丈，度高以高，度广以广。**经涂九轨，环涂七轨，野涂五轨。**注：广狭之差也。故书环，或作镮。杜子春云：当为环。环涂，谓环城之道。**门阿之制以为都城之制。**注：都，四百里外距五百里王子弟所封，其城隅高五丈，宫隅、门阿皆三丈。**宫隅之制以为诸侯之城制。**注：诸侯，畿以外也。其城隅制高七丈，宫隅门阿皆五丈。礼器曰：天子诸侯台门。**环涂以为诸侯经涂，野涂以为都经涂。**注：经亦谓城中道，诸侯环涂五轨，其野涂及都环涂、野涂皆三轨。"①

① 《周礼注疏》卷四十一，冬官考工记。（清）阮元 校刻. 十三经注疏（附校勘记、影印版、全二册）[M]. 北京：中华书局，1957：927–929

按：此为周代王城制度及夏、商、周三代宫室制度，其中城之高与涂之宽涉及王与诸侯间的等级，均以九、七、五、三递减，或分别以二雉、二轨为级差。

在高度上也有等级差异，《礼记·礼器》说：

"有以高为贵者：天子之堂九尺，诸侯七尺，大夫五尺，士三尺，天子诸侯台门，此以高为贵也。" [1]

①《礼记正义》卷二十三·礼器。（清）阮元 校刻. 十三经注疏（附校勘记、影印版、全二册）[M]. 北京：中华书局，1957：1433.

此条反映天子至庶人的堂以其台基高度递减二尺形成的四个级差来表示其等级差异。台门指两边筑土台，中间开门的城门，只有王和诸侯可建台门，大夫不能使用。但据《春秋公羊传》和《礼记》记载，在构造和形制上，天子、诸侯、大夫在台门的形制上也有差异。

　　"（昭公二十有五年）……子家驹曰：设两观、礼：天子诸侯台门，天子外阙两观，诸侯内阙一观。乘大辂……此皆天子之礼也。" [2]

　　"台门而旅树、反坫、绣黼丹朱中衣，大夫之僭礼也。【郑注】："言此皆诸侯之礼也。旅，道也。屏谓之树，树所以蔽行道。管氏树塞门，塞犹蔽也。《礼》：天子外屏，诸侯内屏，大夫以帘，士以帷。反坫，反爵之坫也。盖在尊南。……绣黼丹朱，以为中衣领缘也。" [3]

②《春秋公羊传注疏》卷二十四。（清）阮元 校刻. 十三经注疏（附校勘记、影印版、全二册）[M]. 北京：中华书局，1957：2328
③《礼记正义》卷二十五·郊特牲。（清）阮元 校刻. 十三经注疏（附校勘记、影印版、全二册）[M]. 北京：中华书局，1957：1448.

按：天子外阙两观，诸侯内阙一观，指天子在门外建两阙，诸侯只能在门内建一阙，即在宫门设阙的数量和位置上王与诸侯间有明确的等级差异。据"天子外屏，诸侯内屏"句，在建门屏的位置和形式上，天子、诸侯、大夫、士也有明确的等级差异。

这是从文献中了解到的西周宫殿的大致情况。可参见概说图 0-4 考工记王城图。

1970 年代初，周原考古发掘队在陕西岐山县凤雏村和扶风县召陈村发现西周宫殿遗址并进行了发掘，其成果对了解西周前期宫殿建筑有很大帮助。

80 年代，陕西省考古研究所又开始对西周镐京遗址进行勘探发掘，也发现了部分西周宫殿遗址残迹，定名为"西周五号宫室建筑基址"和"西周一号宫室基址"，"定其时代为西周中晚期，约当恭王和夷王之世"，对了解西周中后期宫殿情况也有一定参考作用。

本章后三节依时间先后将介绍凤雏村早周宗庙遗址、周原西周宫室遗址和镐京西周宫室遗址概况。

# 第二节　凤雏村早周宗庙遗址

通过对近年在陕西岐山凤雏村发现的早周宗庙遗址的分析，结合古代的"宫庙同制"的说法，也可对西周初期宫室的情况有较具体的了解。

凤雏村发现一完整的建筑基址，编号称甲组，是一所两进的院落，很像后世的四合院。它建在东西宽 32.5 米，南北深 43.5 米、面积约 1414 平方米，高 1.3 米的夯土平台上，总平面呈日字形，左右对称。南面正中为大门，中为门道，左右有门塾，门内中庭正北为面阔六间的前堂。前堂北有过廊，连接后面一进院落北端的房屋。这排房屋正中一间东侧开单扇门，西侧开窗，与古文献记载的"户东而牖西"的"室"的特点相合，应即是室，室之左右各有一间，应即是"左右房"之制。在门、堂、室三排房屋的两侧有东庑、西庑各八间，与之相连，围成封闭的两进院落。在平面图上进行分析，可以看到，如在南面以门之南墙为界，北面以室、房后墙为界，画对角线，则其交点基本落在前堂的中心部位，近于前排内柱的中柱处。

据此可推知，在西周立国以前，在商已初步形成的宫殿之主体建筑居中、四周有庑环绕、围合成矩形院落的布局形式的基础上又有发展，其正门正对主体建筑，形成宫院的中轴线，并可形成两进以上的院落，使其布局和空间形象更为完整、成熟。

凤雏甲组建筑基址建于周立国以前，距今约 3000 年，是目前所见最早的封闭式两进矩形院落，为我国"四合院"之初型。且其建筑物左右对称布置，有明确的中轴线，主体建筑——堂布置在全院落的几何中心，可以看到后世四合院的一些主要特点在这时已开始萌生，特别是主体建筑居中的布置，一直延续使用了近 3000 年，是中国建筑传统中极为重要的布局手法之一（图 3-1）。

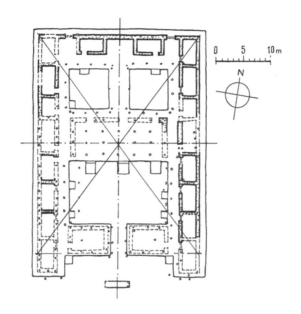

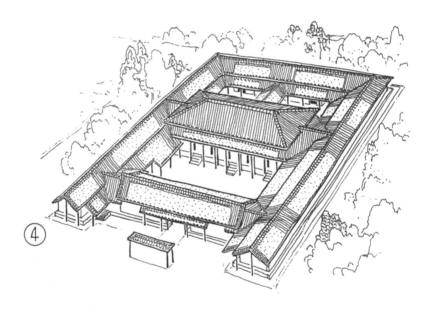

图 3-1 陕西岐山县凤雏村早周宗庙遗址（甲组建筑基址）

（据《陕西岐山凤雏村西周建筑遗址初探》，载《傅熹年建筑史论文集》）

中国古代宫殿

# 第三节 周原西周宫室遗址

1970 年代末，在陕西扶风县召陈村发现了西周宫室遗址，可据以了解此期建筑布局和建筑构造。

遗址区已发现西周早期建筑基址二处，西周中期建筑基址十三处。较完整而有代表性的是西周中期中的 F3、F8 等处[①]（参见图 0-5）。

① 陕西周原考古队. 扶风召陈西周建筑群基址发掘简报 [J]. 文物，1981（3）：10-23.

## 召陈西周宫室遗址 F8 基址

在遗址区中部，夯土台基东西 22.5 米、南北 10.4 米、面积约 234 平方米，现存台面高 0.76 米，外有宽 0.5 米余的卵石散水。台上建筑正面 7 间 8 柱，面宽 20.6 米，侧面 3 间 4 柱，进深 8.5 米，面积 175.1 平方米。柱网除一圈 20 根檐柱外，还有 2 行各 5 根内柱，其左右侧各 4 柱与正、侧面檐柱对位，形成方格柱网，中间二柱则不与前后檐柱对位而位于明间中轴线上。另在左右梢间处各有一道厚 0.8 米的夯土隔墙，分建筑为左、中、右三部分，在隔墙正中相当于进深中分线处各包有一柱。如自此柱向相邻的 4 角柱连线，则内柱的 4 角柱也在此线上，角度基本为 45°，可知此建筑为四阿顶，这二根墙中之柱是正脊与角脊交会处的支撑点。根据柱网的这些特点，可知此建筑是在檐柱、内柱上架纵向梁（如后世的阑额），形成内高外低的二圈纵向构架，其间架设斜梁、角梁，梁上架檩，形成四阿屋顶骨架的。

F8 柱基的做法是先下挖直径 0.9 米、深 0.65 米的基坑，其内夯筑厚 0.5 米的夯土基，再夯筑一层大河卵石构成柱础面，其上立柱。柱脚埋深很浅，近于平地立柱，和以前深埋的柱子不同，说明此时木构架技术有较大进步，已可维持柱网的稳定。在遗址上堆积物中发现有苇束印痕的烧土块，证明屋顶做法是在屋顶构架上顺坡密排芦苇束形成坡屋面层，然后在其上抹泥敷瓦而成的（图 3-2）。

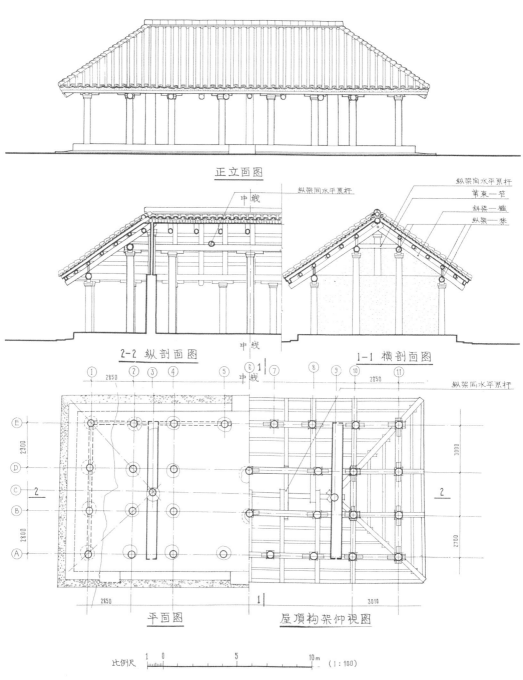

正立面图

2-2 纵剖面图

1-1 横剖面图

纵架间水平累杆

中线

纵架间水平累杆
莆束一桂
斜梁一橙
纵架一茶

平面图

屋顶构架仰视图

比例尺　1　0　　　5　　　10m　（1：100）

图 3-2　陕西扶风召陈西周宫室建筑 F8 遗址复原图
（据《陕西扶风召陈西周建筑遗址初探》，载《傅嘉年建筑史论文集》）

# 召陈西周宫室 F3 基址

F3 基址：在遗址区东侧，夯土台基东西 24 米，南北 15 米，正面 6 间 7 柱，侧面 5 间 6 柱，总面阔 21.6 米，进深 13 米，面积 281 平方米，连内柱共有 41 柱。和 F8 相似，在左右次间处也各有一道横墙，分建筑为左、中、右三部分，其柱网布置除外檐 22 根檐柱和四面各退入一间后的一圈 14 根内柱外，在进深的中分线上还有 5 柱，其中只中间一柱与前后檐中柱对位。左、右部分如在 4 角柱处画与内圈 4 角柱间的连线，其延长后的交点又恰在中分线的另二柱上，表明建筑有可能为二层四阿顶建筑。若再进一步分析其柱网，又发现中部二横墙内皮间宽度恰与进深相等，为一正方形，而如以中间一排的中柱为圆心，以它至前后檐中柱之距为半径画圆，则明、次间分间处前后 4 根内柱和中分线上 5 柱中的外端 2 柱都在圆周上，表明此部分的上部有可能是一圆顶，则 F3 又有可能是一座下檐为矩形四阿顶，中部构架穿出屋面后形成一圆锥形的上层屋顶的建筑。在功能上，其中心部分是重檐圆顶前后敞开的方厅，两端是两座面阔五间分别面向东西的敞厅。

除复杂的圆顶构造外，此建筑的尺度和做法也值得注意。建筑正面中间两间的面阔达 5.2 米，为前此诸建筑遗址所未见。它的础坑直径 1 ~ 1.2 米，深达 2.4 米，用夯土和卵石层层夯筑至顶。其中中柱的础坑直径竟达 1.9 米，据坑顶柱窝推测，中柱柱径可达 0.7 米，可知其上负荷很大的重量。这座建筑建于西周中期，从形式到结构，其复杂性都大大超过前此所见的建筑，说明西周立国后，在建筑技术和艺术上都有很大的发展（图 3-3）。

上述二座建筑如与《周书·顾命》所载对照，可知中间部分应是堂，堂左右厚墙应即东序、西序，其外侧东西向的房间可能是东堂、西堂，也可能是东夹、西夹。但它有堂而无室，当非居住的寝宫。

此遗址遭严重破坏，且尚未发掘完毕，故对其建筑的总体布局尚不清楚，但已发现的十余座遗址有共同的方向，形成左中右三路，有围墙分隔，

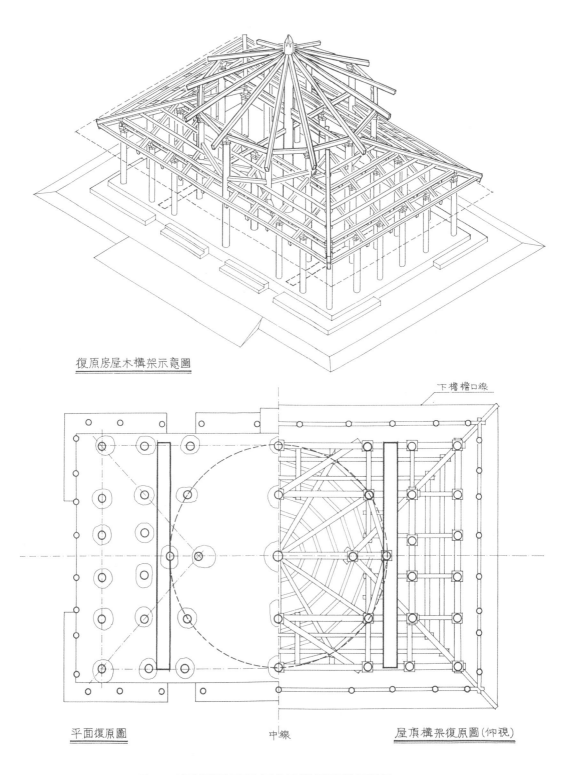

復原房屋木構架示意圖

下檐檐口線

平面復原圖　　　　　　　　中線　　　　　屋頂構架復原圖(仰視)

图 3-3　陕西扶风召陈西周宫室建筑 F3 遗址平面及构架示意图
（据《陕西扶风召陈西周建筑遗址初探》，载《傅熹年建筑史论文集》）

有小建筑附在其后，表明它是按一定规划布
置的。[①]

① 傅熹年. 陕西扶风召陈西周建筑遗址初
探——周原西周建筑遗址研究之二[J]. 文物,
1981（3）：34-45.

此遗址出土较多的瓦和瓦当，表明屋顶已大量用瓦。

# 第四节　镐京西周宫室遗迹

1980 年代陕西省考古研究所在镐京地区进行考古发掘工作，发现了西周宫
室遗址十余座，其中较大者为西周五号宫室建筑基址，简介如下：

该基址位于滈河故道的郿郭岭高岗地带，平面呈工字形，建在夯土基址上。
主体建筑居中，东向，其南北形成工字形的两翼为附属建筑。

主体部分南北两侧的残址（编号 15、18）南北相距 37 米，东西宽 23 米，
形成面积 851 平方米的主体部分，其东西两面的两道墙厚 1.1 米，只存残
夯土基，上部可能是土坯墙，故已不存。在主体建筑中部有两道残夯土墙
址，相距 2.6 米，可能是通道。据此，报告推测"五号宫室屋架结构，可
能为重檐式的高大宏伟建筑"。

南北两翼的附属建筑各发现南北走向的残墙 14 条，间距在 2.5 ~ 4.5 米之间，
一般长 12 米，其中部各有 4 条长 23 米。据报告推测，间距窄者为单坡建筑，
宽者为双坡建筑，报告推测它是主体两侧对
称布置的"房"或"厢"。从出土瓦片推测，
应已使用瓦屋顶。[②]

②陕西考古研究所. 镐京西周宫室 [M]. 西安:
西北大学出版社, 1995：第二章, 第三章,
余论.

由于未发表精确的遗址实测图，对此遗址的建筑原状尚难做进一步探讨。

据发掘报告，1983 年 5 月，在西周五号宫室建筑基址西北 350 米处，还发现了一座东西长 45 米、南北宽 25 米的宫殿的夯土基址，并出土大量带细绳纹的筒瓦、板瓦，白灰地面层和墙皮，也是一座大型宫殿址，可惜 1990 年代在该处建造砖窑，遂使该遗址遭到彻底破坏，只能在进行抢救清理时取得上述少量信息。

在考古工作中发现的少量西周宫室，仍是在厚夯土基上建单层殿宇，作院落式布局，基本继承和发展了夏、商传统，但在规模和技术水平上有较大提高。至东周时，列国争战频繁，保卫要求提高，宫室才发生巨大变化，盛行高大的多层夯土台榭，这在对列国都城宫室进行的考古工作中有大量的发现。

综括上述，可知周以后的宫殿规模增大，逐渐向多重宫院组合发展，并严格按礼制分为朝、寝两大部分。朝、寝之制以后逐渐发展为在宫殿中轴线上前后相重的象征国家政权的外朝、象征家族皇权的内廷两个主要部分。以后历代沿袭下去，成为宫殿定制，并有所发展，直至明清。

# 第四章

# 春秋战国列国宫室

西周末，周政权衰落，被迫东迁洛阳，是为东周。此时一些地方诸侯国日益强盛，通过兼并，逐渐形成少数大国。它们虽形式上宗周，实际却日渐脱离周的羁縻，不断互相争战，拓展疆域，进入春秋五霸、战国七雄时期。此时周实际上已丧失其宗主国的地位，列国与周之间的亲族关系和君臣隶属关系已为实际利益关系所取代，开始了逐步以地缘政治关系取代血缘政治关系的过程。这几个各据一方的大国形成后，都力图兼并他国，拓展疆域，故战争频繁。最终一国独大消灭诸侯和方国形成全国大一统的形势已逐渐形成。公元前 221 年，秦消灭其他各国，实现了全国统一。

春秋、战国时期是中国古代从诸侯分治、封邦建国的封建时期转入全国统一、实行郡县制的中央集权王朝时期的过渡期。这时期诸子百家思想活跃，由早期争富强逐渐发展到为大一统创造思想基础，其中以儒家、法家思想对当时和全国统一以后延续两千余年的中央集权王朝国家有着巨大而深远的影响，其中也包括建筑方面。此时由于列国间兼并争战不断，对宫室的防卫要求增加，夯土台榭型宫室遂得到巨大发展，成为当时宫室建筑的主流。《尔雅》说："观四方而高曰台，有木曰榭。"即在夯土台上逐层建木构房屋的称"台榭"。它的出现是为了满足当时诸侯王出于防卫和炫耀权势的需要，在建筑技术尚不能建多层楼阁时，利用土夯筑成多层台，环绕逐层退入的台上建屋，并在顶层平台上建巨大的殿堂，造成多层建筑的外观，而实际仍是用土台逐层抬高的单层建筑。它既可显示诸侯的威势，在发生危乱时又可以据守。

近年对一些先秦都城进行考古工作，发现很多密集的大型夯土基址，考知是其宫室遗址，其特点之一是大多以高大的夯土台为中心，表明台榭建筑已成为此时宫殿的重要形式。

# 第一节　侯马晋新田台榭

牛村古城北部正中有夯土遗址，平面方形，方 52 米，残高 6.5 米，周围有筒板瓦片堆积，是一座台榭遗址。若不计基础，只以地上部分之体积计，夯土工程量约 17576 立方米，是一座巨大的台榭。[①]

① 山西省考古所侯马工作站. 晋都新田 [M]. 太原: 山西人民出版社，1996.

# 第二节　燕下都武阳台

燕下都由东西二城组成，东城内有武阳台、望景台、张公台等大型夯土台遗址。武阳台在东城北部偏东，北倚横墙，东西 140 米，南北 110 米，面积约 15400 平方米，残高 11 米，是燕下都中最大的台榭遗址。遗址现状为二层夯土台，夯层约 0.12 ～ 0.15 米。下层台高 8.6 米，上层台四面内收 4 ～ 12 米不等，高约 2.4 米，当是残损之余。若不计基础，只以现存地上部分之体积计，夯土工程量为下层约 134220 立方米，上层约 32563 立方米，共计约 165003 立方米，是巨大的台榭。台下堆积物有烧土块及战国瓦片等，可知其上原有建筑物。但其形制尚有待进一步考古工作来探明（图 4-1）。[②]

② 河北省文化局文物工作队. 河北易县燕下都故城勘查和试掘 [J]. 考古学报，1965（1）: 83-106.

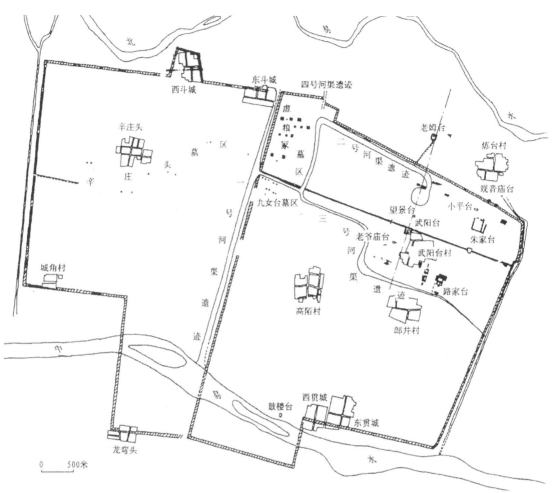

图 4-1　燕下都平面图
（据许宏：《先秦城市考古学研究》图 50）

# 第三节　齐临淄桓公台

齐临淄由大小二城组成，小城是齐始封时的营丘城，为其宫城。宫城东西 1.4 公里，南北 2.2 公里，面积约合 3.08 平方公里。城墙基宽 20～30 米；南面 2 门，东、西、北面各一门；城门外侧相对建厚土墩台，形成深 30～42 米不等的城门道，有很强的防卫作用。北部是主要宫殿区，偏西是残高 14 米、南北长 86 米平面略近椭圆形的巨大夯土台，俗称"桓公台"，是当时盛行的大型台榭建筑。可能是齐宫的主体建筑（图 4-2）。[①]

① 群力. 临淄齐国故城勘探记 [J]. 文物，1972（5）：45-54.

# 第四节　赵邯郸龙台

赵邯郸由大城和其西南的王城组成，王城在大城西南，相隔 80 米，由品字形三城组成，不相连属，俗称"赵王城"，以东西 1354 米，南北 1390 米，面积近 1.9 平方公里的西城为主体。城内偏南有台址，俗称"龙台"。在其北又有二座台址，与"龙台"南北相对，共同形成西城的主轴线。东城比西城窄，偏西处的二座夯土台最大，南北相对，形成东城的主轴线。

三座宫城中，西城大型土台密集、轴线明确，应是主要宫殿所在。"龙台"在王城西城偏南处，南北 296 米，东西 265 米，面积约 78440 平方米，高 19 米，若不计基础，只以地上部分之体积计，夯土工程量约 1490360 立方米，是遗存至今的最大战国台榭遗址。[②] 东城可能是续增的一组次要宫殿。北城夯土台较少，有人推测可能为苑囿（参见图 0-6）。

② 河北省文物管理处. 赵都邯郸故城调查报告 [M]//《考古》编辑部编. 考古学集刊第四集. 北京：中国社会科学出版社，1981.

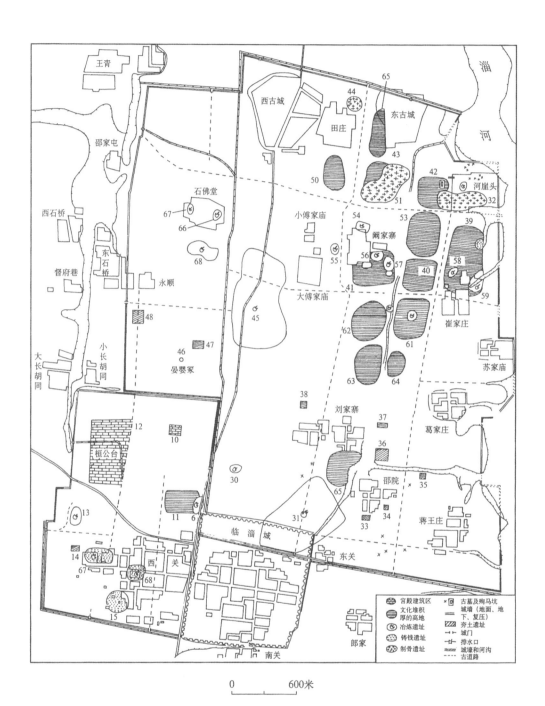

图 4-2　齐临淄故城平面图
（山东省文物考古研究所：《临淄齐故城》）

# 第五节 对战国铜器上台榭形式和构造的探讨

以上4项都是战国宫城中最大的夯土台址，其中3项的夯土工程量已大致估算如上述。春秋战国时筑台的夯土工程定额已难考知，假如借用（唐）王孝通《缉古算经》所附筑堤

一人一日自穿、运、筑综合定额4.96立方尺/人·日为参考值①，以唐尺0.294米折算，定额约为0.126立方米/人·日。则晋新田台榭用139492工，燕下都舞阳台用1309548工，赵邯郸龙台用11828253工。可知都是巨大的工程。

① （唐）王孝通《缉古算经》卷上，太史造仰观台条："夏程人工常积七十五尺"。王云五主编．丛书集成初编[M].上海：商务印书馆，1936：27.

这些台榭或因破坏过甚，或因尚未发掘，其具体形制尚难考知。但通过文献记载和战国铜器上刻画的建筑图像，可以知其大致情况。在现存铜器上有建筑图像中较完整可反映其形制构造者有十余件，其中较能反映大型台榭式建筑构造的是河南辉县赵固镇魏国大墓出土宴乐射猎刻纹鉴、上海博物馆藏燕乐铜杯上建筑和镇江市东周墓出土铜鉴，分别介绍如下：

## 一、河南辉县赵固镇魏国大墓出土宴乐射猎刻纹鉴

河南辉县赵固镇魏国大墓出土宴乐射猎刻纹鉴规模较大，在铜器上刻画的建筑图像可供参考其形式构造。此为战国器，今藏中国国家博物馆。鉴内刻一座三层建筑。底层分外廊及内部两部分，外廊由檐柱及邻近之内柱共同承托二层回廊的楼板和外挑平台。内部左右各分立二柱。其柱高于檐柱，故二层内部地面也高于二层回廊楼板面。第二层回廊进深二间，用三柱，上承斜坡屋檐。回廊以内的内部有五柱，外侧左右各一柱，中间三柱并立。并立的三柱中，中柱下有柱础。由此可以推知，底层的内部应为夯土台，中柱之础即置于夯土台面正中。二层内部五柱也高于檐柱，上承三层楼层。三层楼层四周外挑出平台。其外端由二层斜坡屋顶上出小柱支撑。三层回廊进深一间，用二柱支承，上承斜坡屋檐，回廊以内的内部用四柱，上承

梁及屋顶。其屋顶在柱以外部分仍为坡顶，与廊檐相续，中部为水平屋脊，可能是平屋顶，构成四面重檐的盝顶（图4-3）。

此鉴上所刻建筑一层中部为土台，可能是土木混合结构的方形台榭建筑。二层立于土台上的并列三柱的柱身都刻菱格，与其他柱只刻斜线者不同，当是结构中的重要部分。三层的楼层刻小方格，似表示由地面枋纵横交搭构成；三层平台外挑颇多，自二层廊顶上出柱支撑。从构造、体量、形式上看，都较宏大、复杂，在对其形式、构造的复原示意图中可以了解其概貌（图4-4）。

## 二、上海博物馆藏燕乐铜杯上建筑

较小些的战国建筑图像可以上海博物馆藏燕乐铜杯上所凿建筑为代表。它是一座建在木构架空平台上的面阔一间二柱的干阑式建筑，平台地面为木构铺砖，两端及中间有木柱支撑，在平台边缘用砖砌外墙封闭，左右相对建有凹入的登台踏步（纳陛）。其上沿平台边缘有曲尺形护阑墙，台上立二柱，上有栌斗，承托木构铺砖平屋顶。平屋顶外侧有巨大的挑檐（其下应有挑檐柱，可能雕凿时略去），所表示的是一座建在空心墩台上的方形盝顶建筑（图4-5、图4-6）。

## 三、镇江市东周墓出土铜鉴

此外，镇江市东周墓出土铜鉴上两个图像也有一定代表性。其一表现在台榭上行射礼，下层部分铜器残破，构造不详，从上层地面层很厚来推测，是木构平台的可能性较大，四周砌有曲尺形女墙。右侧在女墙内有人射箭，左侧有供登上的台阶。其上层房屋只有檐柱，檐柱上端隆起，表示上用栌斗上承平屋顶。它可能是四周挑出斜披檐，中为平顶的盝顶式屋顶的建筑。其二只余残片，下层用厚墙承地面板，外端也有曲尺形女墙。上层只余一上有栌斗承挑檐的檐柱，其内屋面板表示方法与地面板相同，可知也是四周挑檐中为平顶的盝顶式建筑（图4-7）。

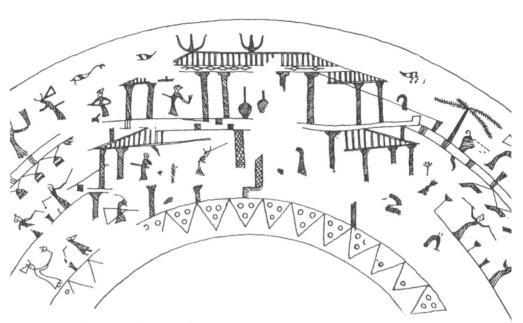

辉縣趙固村出土戰國宴樂射獵刻紋銅鑒内之建築形象

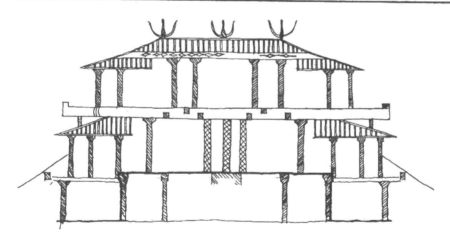

上圖建築補完整後的形象.

（摹自《輝縣发掘报告》）

图4-3　辉县赵固镇出土宴乐射猎刻纹鉴上刻画建筑图像及分析图
（据《战国铜器上的建筑图像研究》，载《傅熹年建筑史论文集》）

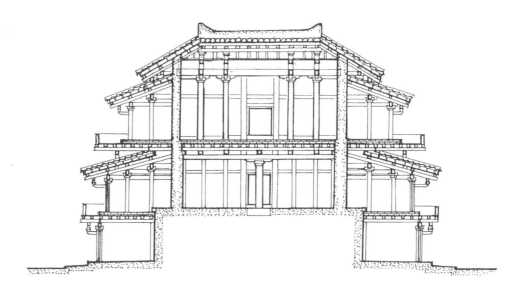

剖面图

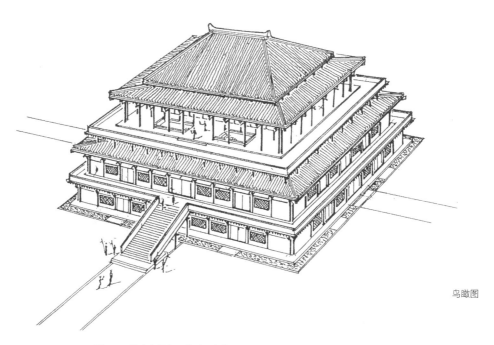

鸟瞰图

图 4-4　河南辉县赵固镇魏国大墓出土铜鉴所刻建筑图像及对其原状之推测图
（据《战国铜器上的建筑图像研究》，载《傅熹年建筑史论文集》）

088

中国古代宫殿

图 4-5　上海博物馆藏燕乐铜杯上所凿建筑形象
（据《战国铜器上的建筑图像研究》，载《傅熹年建筑史论文集》）

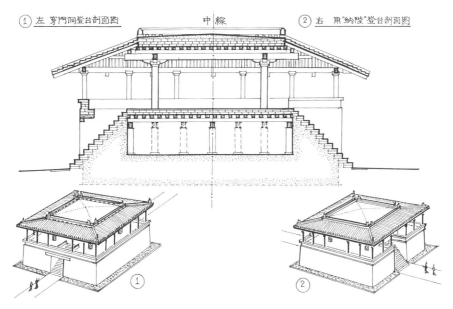

图 4-6　上海博物馆藏燕乐铜杯上所凿建筑形象的分析
（据《战国铜器上的建筑图像研究》，载《傅熹年建筑史论文集》）

图 4-7　镇江市东周墓出土铜鉴上的建筑形象
（据《战国铜器上的建筑图像研究》，载《傅熹年建筑史论文集》）

这几件铜器都属当时贵族从葬之品，其形制应与墓主的等级地位相称，其一下层土台上层木构房屋，与当时那些的巨大的列国国王宫殿的多层台榭有很大差异，但其基本形式构造可供参考。据此可以大致推知当时列国宫殿的台榭应是沿逐级土台建造木构廊庑，顶层建巨大庑殿顶宫殿，外观形成多层楼阁的形式 。①

① 傅熹年. 战国铜器上的建筑图像研究 [M]/ / 傅熹年建筑史论文集. 北京：文物出版社，1998：60-94.

东周王城和宫室的遗址迄今尚未进行发掘，形况不详，上文所介绍都是春秋战国等列国的都城及其宫殿的形象和构造，与王宫存在规模和等级上的差异，目前只能视为参考史料。

第五章

# 秦代
# 宫殿

据《史记》卷六《秦始皇本纪》记载，秦都咸阳，始皇之母居咸阳南宫甘泉宫，始皇二十六年（前221年）"每破诸侯，写放其宫室，作之咸阳北阪上"。二十七年（前220年）作信宫渭南为极庙。三十二年（前215年）之碣石，刻碣石门。三十五年（前212年）建阿房宫。可知秦统一全国后在咸阳及外地建有多所宫殿。但秦亡后均废毁。近年考古发掘工作发现了一些遗址，可以略知其形制和规模，简介如下。

# 第一节　秦阿房宫

阿房宫是秦统一全国后所建正式宫殿，未完工而秦亡。

据《资治通鉴》卷七·秦纪二·始皇帝下记载："三十五年（前212年）……始皇以为咸阳人多，先王之宫廷小，乃营作朝宫渭南上林苑中，先作前殿阿房，东西五百步，南北五十丈，上可以坐万人，下可以建五丈旗。周驰为阁道，自殿下直抵南山，表南山之巅以为阙。为复道自阿房渡渭，属之咸阳，以象天极阁道绝汉抵营室也。"可知秦始皇三十五年为拓展咸阳，于渭南上林苑中建朝宫，其前殿名阿房。《史记》说它"东西五百步，南北五十丈"，又"为复道自阿房渡渭，属之咸阳，以象天极阁道绝汉抵营室也。"这是一个跨越渭水南北两岸宫苑连绵不断的宏伟规划。所谓咸阳宫象营室，反映当时的天人相应的观念。自公元前212—前206年建此宫，历时6年，使用刑徒70万人，未完工而始皇死，发生陈胜、吴广起义，各地应之，刘邦、项羽先后率军入咸阳，秦亡。项羽军焚烧抢掠，火三月不绝，咸阳毁为丘墟。从上引记载的情况看，其前殿阿房宫规模空前宏大，应是宫殿的外朝部分，代表秦统治天下的国家政权。阿房以北经复道北至咸阳的宫殿应是一般行政和居住的部分，代表嬴氏的家族皇权。

前殿遗址近年已探得，建在南高北低的龙首原上，其残存夯土台基东西1270米，南北426米，北侧最大残高为12米。复道即木构的阁道，由阿房遗址至南临渭河处的咸阳宫遗址约近13.5公里。据此可知，秦宫殿工程规模空前宏大。但由于遗址被严重破坏，又未经全面勘探发掘，世人目前对秦咸阳宫殿的总体布置尚不了解。从前殿和已发掘的少量渭北咸阳宫殿遗址可知，宫殿大多是建在巨大夯土台上的台榭建筑。

秦始皇灭六国，统一全国，废分封制，实行郡县制，建立中央集权的郡县制国家，故其宫殿规模超过战国时期。但因其二世即亡，很多方面尚来不及形成制度化体制。在宫殿方面的制度化大约到东汉初才见初形，将在下文进行探讨。

# 第二节　秦咸阳渭北宫殿

目前在渭河北岸（即"咸阳北阪"）已发现秦宫殿遗址若干处，但规模远小于前殿，均为土木混合结构房屋，单层者以版筑或土坯为墙，大型者多为夯土台榭，以壁柱加固。地面、墙面均抹草拌泥为基层，上罩加石灰的细泥面层。因屋顶已毁，构架不详，但考虑到屋面用宽40厘米左右的陶瓦，加上苫背，则屋顶荷载相当重，故其主体建筑构架的用材应是相当大的。宫殿踏步或室内墙壁下层有用斫花空心砖或陶板者。台榭在夯土台内部多凿有窟室，用为辅助房屋。对于夯土筑的大型台榭来说，排水是重要问题，故均在夯土台中预埋陶制下水管，台面设漏斗形集水口，将水经陶水管排出。

现已发掘的一号宫殿遗址，是一座二层台榭。下层东北和西南分别挖出二室和四室。主体建筑在台顶，平面近于方形，四周墙壁下半为厚2.15米的夯土墙，上部用土坯接砌，墙内外侧均用壁柱加固，用为承重墙，室内净空13.2米×12米，正中用一个直径0.64米的中心柱（又称"都柱"）。由中心柱与四周承重墙上承屋顶构架，仍是土木混合结构建筑。[①]这些宫殿址是否与秦"每破诸侯，写放其宫室，作之咸阳北阪上"有关，尚有待进一步探讨（图5-1）。

① 秦都咸阳考古工作站. 秦都咸阳第一号宫殿建筑遗址简报 [J]. 文物，1976（11）：12-43.

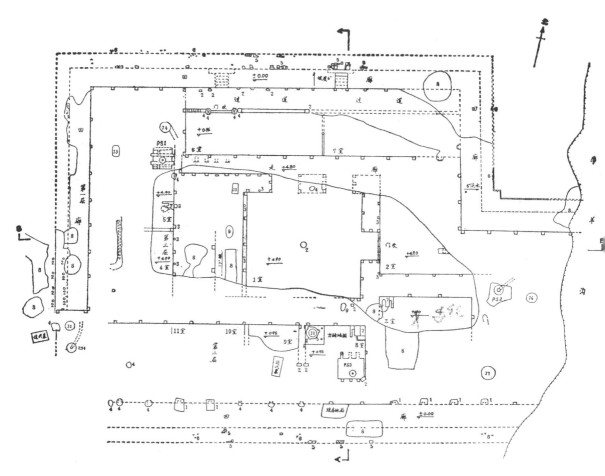

图 5-1 陕西咸阳秦咸阳宫一号建筑遗址平面图
（据杨鸿勋《宫殿考古通论》第十一章）

# 一、秦咸阳宫一号宫殿建筑遗址

1970 年代中后期考古工作者在咸阳市东 15 公里处发现两座秦代高台宫殿遗址，东西相对，编为一、二号宫殿遗址，一号宫殿遗址在西侧，比较完整。

一号宫殿遗址东西宽 60 米，南北深 45 米，平面为曲尺形高 5 米的夯土台，表土下即为秦代文化层，主要为焚毁后倒塌的遗迹。主体建筑在台顶中部，为四周用厚 2 米余的夯土墙围合成的方形主殿，正中立有径 64 厘米的都柱。从墙厚和柱径分析，当是在台顶建一高二层的主体，四周围以单层的附属房屋。在夯土台的四周也围以单层廊庑，外观上形成高三层的建筑，是当时典型的台榭做法。《文物》1976 年 11 期载有陶复（杨鸿勋笔名）撰《秦咸阳宫一号遗址复原问题的初步探讨》，对此遗址进行复原研究，现将其复原方案附入，以供参考（图 5-2、图 5-3）。

# 二、秦咸阳宫二号宫殿建筑遗址

在一号宫殿遗址西北，主体部分亦作曲尺形，东西 127 米，南北 45.5 米，夯土台原残高 3 米以上，与一号宫殿遗址相近而规模更大。但其突出的上层夯土台已在 1950 年代被夷为平地，只余下层台的残地面及柱洞。其原状可能是下为高一层的平台，台主体的中部夯筑建造主建筑的夯土台，方19 米。此土台顶面四周为用壁柱加固的一圈夯土墙，形成主体建筑下层的四壁，其上可能建有上层的主体殿宇。在主建筑台壁四周围以单层建筑，形成外观呈三层的主殿。台面上还有四处小建筑，和供排水的集水井。下层台都有倚台壁而建的廊庑，南廊长 86.5 米，深 3.9 米。北廊呈两折，共长 116.35 米，深 2.7 ~ 3.5 米，地面有局部下沉通地下室处。东西廊情况类似。据此，台之底层全部由廊庑环绕。南廊有踏垛五处，其西部二处恰北指上层主室东西墙之外侧，可能为登台入口（图 5-4）。

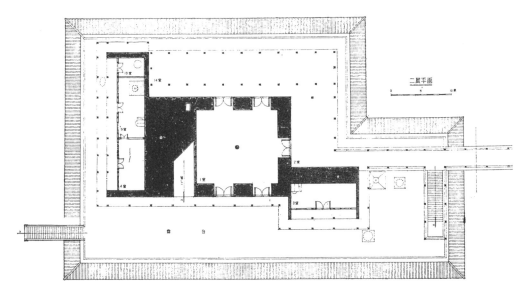

图 5-2 秦咸阳宫一号宫殿建筑遗址上层平面复原图
（据杨鸿勋《宫殿考古通论》第十一章）

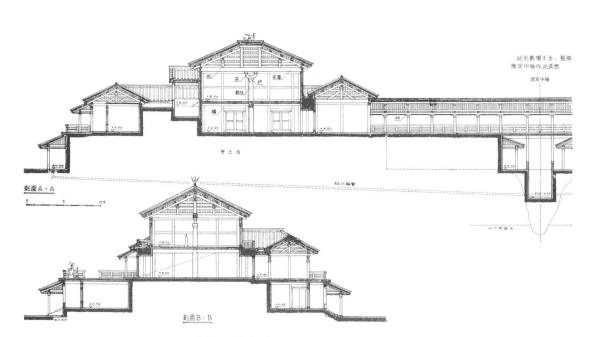

图 5-3 秦咸阳宫一号宫殿建筑遗址初步复原图
（据杨鸿勋《宫殿考古通论》第十一章）

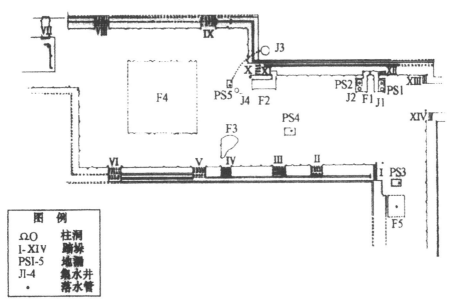

图 5-4　秦咸阳宫二号宫殿建筑遗址平面图

（据《考古与文物》1986 年 4 期）

# 第三节　辽宁绥中县石碑地秦碣石宫遗址

在山海关东 15 公里渤海滨，因其正对海中一组俗称"姜女石"的礁石，学者考定礁石即为《史记·秦始皇本纪》所称："三十二年（前 215 年），始皇……刻碣石门"的"碣石"，因推定此遗址即秦始皇秦亲临其地刻石之行宫碣石宫遗址。《史记·孝武本纪》又有元封元年（前 110 年）汉武帝"北至碣石"的记载，则汉武帝也曾亲临其地，故遗址经汉代扰动或改建当在此时。

遗址规模颇大，呈南北肢长的曲尺形，南北约 496 米，东西宽 256 ~ 170 米不等[①]，外有宫墙环绕，内部分隔成若干大小宫院。后经汉代使用并局部重建，有

①辽宁省文物考古研究所姜女石工作站. 辽宁绥中县"姜女石"秦汉建筑群址石碑地遗址的勘探与试掘 [J]. 考古，1997（10）：36-46.

所扰动。辽宁省文物考古研究所已将它划分为 10 区进行考古发掘。其中最具特色的是第 1 区临海部分，为一由宫墙围成的东西约 170 米，南北约 70 米的横长宫院，是全宫的主体（参见图 0-7）。

在此宫院的北墙上居中筑有一东西 37 米、南北 33 米、高 8 米的近于方形的夯土台，正对海中的"姜女石"。此台北倚高地，与后部宫室相连，东、南、西三面凸出于宫院中。南面有东、西两阶，东、西面有东、西侧阶的残迹。沿台东、南、西三面边缘有柱痕，可能建有檐廊。在台顶发现若干建筑残基，但从其尺度过小和与登台之阶不相呼应分析，可能是已塌毁的台榭下层窟室之残迹，主体建筑应在上层。整座建筑是一座下有檐廊环绕，可从三面登上，方三十余米，高二层以上的宏大的台榭，是全宫的主殿，性质近于外朝。但其具体形制尚需进一步考古工作进行探索。主殿左、右侧沿宫院北墙建有北廊，分别向东、西延伸，至角矩折向南，形成东、西廊。西廊中部有门屋，通入西侧宫院。门屋南为一纵长夯土台，直抵南墙。据残存柱础，可能是一狭长的五间的殿宇，也因汉代重建而破坏。东廊处无与西廊对应的建筑，但廊西侧有一宽 13 米、长 25 米的矩形土坑，环绕土坑有 18 个直径约 2 米的圆坑，其性质功能待考。南墙东西长约 168 米，距东端约 35 米处有南门，宽约 21.4 米，两侧各有一长约 8.6 米、宽约 5.5 米的门墩，是进入此宫院的主门。

在主殿北面有一由二至三重宫墙围成的横长矩形区域，内有若干个较小宫院，近于宫殿的寝区。值得注意之处是大都附有浴室。如主体西北的 1 区 B 组有两间相连小室，均方 4 米余，南室为浴室，北室为渗井。浴室内先用砖砌出矩形浴槽，在其西北部砌成漏斗状排水口，底部接一陶盆，盆底穿孔，下接陶弯头。再自弯头接横管穿隔墙通入北室的渗井。渗井以直径 1.4 米的 5 节陶井圈做成。[①]但其后部的功用、布置规律、是否经过汉代改建等尚有待进一步考古工作来揭示。

①辽宁省文物考古研究所姜女石工作站. 辽宁绥中县石碑地遗址 1996 年度的发掘 [J]. 考古，2001（8）：45-58.

综观此区，主殿北倚高地和重重宫院，居高临下，殿庭逐渐低下，左右回廊对称环抱，与南墙围成院落，正对海中礁石，气魄宏大，与环境完美结合，展现出当时规划已具有很高的利用地形的能力（图 5-5）。

# 第四节　辽宁绥中县黑山头秦离宫遗址

在秦碣石宫遗址西约 2 公里山岬上，因石色偏黑，俗称"黑山头"，其南北长近 100 米，东西宽 60 余米，海拔 19 米，前临海，与海中二座礁石"龙门石"相对。遗址遭较大破坏，仅存残迹。主体建筑基址面海，东西 45 米，南北 25 米，考古工作将其划分为三组十个单元，其中西部三个单元形式大体相同，但其具体形制、功能均待考（图 5-6）。①

① 辽宁省文物考古研究所. 辽宁绥中县"姜女坟"秦汉建筑遗址发掘简报 [J]. 文物，1986（8）：25-40.

## 辽宁绥中县止锚湾秦离宫遗址

在秦碣石宫遗址东约 1 公里山岬上，南对海中一座大礁石，面积约 1 平方米。因已为现代渔港，上有大量近现代建筑，遗址残损严重。仅据出土大量残砖瓦及红烧土，表明曾建有大型宫室，但其具体情况尚有待进一步考古发掘工作来展示。

从位置上看，三座遗址分别面对海中礁石，有共同选址特点。其中碣石宫居中，而黑山头、止锚湾和其他一些秦代遗址分列左右，起了突出主宫碣石宫的作用，说明此遗址为秦代大型宫室建筑群，且在总体规划上已有较高水平。②

② 辽宁省文物考古研究所. 辽宁绥中县"姜女坟"秦汉建筑遗址发掘简报 [J]. 文物，1986（8）：25-40.

秦代咸阳宫殿及少数离宫、行宫遗址虽已发现，且规模颇大，但均遭到严重破坏，恐需进行大量考古发掘工作始能有进一步的了解。

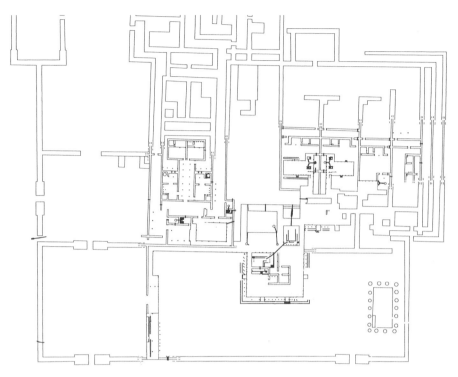

图 5-5　辽宁绥中县石碑地秦汉宫殿建筑遗址平面图
（据《姜女石秦行行宫遗址发掘报告》，辽宁省文物考古研究所编）

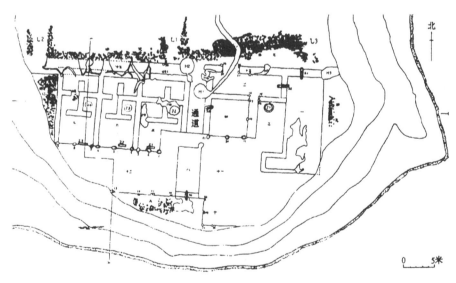

图 5-6　辽宁绥中县黑山头秦离宫遗址平面图
（据《姜女石秦行行宫遗址发掘报告》，辽宁省文物考古研究所编）

第六章

# 两汉宫殿

西汉宫室和大型建筑仍以土木混合结构房屋为主，重要宫室往往建在高台上，通过架空阁道往来，仍延续春秋战国以来台榭建筑的一些特点。史载汉武帝在建章宫所建神明台、井干楼高五十丈，凤阙高二十余丈[①]，数字虽有些夸张，但属于超过前人的新成就则是事实。至王莽时，在长安南郊所建礼制建筑，在群体布局和单体建筑设计上都堪称西汉的代表作。到东汉时，重要宫殿虽仍沿西汉旧制多建在大型夯土台基上，但全木构建筑有较大发展。在遗存的汉代建筑形象资料如壁画、画像石、明器陶屋中，西汉遗物较少，主要属东汉时期，从中可以看到木结构技术的发展。东汉地方豪强势力强盛，独霸一方，兴建坞堡，造守望用的望楼成为当时风气。在东汉墓已发现的陶望楼，高三至四层，大部表现的是全木构建筑，也有少量下为土木混合结构，上为全木构者,可反映当时社会因素推动木结构发展的情况。在这些壁画、画像石、明器陶屋中还可看到,中原、北方的官署、民居等较多以土木混合结构为主,重要建筑可用全木构。但南方沼泽及潮湿地区多用全木构房屋和干阑,明显表现出地域差异。砖拱券和拱壳结构在此期有较大发展,但主要用来建墓室或水道,尚未发现用于地上建筑之例。石结构亦仅有用于墓阙、陵墓前石室和地下墓室之例。

汉代宫殿制度的具体情况史籍无明确记载,但能从记载大臣因违制受罚的事例了解片段情况。其一是非皇宫不能建两殿前后相重,也不能使前后两门相对。②其二是门外的阙只能是一母阙附一子阙的"两出阙",一母阙附二子阙的"三出阙"为皇宫专用。③

秦、西汉在都城中先后建多所面积巨大的宫殿,均有宫墙环绕,采取平面展开式布局,主体建筑多为台榭或大型土木混合结构建筑。因为大多未经全面勘探发掘,其总体规划布局尚未能查清,只能结合少数遗址和文献了解其部分情况。

① 《汉书》卷二十五下,郊祀志下云:"于是作建章宫,度为千门万户。前殿度高未央。其东则凤阙,高二十余丈。……立神明台、井干楼高五十丈,辇道相属焉。"(汉)班固. 汉书·第4册·卷二十五下·郊祀志 [M]. 北京:中华书局, 1962: 1245.
② 《汉书·董贤传》说:"(哀帝)诏将作大匠为(董)贤起大第北阙下,重殿洞门,师古曰:重殿谓有前后殿,洞门谓门门相当也。皆僭天子之制度者也。土木之功穷极技巧,柱槛衣以绨锦。师古曰:槛谓轩阑之板也。绨,厚缯也。"(汉)班固. 汉书·第11册·卷六十三·佞幸传·董贤 [M]. 北京:中华书局, 1962: 3733.
③ "(霍)禹既嗣为博陆侯,太夫人显改光时所自造茔制而侈大之。起三出阙,筑神道……盛饰祠室,辇阁通属永巷,而幽良人婢妾守之。"(汉)班固. 汉书·第3册·卷六十八·霍光传 [M]. 北京:中华书局, 1962: 2950.

# 第一节　西汉长安未央宫

汉未央宫在今西安市西北，汉长安城遗址的西南部，始建于汉高帝七年（前200年），是西汉首都长安的主宫。《西京杂记》说："未央宫周匝二十二里五十九步……台殿四十三所，其三十二所在外，十一所在后宫……门闼凡九十五。"[1]《三辅黄图》说它"因龙首山以制前殿"。[2]顾炎武《历代帝王宅京记》说："未央宫高

帝七年萧何造，立东阙、北阙、前殿、武库、太仓。未央宫周回二十八里，前殿东西五十丈，

①《长安志》卷三未央宫条引《西京杂记》。
②《三辅黄图》卷二未央宫条。陈直校. 三辅黄图校证 [M]. 西安：陕西人民出版社版，1981：36.

高二十五丈，营未央宫因龙首山以制前殿。"可知是很壮丽的宫殿。如前所述，早在三千年前的早周凤雏遗址已出现置主体建筑于中心的布局。到春秋战国时，这种布置已形成传统，并出现了理论。战国末年的著作《吕氏春秋·审分览·慎势》中说："古之王者，择天下之中而立国，择国之中而立宫，择宫之中而立庙"，并言明"择中"是为了得"势"以便于统治。未央宫布局中，尽可能使前殿居中正是这种为了得势而"择中"的思想的表现。

据《资治通鉴》卷四十记载：西汉末年王莽篡汉后，群雄竞起，攻杀王莽，至26年赤眉军战败退出长安时，"长安城中粮尽，赤眉收载珍宝，大纵火烧宫室市里，恣行杀掠，长安城中无复人行。"可知未央宫存在了226年（前200—26年）后被毁，其他长安西汉宫室也同时被毁。

汉代关于未央宫的记载较少，在东汉班固《西都赋》和张衡《西京赋》虽有较多记载，但大多是对宫室巨大规模和豪华装饰的描述，尚不能据以了解其规格和形制。目前只能据近年考古勘察和发据资料进行探讨。

未央宫遗址在汉长安西南部，平面矩形，东西2.25公里，南北2.15公里，面积4.84平方公里（参见图0-8）。环以宫墙，四面各开一正门，称司马门，东、北二门外有阙，南、西二门与长安城之南墙、西墙上的西安门、章城

门相对。在东、北、西三面还发现有次要的宫门。据西南角发现的角楼遗址，宫城四角建角楼可能已形成定制。据班固《西都赋》记载，皇帝往来长乐宫、桂宫、建章宫都通过跨越街道的架空阁道，尽量不经地面街道。

总体布局：在宫中有两条横贯东西的大道，通至东、西宫门，分全宫为南、中、北三区，南、中二区等宽，北区稍宽，前殿即位于中区中部偏北；另在前殿东侧又有一条纵贯南北的大道，直抵南、北宫门，与二条东西大道相交，形成全宫的主干道网。

其主殿称"前殿"，是因山丘而筑的巨大台榭，台东西宽约 200 米，南北长约 400 米，分三层，逐层升高，第二层比第一层升高 3.3 米，第三层比第二层升高 8.1 米，每层各建一座宫殿，形成前、中、后三殿的格局。其面积前殿为 2680 平方米，中殿为 8280 平方米，二者均为长方形平面，后殿为 4230 平方米。遗址平面不甚规整。在殿址上尚可见若干柱础石，因未经发掘，仅据勘探后的描写尚难具体探讨其原状。中殿体量最大，是宫中已发现的最大殿宇，应是主殿。相当于宫中的治朝。东汉张衡在《西京赋》中称正殿"大夏耽耽"，注曰："屋之四下者为夏"，可知应为庑殿顶。在前殿周边还建有廊庑和廊房。未央宫前殿的位置在全宫几何中心稍偏东，如考虑它是因借山丘而建的情况，可以认为原规划意图可能是拟以它为全宫中心的。[①] 如前所述，未央

① 刘庆柱. 汉长安城未央宫形制初论 [J]. 考古，1995（12）：1115-1124.

宫布局中，尽可能使前殿居中是为了得势而"择中"的思想的表现。

但西汉时虽以未央宫为主宫，前殿为宫中主殿，但史载它举行大朝会却不在未央宫中而选在司徒府，在司徒府中设有百官朝会殿，汉帝在此与丞相百官议国之大政，《周礼·秋官上·朝士》汉郑玄注云："今司徒府有天子以下大会殿，亦古之外朝哉。"可知汉未央之内为治朝、燕朝，宫外的司徒府大会殿为外朝。

据此推知，西汉时宫殿以皇帝日常听政的"治朝"和居住的"燕朝"为主，

尚不具举行大朝会的"外朝"功能。

近年已对宫内一些遗址作了勘探或发掘，考古学家初步确定了在北区中心与前殿共同形成全宫南北中轴线的二号遗址是皇后所居的椒房殿，其西的四号遗址为少府。[①]四号遗址之西靠近西宫墙的三号遗址为一官署，可推知北区应即是《西京杂记》所说的"后宫"及其服务部分，而中区为前殿所在，与南区均为治朝区。近年在前殿左右已发现了九、十、十三、十四等遗址。这可能即《西都赋》和张衡《西京赋》所载的环列前殿左右"焕若列宿"的大量殿宇，但目前还难以具体确指其名和形制。宫的西南部有沧池，池中有渐台，是筑在池中供游赏用的台榭建筑。史载在建章宫也有渐台，甚至曲阜鲁王宫中也有渐台，渐台为当时宫廷中流行的园林建筑的一种。[②]

① 刘庆柱. 汉长安城的考古发现及相关问题研究——纪念汉长安城考古工作四十年[J]. 考古，1996（10）：1-14.
② 宋敏求. 长安志·卷三·未央宫条，"渐台"下引《汉书》颜师古注云："未央殿西南有苍池，池中有渐台。"又建章宫条云：其北治大池，渐台高二十余丈。下引《汉书》颜师古注云："渐，浸也。台在池中，为水所渐，故曰渐台。"可知渐台是筑在池中的高台。

已发掘建筑概况：在已勘查和发掘的遗址中，只有前殿可确认是因山为基，辅以局部夯筑的台榭，此外的二号、三号、四号遗址均以建在巨大夯土台上的单层土木混合结构建筑为主体，局部有二层或地下室。其中二号、四号遗址反映出的宫殿建筑面貌及做法稍多。

# 一、第二号建筑遗址

遗址在未央宫前殿正北方 350 米，是一组巨大的宫殿，据考证，应为皇后所居的椒房殿遗址。相当于宫中的燕朝。已发掘正殿、配殿和服务用房的部分遗址（图 6-1）。正殿殿基为一矩形夯土台，东西 54.7 米，南北 29 米，深入地下 2 米，高出当时地面 3.2 米，总厚约 5.2 米。现殿基残高仅 0.2～1 米，原地面、柱础痕全遭破坏不存，殿身的形制构造已不可考。殿基的南、东、北三面边缘都有柱槽痕，当是加固殿基侧壁用的壁柱痕，其形制可在现存汉石阙的基部看到。在殿基南面相对有二夯土墩，各宽 3.6 米，长 5 米，

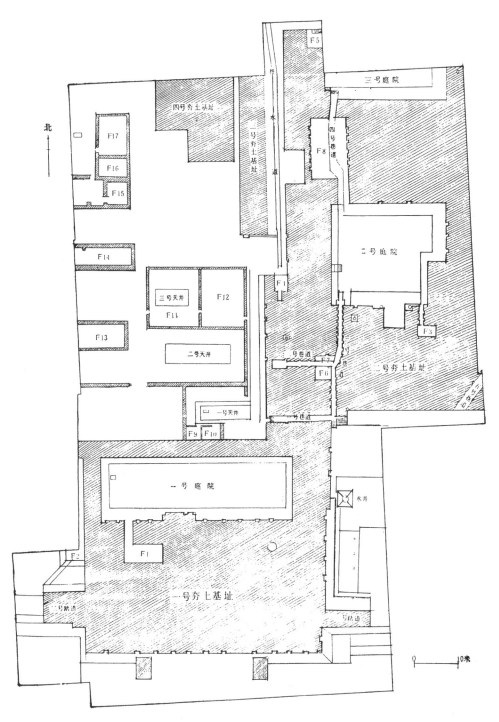

图6-1 汉长安未央宫二号宫殿建筑遗址平面图
（据《考古》1992年8期）

残高 0.5 米，东西相距 23.6 米。考古学家李遇春从椒房殿的性质和墩的位置、体量考虑，认为可能是双阙遗址。建筑考古学家杨鸿勋则认为是登上层台所需的飞陛遗迹，二说可供参考。另在东西侧各有一侧阶。在殿夯土基的西北部挖有一 8.7 米 ×3.6 米的窨室，残高 0.55 米。正殿以北有一东西 43.7 米，南北 12.2 米的横长矩形庭院，北、西二面围以厚 4 米的夯土墙，四周有宽 1.2 ~ 2.3 米不等的通道，庭院中心全部方砖墁地。①

① 中国社会科学院考古研究所汉城工作队. 汉长安城未央宫第二号遗址发掘简报 [J]. 考古，1992（8）：724-732.

配殿在正殿东北侧，为一南北向巨大夯土基，局部与正殿相连，其面层亦破坏不存。在殿基内挖有三个窨室和几条与庭院相连的巷道，表明殿基亦有相当高度。但据台基边基本无壁柱的情况，其殿基可能低于正殿。

因遗址残损，配殿亦不完整，我们目前只能知道正殿殿基宽 54 米，深 29 米（若以尺长 0.235 米计，约合汉代 23 丈 ×12 丈），建在一高出地面 3.2 米（近 1.4 丈）以上、四壁用壁柱加固的巨大夯土殿基上。参考《三辅黄图》所载椒房殿"以椒和泥涂，取其温而芬芳"和《汉书·外戚传》所载赵皇后昭阳殿"壁带往往为黄金釭"，此殿四壁应是用壁柱、壁带加固的承重外墙，但从 29 米进深分析，内部应有 2 ~ 3 列内柱，始能支撑屋顶构件，是土木混合结构殿宇。根据殿基四周有宽约 2.4 米的砖铺廊道和其外有宽 1.2 米的卵石散水的情况，其屋顶出檐应挑出殿基边缘 3 米左右，是一座很巨大的殿宇。但对整组宫院的布局和殿宇的具体形式尚有待进一步考古工作来揭示（图 6-1）。

史料中对皇后正殿椒房殿的记载不很多，但从对汉成帝宠妃赵昭仪所居昭阳舍的描写可了解皇后宫殿的大致情况。班固《西都赋》说："后宫则有掖庭椒房，后妃之室……昭阳特盛，隆乎孝成。屋不呈材，墙不露形。裛以藻绣，络以纶连……金釭衔璧，是为列钱。"②《汉书·孝成赵皇后传》云：赵昭仪"居昭阳舍，其中庭彤朱，而殿上髹漆，切（门限）皆铜沓黄金涂，白玉阶，

② （汉）班固. 西都赋·萧统·文选·卷一 [M]. 北京：中华书局，1977：25.

壁带往往为黄金釭，函蓝田璧，明珠翠羽饰之。"[1] 据此，则后妃宫殿庭院地面为红色，殿内地面涂漆，门限用鎏金铜叶包裹，室内墙壁的壁柱、壁带用鎏金铜构件结合，壁带上镶嵌玉璧，一般墙面用刺绣丝织品为壁衣遮盖，极为豪华。

① （汉）班固. 汉书·第 6 册·卷九十七下·外戚·孝成赵皇后传 [M]. 北京：中华书局，1962：3989.

# 二、第四号建筑遗址

在二号遗址西 400 米，已发掘部分东西 109.9 米，南北 59 米（图 6-2），其主殿的两山为厚 3～3.5 米的夯土承重墙，东西共宽 7 间，每间面阔 7 米，以东西山墙中距计，总宽 49 米；南北深 4 间，自南而北，跨距依次为 9.1 米、8.2 米、4.2 米、8.5 米，以前后檐柱中计，包括中间厚 3 米的承重隔墙，总进深为 33 米（与故宫太和殿进深相同）。其尺度若以西汉尺长 0.235 米 / 尺折算，殿面阔 7 间，每间面阔为 3 丈，通面阔为 21 丈，通进深为 14 丈，是一座中间用夯土承重墙分为前后两部分的巨大殿宇。殿以南未发掘，以北有一东西长 54 米，南北深 14 米（约 23 丈 ×6 丈）的横长庭院。

主殿前、后部都有一列中柱，下部为方 4.5 米左右的夯土筑成的覆斗形柱础墩，表面铺石片保护，顶上置矩形、椭圆形和圆形础石。最小的圆形础石直径为 1.6 米，厚 0.48 米，可据以推知其柱径的大致尺度。前后檐的柱墩稍小于中柱，其室内部分为覆斗形，室外部分为矩形，其上石础已不存。从使用功能分析，这些巨大的柱墩不应暴露在殿内，可能在殿内铺有架空的木地板，遮柱墩于其下。

殿的前部为七间连通的广殿，后部总宽仍为七间，但仅东面五间连通，其西侧分隔出二间，地面低于现殿内地面 64 厘米，方砖铺地，并有通至北面庭院的通气孔，当是地下室，内设间距 1.8 米的满堂柱础，应是供铺设室内地板之用。

此殿上部残损过甚，但从其前、后檐和中部均由柱列承重分析，当时木构架已较成熟。就其面阔 7 米、最大净跨 9.1 米分析，设高跨比为 1∶12，其阑额和主梁之高亦应分别在 0.58 米和 0.76 米左右，可知其木构架尺度之宏大。但它仍使用夯土筑山墙和中间隔墙，可能是因为这时木构架在保持整体稳定上尚有不足，要依靠厚的夯土墙来扶持。由于主殿东西山墙外侧附有若干大小不等的附属建筑，限制了向两侧排水，故它不太可能是四阿顶或前后勾连搭顶殿宇，而更可能是一座前后两坡的巨大的悬山顶建筑。[①]此殿主体及地下的小室均表现出地面为架空的地板，但其下的土地面仍满铺方砖，这应是宫殿的特殊考究做法（图 6-2）。

① 中国社会科学院考古研究所汉城工作队. 汉长安城未央宫第四号建筑遗址发掘简报 [J]. 考古，1993（11）：1002-1011.

二号、四号这两座宫殿遗址都是建在高大的夯土台基上的殿宇，局部有地下窟室，虽上部残毁，仍可看到其做法还是延续周秦以来土木混合结构的传统的。如在殿基内大多有向下挖出的若干小窟室，即和大型台榭夯土台中凿窟室的做法相近，是此类建筑的一个共同特点。它可能即文献中所描写的"洞房曲室"。

但在宫中发现的三号建筑遗址却更可代表当时一般单层建筑的做法特点。

# 三、第三号建筑遗址

在前殿以西约 800 米，北区靠近西宫墙处，是一所用夯土墙筑成的东西并列的两座院落，中夹一条排水沟。东院东西长 57 米，西院东西长 72.7 米，南北均深 65.5 米，面积 8495 平方米。除南墙厚 2.7 米外，余三面墙及内墙厚均在 1.5 ~ 1.7 米之间（图 6-3）。

东院内建有通长的前后两排房屋，分隔出前后两个天井。两排房屋均用厚约 1.5 米的夯土承重墙筑成，室内净进深为 8.4 米。前排用隔墙分成两间，其内各有两个中柱柱础，东端有一狭长的南北向厢房。后排分成三间，东侧两间亦各有二中柱柱础。每间房一般只开一门，宽在 2.2 ~ 2.4 米。前

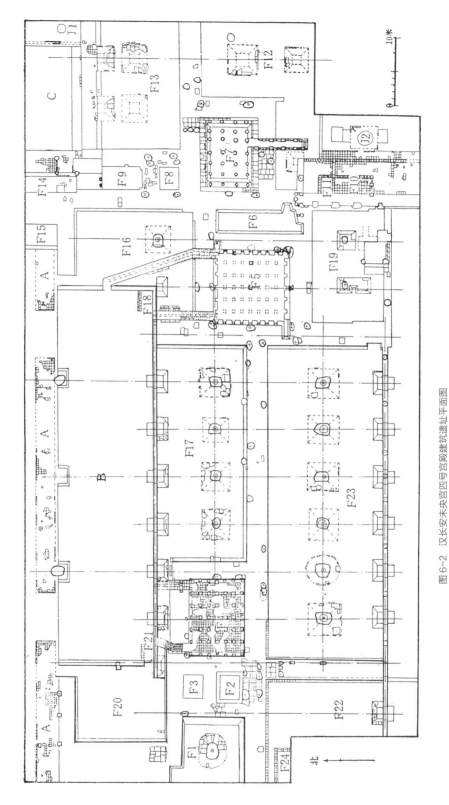

图 6-2　汉长安未央宫四号宫殿建筑遗址平面图

（据社科院考古所汉长安城未央宫第四号建筑遗址发掘工作队：《汉长安城未央宫第四号建筑遗址发掘简报》图 1）

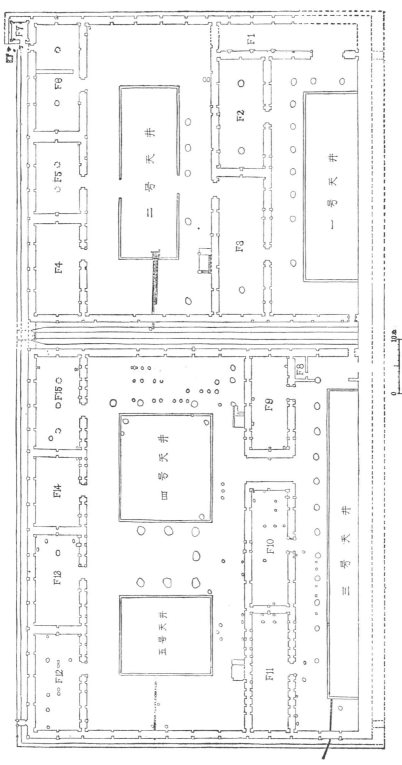

图 6-3　汉长安未央宫第三号宫殿建筑遗址平面图
（据社科院考古所汉长安城未央宫第三号建筑遗址发掘简报：《汉长安城未央宫第三号建筑遗址发掘简报》图 1）

排房屋前后均出廊，后排房屋只出前廊，廊深以阶头计均为 6.2 米左右，前排房屋前后廊之檐柱础尚存，间距 3.4 米左右，距屋壁 4 米；前、后排房屋廊之东西端均矩折，背倚东西院墙，形成东西廊，构成由回廊围成的前后二进天井。

西院内亦建前、后二排房屋。后排房屋与东院后排进深、廊深相同，分隔为四间，尚存少量中柱础。前排房屋进深缩小为 6.7 米，分为三间，中夹一通道。两排房屋之前、后廊的两端亦矩折形成东西廊，围成天井。与东院不同处是后院中央又增建一东西檐柱间之距为 8.6 米的南北向敞廊，连通前后排房屋，把后一进天井分割为东西两个。

在西院南侧的天井内建有井方形集水口，上口 0.66 米 × 0.8 米，深 0.56 米，四壁及底面用子母砖砌成，壁面连接两排五边形陶下水道，排积水于外。这是保存较好的庭院排水设施。[①]

① 中国社会科学院考古研究所汉城工作队. 汉长安城未央宫第三号建筑遗址发掘简报 [J]. 考古，1989（1）：33-43，19.

据遗址所示，三号建筑遗址房屋的主体是用壁柱加固的夯土承重墙，上承木梁架。虽房屋最大进深在 8.6 米左右，但因局部有中柱支撑，其大部分梁架，包括檐廊，净跨均在 4.3 米左右，和前举宫殿相比，属当时中型的土木混合结构房屋，在当时大量非宫殿建筑中更有代表性。此院落房屋内檐外均有深 4 米（以阶头计则为 6 米）的回廊，可能是其使用特点决定的。

# 第二节　西汉长安长乐宫

长乐宫本秦之兴乐宫，高皇帝始居栎阳，七年（前 200 年）长乐宫成，徙居长安城。《三辅旧事》《宫殿疏》都记载兴乐宫为秦始皇造，汉修饰之，更名长乐。宫周回二十里，前殿东西四十九丈七尺，两序中三十五丈，深十二丈。

长乐宫有鸿台、临华殿、温室殿、信宫殿、长秋殿、永寿殿、永宁殿。史载高帝刘邦时居长乐宫，公元前196年刘邦死，惠帝即位后始入居未央宫，而长乐宫则转为太后宫。[1]长乐宫也毁于26年赤眉之乱，存在了226年（图6-4）。

① 《历代帝王宅京记》卷五·崑山顾炎武撰·关中三·汉长乐宫。

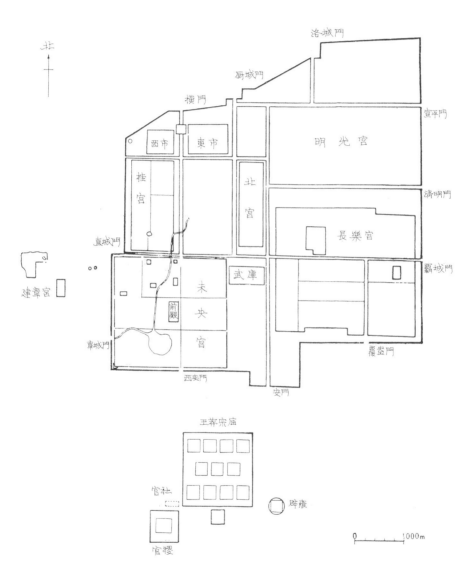

图6-4 汉长安各宫殿位置图
（据刘庆柱：《汉长安的考古发现及相关问题研究》图1）

# 一、总体布局

在汉长安东南部，就秦代兴乐宫增建而成，呈不规则横长矩形，东西约 2.8 公里余，南北约 2.2 公里余，面积约 6.16 平方公里，史称四面各开一门。在中部偏北有一横街，东通霸城门，西通直城门，最宽处 60 米，路面分三条道，与城内主干道规格相同，分全宫为南北两区。考古勘探表明，主要宫殿址分布在南区，北区东部为苑池区。南区的主要道路也已探出，自覆盎门向北有南北街，分南区为东、西二部，西部又被三条东西横街分为南、中、北三条。在南区已勘探出东西横列的三组大型殿址，北区西部也探出有一巨大宫院。

# 二、已勘察建筑概况

在南部三座殿址中，东侧一座最大，夯土基址东西 116 米，南北 197 米（约合汉代 50 丈 ×84 丈），南部东西并列三阶，其上前、中、后三殿相重。殿均为东西横长的南向建筑，前殿址 100 米 ×56 米，中殿 43 米 ×35 米，北殿 97 米 ×58 米。因未发掘，尚不详其具体形制、构造。[1]在长乐宫北区西部的遗址东西 420 米，南北 550 米，南面前部外突，其内发现有东西 76.2 米，南北 29.5 米的宫殿址，周围有方砖铺地的回廊。因只发表其局部图，尚不了解其全貌和性质。[2]

① 刘庆柱. 汉长安城的考古发现及相关问题研究——纪念汉长安城考古工作四十年 [J]. 考古，1996（10）：1-14.
② 同①。
③《三辅黄图》卷二。《文渊阁四库全书》本。

长乐宫内殿宇在《三辅黄图》卷二也有记载，称其主殿前殿"东西四十九丈七尺，两序中三十五丈，深十二丈。"[3]所记和此遗址的宽度颇为相近，又据"两序"之说，可知和未央宫四号宫殿遗址主殿相近，其前殿之两侧也是有夯土承重墙的。把两宫遗址和《三辅黄图》所载互证，可以对汉代殿宇的规模、尺度有较具体的了解。但因未发表遗址总平面图，对其整体布局特点尚不了解。

据《汉书》记载，汉初主持长安城、长乐宫、未央宫建设的是工官阳城延。

# 第三节　西汉长安建章宫

史载，汉武帝晚年因城中已无隙地，遂在长安城西东临未央宫处建建章宫，周围二十余里，是一座具有大量苑囿设施的宫殿，也是西汉在长安所建最大规模的宫殿。在《史记》《三辅黄图》中都有较详细的记载。据《资治通鉴》记载，太初元年（前104年）十二月始建，至天汉四年（前97年）五月，前后近7年建成，毁于2年赤眉之乱，存在了99年。

《史记》卷十二，汉武帝本纪记载，汉武帝于太初元年（前104年）作建章宫，"前殿度高未央，其东则凤阙，高二十余丈。其西则唐中数十里、虎圈。其北治大池，渐台高二十余丈，名曰泰液池，中有蓬莱、方丈、瀛洲、壶梁，象海中神山、龟鱼之属。其南有玉堂、壁门、大鸟之属，乃立神明台、井干楼，度五十余丈，辇道相属焉。"[1]

①《史记》卷十二·汉武帝本纪。《文渊阁四库全书》本。

《三辅黄图》卷二记载："建章宫。武帝太初元年柏梁殿灾，粤巫勇之曰：粤俗有火灾即复起大屋以厌胜之，帝于是作建章宫，度为千门万户。宫在未央宫西，长安城外。帝于未央宫营造日广，以城中为小，乃于宫西跨城池作飞阁通建章宫，构辇道以上下。宫之正门曰阊阖，高二十五丈，亦曰壁门。左凤阙高二十五丈，右神明台。门内北起别风阙高五十丈，对峙井干楼高五十丈，辇道相属焉。连阁皆有罘罳。前殿下视未央，其西则广中殿受万人。"[2]建章宫内容繁杂，形式多样，装饰豪华，规模大于未央宫，是汉代宫殿的代表。

②《三辅黄图》卷二。《文渊阁四库全书》本。

1962年考古研究所汉长安工作队曾对建章宫遗址进行初步钻探，查明遗址范围，并发现一些建筑的基址。在宫东门之西700米处为主殿址，即"前殿"，其基址南北320米，东西200米，南低北高，北部高出今地面十余米，可能是一组前低后高的二进巨大殿宇，在其前方发现有东西向道路址。在前殿西北 450 米处为东西 510 米，南北 450 米，呈曲尺形的泰液池，面积约 15 万平方米。史称池中有蓬莱、方丈、瀛洲、壶梁等建筑，但其遗址尚未探得。池东北发现渐台遗址，现状东西 60 米，南北 40 米，残高 8 米，史称"渐台"高二十余丈，是一座巨大的临水台榭建筑。此外又发现一东西 52 米，南北 50 米，残高 10 米的巨大夯土台，可能是神明台遗址。在东宫门处尚有二阙遗址，二阙东西并列，相距 53 米，中间有宽 50 米的南北大道。史称西阙名"凤阙"，高达二十五丈。现残存的西阙址底径 17 米，残高 11 米。[①]由于上述诸发现的均是残址，未经大规模全面勘探，未发表平面总图，故目前对建章宫的整体布局尚不了解。

① 李遇春.汉长安城建章宫东阙及宫阙研究 [M]// 中国社会科学院考古研究所汉长安城工作队.汉长安城遗址研究.北京：科学出版社版，2006：610.

通过文献记载和局部勘探，可知建章宫是西汉所建最豪华的一所宫殿。因建在城郊，故规模和建筑尺度可以超过城内的主宫未央宫，史载其前殿可以俯览未央宫，正门和门外之阙高二十五丈，门内北方又建高五十丈的别风阙和井干楼，成为兼具苑囿性质的巨大宫殿。因建在城外，往来不便，故在未央宫与建章宫之间建有跨越宫墙、城墙的架空阁道连通两宫，史称"飞阁"。

# 第四节　东汉洛阳南宫、北宫

西汉末长安已废毁，故东汉只能建都洛阳。史载洛阳在秦时已建有南宫、北宫，中间连以阁道。《后汉书·光武帝纪》载建武元年（25 年）"车驾入洛阳，幸南宫却非殿，遂定都焉。"可知东汉建国时南宫尚大体完整。至建武十四年（38 年）正月，"起南宫前殿"，逐步完善了南宫的建设。

但洛阳南北宫的遗址深埋在汉魏洛阳城遗址之下，其上还有魏晋和北朝宫殿址有待勘查发掘，故其本身目前无发掘之可能，只能依据文献记载和考古勘查推测其布局情况和建筑规模。有关东汉洛阳城市和宫室的较重要文献为汉张衡的《东京赋》，下面即结合考古勘查和赋文描述对东汉洛阳宫殿进行探讨。

《玉海》宫室二记南宫事："十四年（38年）正月起南宫前殿。注：蔡质《汉典职仪》云：南宫至北宫中央作大屋，复道三行，天子从中道，从官夹左右，十步一卫。两宫相去七里。"（按：史载东汉洛阳城"南北九里六十步"，故南北两宫相去不可能有七里，当是"一里"之误。）

据近代踏察，可知南宫有内外二重墙，外重宫墙东西约1000米，南北约1300米，面积约1.3平方公里。南面三门，东西各一门，北面二门。其南面正门和主殿前殿一组因要南对平城门，故稍偏在东侧。宫内第二重墙内分南、北两部分。南部为朝区，北部为寝区。朝区东侧为前殿一组，其东为宫内行政中心朝堂和尚书内省。

《玉海》同卷又载："明帝永平三年（60年）起北宫及诸官府，八年（65年）十月北宫成。汉宫殿名曰：北宫中有德阳殿。"

史载北宫南面三门，东、西、北各一门，南门朱雀门外夹门建巨阙，其东的左掖门南对南宫北城东侧的玄武门，二门间架设阁道连通。宫城东西约1400米，南北约1600米，面积约2.24平方公里。宫内有第二重墙，墙上南北各一门，东西各二门，东西门间横街分其内为朝、寝两区。南门端门以北居中即主殿德阳殿一组，四面各开一门，南门内正北即全宫主殿德阳殿。史载此殿为大朝受贺处，《东汉会要》卷六载："德阳殿周旋容万人，陛高二丈，皆文石作坛，激沼水于殿下。画屋朱梁，玉阶金柱，刻镂作宫掖之好。厕以青翡翠，一柱三带，韬以赤缇。天子正旦节会朝百僚于此。自到偃师，去宫四十三里，望朱雀五阙、德阳，其上郁律与天连。《洛阳宫阁传》云：德阳宫殿南北行七丈，东西行三十七丈四尺。"可知是很巨大豪华的建筑，为宫中的"外朝"。其南端之正门为端门，《东京赋》称门外"建象魏之两观"，则是按传统规制建造的，与正殿德阳殿形成全宫南部的主体。

德阳殿东、西有崇德殿和崇政殿二组宫院。崇德殿南连朝堂和尚书六曹，是宫内行政中心。北部寝区的主殿为章德殿，左右也各有一殿。可知在东汉明帝建北宫后，朝区主殿德阳殿和寝区主殿章德殿的东西侧都各建一宫，形成主殿居中，东西各建一宫的三所宫院东西并列的布局形式。

北宫主殿德阳殿是举行大朝会之处，故应为外朝正殿，而寝区的主殿章德殿具有燕朝的性质。关于治朝的情况史未详载，但从其后继宫殿曹魏洛阳宫在外朝正殿太极殿东西并列建东堂、西堂为治朝的情况看，在北宫正殿德阳殿东西并列而建的崇德殿、崇政殿似也有可能是北宫的治朝。[①]

①（南宋）王应麟《玉海》·卷一百五十六·宫室·宫二·汉洛宫（在线版）：
"逮至显宗，六合殷昌，乃新崇德，遂作德阳。启南端之特闱，立应门之将将，昭仁惠于崇贤，抗义声于金商。飞云龙于春路，屯神虎于秋方。建象魏于两观，旌六典之旧章。其内则含德章台，天禄宣明，温饬迎春，寿安永宁，飞阁神行，莫我能形。于南则前殿云台，和驩安福，谲门曲榭，邪阻城洫。九龙之内，实曰嘉德，西南其户，匪彫匪刻。我后好约，乃宴斯息。于东则鸿池清籞，绿水澹澹。其西则平乐都场，示远之观。龙雀蟠蜿，天马半汉，经始勿亟，成之不日。犹谓为之者劳，居之者逸。"

东汉洛阳宫朝区以主殿（南宫为前殿，北宫为德阳殿）为中心，左右布置若干宫院。南北两宫在主殿之东南方均建有朝堂和尚书六曹，是最高决策之所。朝寝主殿则并列三宫（图6–5）。

值得注意处是张衡《东京赋》说宫中交通是："飞阁神行，莫我能形"。注云："言阁道相通，不在于地。"从德阳殿"陛高二丈"的记载可推知宫内一些主要殿宇或建在高基上，或是台榭，仍基本上属土木混合结构建筑，故多通过架空的阁道往来。

据《资治通鉴》卷五十九记载，初平元年（190年）二月，董卓迁汉献帝于长安后，"悉烧宫庙官府居家，二百里内室屋荡尽，无复鸡犬。"东汉洛阳宫室存在了165年后（25—190年）被彻底焚毁。

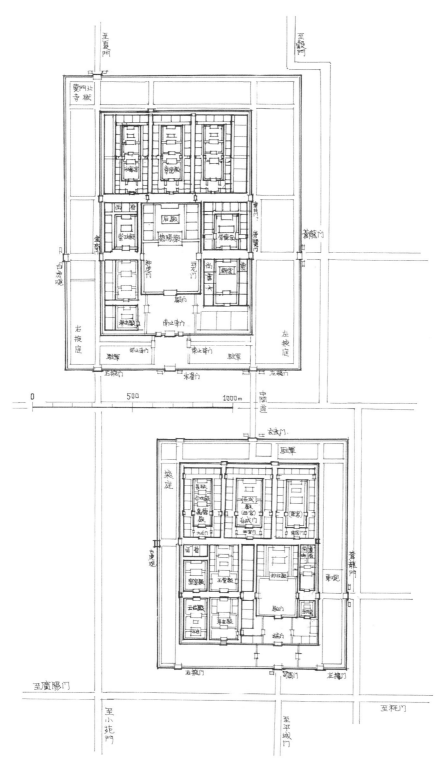

图 6-5 东汉洛阳南北宫示意图
（据《中国科学技术史·建筑卷》图 4-17）

"逮至显宗，六合殷昌，乃新崇德，遂作德阳。启南端之特闱，立应门之将将，昭仁惠于崇贤，抗义声于金商。飞云龙于春路，屯神虎于秋方。建象魏于两观，旌六典之旧章。其内则含德章台，天禄宣明，温饬迎春，寿安永宁，飞阁神行，莫我能形。于南则前殿云台，和驩安福，谯门曲榭，邪阻城洫。九龙之内，实曰嘉德，西南其户，匪彤匪刻。我后好约，乃宴斯息。于东则鸿池清籞，绿水澹澹。其西则平乐都场，示远之观。龙雀蟠蜿，天马半汉，经始勿亟，成之不日。犹谓为之者劳，居之者逸。"

# 第五节　地方诸王宫殿

## 福建崇安西汉闽越王宫殿遗址

汉代地方王侯的宫殿规格要低于帝宫。目前已在考古工作中发现了山东曲阜西汉鲁王宫殿和福建崇安西汉闽越王宫殿，其中闽越王宫殿经过较精密发掘，其规划和构造资料较完整，可供参考。

闽越王宫城在福建崇安县城村，城墙依山势而筑，轮廓略近南北长矩形，东西宽约 550 米，南北长约 860 米面积约 0.47 平方公里。城内以宫殿区为主体，布置在中部偏南的台地上，是一组主殿在北，由廊庑围成的院落式布局的大型宫院。据发掘简报[1]，该城可能即西汉时闽越王无诸的王城，此宫院即其主宫。宫院前临东西干道，南面建

① 福建省博物馆. 崇安城村汉城探掘简报 [J]. 文物，1985（11）：37-47.

有东西对称的两座门和南庑，与北面居中的主殿及其两侧的东、西庑共同围合成横长矩形的殿庭。虽宫院之东半部已毁，但若以主殿之中心计，大体可知殿庭约宽 75 米，深 30.5 米。

主殿面阔 7 间、宽 37.4 米，进深 6 间、深 24.7 米，建在高出庭院 0.4 米的

殿基上。殿的柱洞为抹角方形，深160厘米，方32厘米，木柱埋入夯土中后，用四条夹柱石加固。殿之前檐墙和东西山墙均用土坯砖砌成，用草拌泥找平，外加白灰抹面。后檐墙为厚42厘米的夯土墙。殿内地面做法是沿进深方向前二进为红土夯筑成，北高南低，后四进地面为架空的地板，是宫殿的主要部分。

殿西侧之西庑长38.5米，深4.4米，分为九间。每间前檐各开一门，后檐封闭，前后均有宽3米的走廊。南门西侧的南庑长26.3米，深6.4米，破坏严重，柱痕不存，间数不详，只余用土坯砖封砌的外墙残基。

在殿的东、西廊之北各有一四周建有回廊的天井，用菱花方砖铺地，有瓦制排水沟通过陶管向东西外侧排水。在西天井之北，有一深4间、南北15.7米，宽6间、东西31.3米的小殿，位于主殿的西北方，也是一座全木构、架空地板的殿宇。这组宫院虽位于远离当时中心地区的福建，却是目前所能看到的少数几处由门、廊、庑围合成完整院落的西汉建筑遗址，极富史料价值，说明这种布置可能是随着秦代势力向南拓而传到南部边远地带的。但在具体建造技术上，根据殿的柱网布置情况，此殿应为全木构建筑，其最大面阔、进深都在6～6.5米，前后檐墙及山墙均为不承重的围护结构。与北方大型建筑多为使用夯土承重墙的土木混合结构不同，这既反映了南、北方建筑的地域差异，也是西汉时南方木构架建筑已发展到较高的水平的表现（图6-6）。

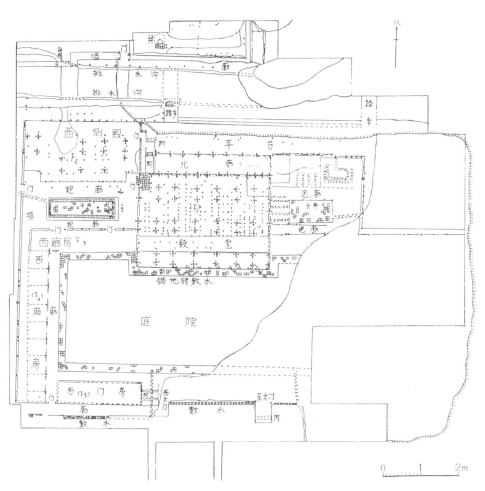

图 6-6　福建崇安城村西汉闽越王宫殿遗址平面图
（据福建省博物馆《崇安城村汉城探掘简报》图 3。《文物》1985 年 11 期）

第七章

魏晋
曹西宫殿

# 第一节　曹魏西晋洛阳宫殿

东汉在洛阳建有南、北宫两座宫殿。至东汉末，董卓于献帝初平元年（190年）挟汉帝西迁长安，焚毁了洛阳城及宫殿。至三国后期，曹操于建安二十四年（219年）自长安东归，居留洛阳，开始恢复建设。从其在北宫后部新建之"建始殿"的定名，可看出他已有代汉之意。

220年曹丕代汉，是为魏文帝，以洛阳为曹魏首都。当时北宫南部尚未恢复，即以建始殿为朝会正殿。以后逐渐恢复北宫。227年曹丕殁，其子曹叡即位，是为魏明帝，开始参考邺城的体制进行较大规模修建宫室、坛庙、官署、道路、城池等。在宫殿建设方面，曹魏放弃南宫，拓建北宫，以北宫南门至南城宣阳门间南北大道为御街，御街两侧建官署，北端路旁陈设铜驼。又按《周礼·考工记》"左祖右社"之说，在御街南段的东、西两侧分建太庙和太社。通过这些措施，到魏明帝后期，洛阳已建成以北宫为主体，宫室、庙社、官署壮丽，道路系统完善的一代都新城。据《资治通鉴》记载，青龙三年（235年）始建，约用二年建成（图0-9）。

265年，司马炎以"禅让"方式代魏，建立西晋，是为晋武帝。280年晋平吴，统一全国，洛阳再次成为全国首都。西晋立国后，基本沿用曹魏的洛阳宫殿，无重大改变。至311年，匈奴族刘曜、王弥军攻克洛阳，焚毁城市、宫殿。自220年曹魏重建，至311年被毁，曹魏、西晋的洛阳都城宫殿存续91年后，再次沦为废墟。

曹魏定都洛阳后，其都城、宫室继承邺城宫室在北的传统，放弃南宫，只恢复重建了北宫一座宫殿。重建的北宫有三重宫墙，外重宫墙南面正门名阊阖门（图0-9，注2），左右并列有掖门（图0-9，注1、3），其东有大司马门（图0-9，注4），东西墙上各有三门，东西相对，其间大道相通，北面一门。第二重宫墙南面正门为止车门，其内正对第三重宫墙正门端门。东面一门北对宫内办公区朝堂、尚书省。西面一门北对建始殿、九龙殿前后二组。建始殿即曹操始建、曹丕登基和举行大朝会之殿，为其初期的"外朝"，九龙殿则是魏建国之初的寝殿，为其初期的"燕朝"。第三重宫墙内为新建宫殿主体部分，在其主轴线上前为举行大朝会的太极殿和皇帝听政和日常活动的东堂、西堂，相当于"外朝"和"治朝"。其后为式乾殿和昭阳殿，为皇帝家宅的正殿，相当于"燕朝"。"外朝"和"治朝"象征国家政权，"燕朝"象征家族皇权。

外朝主殿为太极殿（图0-9，注11），是举行朝会大典之处，相当于《周礼》所说的"外朝"，由其南的端门和廊庑围合成巨大的殿庭，太极殿建在殿庭北端，下有二层台基，有马道通上。太极殿面阔十二间，正面左右各设一登殿阶道，殿内有金铜柱四根，又设有金井阑、金博山等，是魏宫最巨大、豪华的宫殿。太极殿南对端门、止车门和宫城正门、阊阖门、三重门，其前为御街，向南直指洛阳南墙正门宣阳门，形成全宫、全城的南北轴线。太极殿东西并列建有东堂（图0-9，注18）、西堂（图0-9，注19），东堂是皇帝日常听政之处，近于《周礼》所说的"治朝"，西堂是皇帝日常起居之所。太极殿一组东南方在三重宫墙之东南角建有朝堂和最高行政机构尚书省，南对宫城南墙东偏的司马门，形成外朝东侧的次要轴线。这并列两条轴线的布置明显是受到邺宫布局影响形成的。

太极殿和东、西堂之间连以墙，墙上辟门，称东阁、西阁，是进入帝后寝宫的通道。这部分为魏帝的家宅，在太极殿北全宫主轴线上有主殿式乾殿（图0-9，注12）和昭阳殿（图0-9，注13）前后两组宫院，号称皇帝正殿和皇后正殿。相当于《周礼》所说的"燕朝"。与太极殿左右有东、西堂相似，式乾、昭阳二殿左右还各有殿，也形成三殿并列。在主殿外侧还建有若干大小宫院，供后妃居住。

魏宫主要殿宇大都有高大的台基，用架空阁道登上，并互相连通，尚具台榭遗风。出于防卫需要，宫城上也密布高大的楼观，用阁道通上。另在宫西部建凌云台，贮有可武装三千人的武器，是宫中的武库。内廷区后的华林园凿池堆山，建有大量亭馆，是宫后的苑囿。

在都城中只在北部建一宫，在主轴线上建"外朝"太极殿，和"燕朝"式乾殿、昭阳殿，并把相当于"治朝"的东堂、西堂与"外朝"太极殿东西并列，是魏宫不同于两汉宫殿之处。由于代魏的西晋统一了全国，成为正统王朝，西晋所继承的魏宫遂成为两晋、南北朝宫殿的楷模，大都基本循此模式并加以充实完善，以示自己为正统王朝，直至隋建大兴宫才撤去东西堂，把相当于"治朝"的一组宫殿建在外朝正殿大兴殿之北，形成中轴线上依次建外朝、治朝、燕朝的布局。

由于此宫是在汉北宫基础上改建的，故其外朝、燕朝间形成的全宫主轴线不在宫之几何中轴线上而偏西。

# 第二节　曹魏邺城宫殿

东汉末的战乱造成极大的破坏。190 年，董卓烧毁了东汉的都城洛阳，迁汉都于长安，汉代壮丽的洛阳都城宫殿遭到严重破坏，军阀混战，进入三国时期。继起的魏、蜀、吴三国鼎立，各建都城宫殿，规模和形制都较汉代有所不同。三国中魏最强大，宫室也最壮丽。204 年，曹操占邺城后，以邺城为基地，开始建设。213 年，汉封曹操为魏公，封以冀州十郡，曹操即开始在邺建立魏国之宗庙社稷，改原冀州府舍为魏之宫殿。216 年，曹操晋封为魏王后，即升格为魏王宫殿，对城和宫都进行一系列建设。220 年，曹操死，其子曹丕代汉称帝，定都洛阳，邺成为陪都。其宫殿毁于西晋末的战乱。

邺城在东汉时只是地方首府，城作横长矩形，被东西向穿城大道分为南北两部分。北半部西侧为子城，内建官署，南半部为居民区和商业区。魏攻占邺城并受封后，改建子城为宫城（图 7-1）。

关于曹魏邺城的基本情况在晋左思《魏都赋》中有很详细的记载和描述，

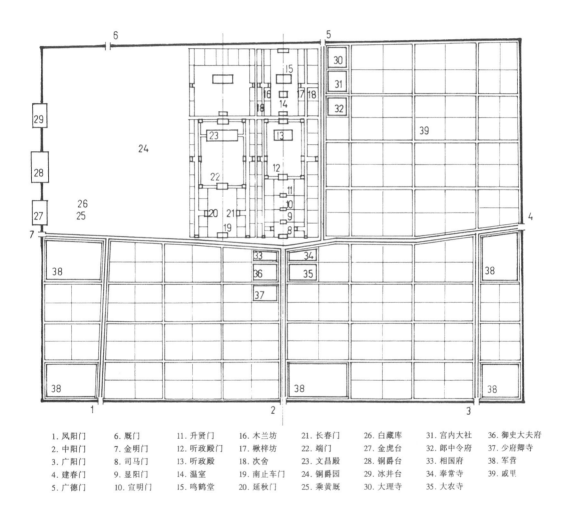

図 7-1 曹魏邺城宫殿平面复原示意图
（据《中国古代建筑史》第二卷图 1-1-1）

| | | | | | |
|---|---|---|---|---|---|
| 1. 凤阳门 | 6. 厩门 | 11. 升贤门 | 16. 木兰坊 | 21. 长春门 | 26. 白藏库 | 31. 宫内大社 | 36. 御史大夫府 |
| 2. 中阳门 | 7. 金明门 | 12. 听政殿门 | 17. 楸梓坊 | 22. 端门 | 27. 金虎台 | 32. 郎中令府 | 37. 少府卿寺 |
| 3. 广阳门 | 8. 司马门 | 13. 听政殿 | 18. 次舍 | 23. 文昌殿 | 28. 铜爵台 | 33. 相国府 | 38. 军营 |
| 4. 建春门 | 9. 显阳门 | 14. 温室 | 19. 南止车门 | 24. 铜爵园 | 29. 冰井台 | 34. 奉常寺 | 39. 戚里 |
| 5. 广德门 | 10. 宣明门 | 15. 鸣鹤堂 | 20. 延秋门 | 25. 乘黄厩 | 30. 大理寺 | 35. 大农寺 | |

下文即据以阐述。

魏宫按使用情况可分为中、东、西三区。中区是魏王举行重要仪式场所，相当于外朝区，以建在高台上的正殿文昌殿（图7-1，注23）为中心，附有东序、西厢、阳房、阴堂等，四周用廊庑围合成殿庭，并在殿庭中设钟簴。左思《魏都赋》载此殿用材巨大，梁架斗栱繁复，使用丹梁朱椽，极为豪华，是魏宫主殿。其南门为端门（图7-1，注22），门外建阙，端门南为宫城之正门南止车门（图7-1，注19）。东区相当于内廷区，分前中后三部分，前部是宫内官署，其南为临街之正门司马门（图7-1，注8）。中部为宫内办公的听政殿（图7-1，注13），其殿庭南门为听政殿门（图7-1，注12），后部为魏王寝宫。东区在正门司马门、正殿听政殿和后宫寝殿间形成南北轴线，南对邺城南面正门中阳门和门内大道，形成邺城的南北中轴线。《魏都赋》称此区建筑质朴而无装饰，与中区形成对比，以反映外朝和内廷的差异。西区为苑囿区，称"铜爵园"（图7-1，注24），因西端跨城自北而南依次构筑冰井台（图7-1，注29）、铜爵台（图7-1，注28）、金虎台（图7-1，注27）三座高大台榭而得名，统称"铜雀三台"。据《魏都赋》等史籍记载，铜爵台居中，高十丈，有屋一百一间，另三台稍低，但间数稍多。自园中有阁道通向三台，三台间亦有阁道相通。三台名为供游赏，以冰井台藏冰，实际夯土台内筑有库室以藏武器、军资，可供战乱时据守之用。

曹操建邺城及宫殿时为魏王，故其宫殿应属汉代王的宫殿规制。但当时曹魏代东汉的形势已成，故其宫殿亦有比附汉宫之势。当时东汉洛阳北宫南面开二门，正门朱雀门北对正殿德阳殿，为宫之主体礼仪部分。德阳殿东有崇德殿，是汉帝听政之处，其南有朝堂、尚书省等宫内议政、办事机构。和曹魏邺宫相比，邺宫中区南止车门至文昌殿一组即相当于汉北宫朱雀门至德阳殿一组，邺宫司马门至听政殿一组即相当于北宫南掖门至崇德殿一组，二者一西一东，亦与汉北宫情况相同。只是限于当时名分，只得把象征行政权力的听政殿一组置于城市中轴线上为主体，但建筑较为质朴，而把建筑宏大、豪华、象征王权的文昌殿置于其西侧次要地位而已，这是在当时的微妙形势下不得不做的特殊处理。

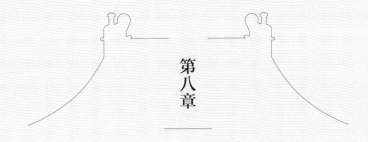

第八章

东晋南朝建康宫殿

西晋怀帝末年（315年），西晋亡于"永嘉之乱"和北方少数民族内迁，驻建康都督江南军事的司马睿被推戴为晋王，在得到晋愍帝死讯后，遂于太兴元年（318年）称帝（东晋元帝），定都建康（今南京），建立东晋王朝。东晋初期，在吴太初宫旧址建临时宫殿，以后历代增建。关于东晋、南朝宫殿的主要史料载于东晋、南朝诸正史中，另在宋周应合撰《景定建康志》卷二十至二十一城阙志中有较多记载，本文即结合少量现代调研资料据以进行探讨。

东晋于元帝太兴元年（318年）定都建康（今南京），在吴太初宫旧址上的原将军府署舍上建临时宫殿，称为"建邺宫"。宫偏在城西，规模颇小，以府署之正厅为太极殿，甚至所附官署还有用草屋顶者。东晋成帝咸和三年（328年）该宫殿被叛将苏峻焚毁。咸和五年（330年）在名相王导主持下，于旧宫之东孙吴时旧地苑城建造新宫，又称"台城"，约用三年建成。咸和七年（332年）冬十一月新宫成，署曰"建康宫"，亦名"显阳宫"，为东晋南朝的主要宫殿。宫开五门，南面二门，东西北各一门。咸康五年（339年）又开始用砖包砌宫墙，并兴建城楼。四十余年后，尚书仆射谢安（字安石，320—385）以宫室朽坏，于孝武帝太元三年（378年）重修宫殿，由大匠毛安之主持。新建宫室规模约有3500间，宫内的布局也基本确定，称为"建康宫"，并沿用至南朝。从史载此役"二月始工"，"内外日役六千人"，"七月新宫成"，只有五个月建造时间，推测当是以修复为主，重点修建主要殿宇。

建康宫有内外三重宫墙。外重宫墙外有城壕，四面共开有五门（图8-1）。南宫墙正门为大司马门，下开三个门道，上建二重城楼，是宫城正门，按宫殿传统夹门建双阙。大司马门之东为南掖门，是宫内办公机构朝堂和尚书省的南面正门。东宫墙一门名"东掖门"，西宫墙一门名"西掖门"，二门东西相对，北宫墙一门名平昌门。宫墙内沿四周布置宫中一般机构、武库、太仓、驻军等。此外，因当时规定三省官员非假日都要住在宫内，并可携眷，故把其宿舍建在外重宫墙内东南角，称尚书下省，隔第二重墙与尚书省相对，这是东晋、南朝时宫殿特有的布置，其前、其后都不如此。第二重宫墙南面正门名止车门，其东侧是宫内办公机构朝堂和尚书省的南门，名应门，墙东、西面有东止车门、西止车门，与第一重墙东、西面的东掖门、西掖门相对。

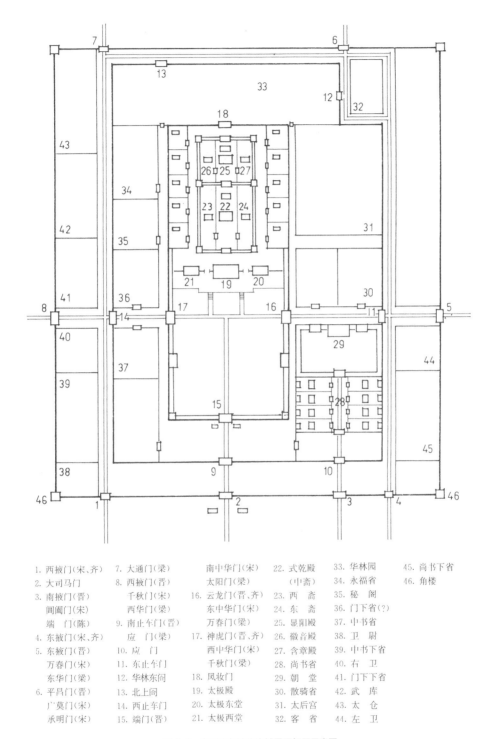

| | | | |
|---|---|---|---|
| 1. 西掖门(宋、齐) | 7. 大通门(梁) | 南中华门(宋) | 22. 式乾殿 | 33. 华林园 | 45. 尚书下省 |
| 2. 大司马门 | 8. 西掖门(晋) | 太阳门(梁) | (中斋) | 34. 永福省 | 46. 角楼 |
| 3. 南掖门(晋) | 千秋门(宋) | 16. 云龙门(晋、齐) | 23. 西 斋 | 35. 秘 阁 | |
| 阊阖门(宋) | 西华门(梁) | 东中华门(宋) | 24. 东 斋 | 36. 门下省(?) | |
| 端 门(陈) | 9. 南止车门(晋) | 万春门(梁) | 25. 显阳殿 | 37. 中书省 | |
| 4. 东掖门(宋、齐) | 应 门(梁) | 17. 神虎门(晋、齐) | 26. 徽音殿 | 38. 卫 尉 | |
| 5. 东掖门(晋) | 10. 应 门 | 西中华门(宋) | 27. 含章殿 | 39. 中书下省 | |
| 万春门(宋) | 11. 东止车门 | 千秋门(梁) | 28. 尚书省 | 40. 右 卫 | |
| 东华门(梁) | 12. 华林东闿 | 18. 凤妆门 | 29. 朝 堂 | 41. 门下下省 | |
| 6. 平昌门(晋) | 13. 北上闿 | 19. 太极殿 | 30. 散骑省 | 42. 武 库 | |
| 广莫门(宋) | 14. 西止车门 | 20. 太极东堂 | 31. 太后宫 | 43. 太 仓 | |
| 承明门(宋) | 15. 端门(晋) | 21. 太极西堂 | 32. 客 省 | 44. 左 卫 | |

图 8-1  东晋南朝建康宫城平面复原示意图

(据《中国古代建筑史·第二卷》图 2-2-1)

墙内沿四周布置中央官署。东侧为朝堂、尚书省，西侧有中书省、门下省、秘阁（皇家图书馆）和皇子所住的永福省等。第三重宫墙内为宫殿区，四面各开一门，南门称"端门"，东、西门称"云龙门""神虎门"，北门称"凤妆门"。三重宫墙诸门中，南面自外而内的大司马门、止车门、端门在一条南北轴线上，形成入宫大道，北对正殿太极殿及其后的式乾、显阳二殿，形成宫内南北轴线。自大司马门向南有大道直通城南面正门宣阳门，称为"御街"，又形成城市的南北轴线（因二者均不居宫城和都城的正中，故不称中轴线而仅称之为轴线）。宫城第三重宫墙内分南北两部分，南为外朝区，北为内廷区。外朝区正殿为太极殿，建在高台上，要由马道通上，据《景定建康志》记载，太极殿以十二间象十二月。高八丈，长二十七丈，广十丈，内外并以锦石为砌，供大朝会之用。其东有太极东堂七间，其西有太极西堂七间，亦以锦石为砌，是皇帝日常听政之处。更有东、西二上阁门在堂殿之间，为入内通道。殿南有阔六十亩的巨大殿庭。

东西墙上相对开有云龙门、神虎门，与第一、二重宫墙东西墙上的东西止车门、东西掖门相对，形成横过太极殿前的东西大道。外朝区北为内廷区，自东西上阁门通入，其内宫室分左、中、右三路。中路为主体，位于太极殿以北的南北轴线上，又分为南北两部分，南为帝寝，北为后寝，各有前后殿。帝寝主殿为式乾殿，又称"中斋"，其东西并列各有一殿，称东斋、西斋。后寝主殿为显阳殿，其东西并列为含章殿和徽音殿。帝寝、后寝均呈左、中、右三组宫殿并列的布局。在帝寝、后寝的左、右侧还各有一列小宫院。寝区北为北门凤妆门，门外即宫内苑囿华林园。据《苑城记》记载，宫墙外沿濠种橘树，宫墙内种石榴，殿庭及台省种槐树，宫前御道左右种槐、柳，有很规整的绿化（图8-1）。

建康宫外朝正殿太极殿左右并列建东堂、西堂，帝寝、后寝正殿左右并列建东斋、西斋和含章、徽音二殿，都是继承自曹魏和西晋洛阳宫的旧制，以表示它虽被迫南迁，仍是正统王朝的延续。受此影响，北朝各国如姚秦、苻秦、慕容燕、北魏、东魏先后所建的宫殿，在其正殿两侧也都建有东堂、西堂，可知这已是当时宫殿的通制，不如此不能表示自己为正朔所在的正统王朝。

始建之建康宫与洛阳宫一脉相承，宫室尚较简朴，只布局更有条理而已。进入南朝后，经济发展，宫室日趋豪华。宋文帝元嘉二十二年（445年）重修华林园，建了大量楼阁台观。稍后，宋孝武帝刘骏增建正光、玉烛、紫极等殿，以雕饰华丽著称，又改后寝显阳殿为昭阳殿，另建显阳殿为太后宫。到梁代中期，随着国势进入极盛期，宫室也建得空前壮丽。当时北方的北魏建都洛阳，参考魏、晋洛阳宫及南朝建康宫的形制建造了新宫，于502年建成太极殿。梁武帝为了超越北魏宫殿，507年在端门、大司马门外建神龙、仁虎两对石造巨阙，上加精美雕饰。511年把宫城诸门楼普遍由二层增为三层，513年把主殿太极殿由面阔十二间改为十三间，太庙等也加高了台基。又在宫中建曾城观、重云殿等多层楼阁，把建康宫建为超越北魏洛阳宫殿的当时最壮丽的宫殿（图8-2）。

548年梁遭侯景之乱，梁武帝被囚禁饿死，宫室遭到巨大破坏。552年，在平侯景之役中，太极殿被毁。陈代梁后，于永定二年（588年）年以少府卿蔡俦兼将作大匠修复太极殿，其他殿宇也陆续修复。到陈后主时，至德二年（584年）又于光昭殿前起临春、结绮、望仙等三阁。阁高数丈，并数十间，户牖户壁栏槛皆以沉檀香木为之，又饰以金玉珠翠，外施珠帘，内有宝帐，其服玩之属环宝珍丽皆近古所未有。宫室更向豪华绮丽方向发展（图8-2）。

589年隋灭陈，统一了中国，建康宫城被夷为平地。

东晋南朝建康宫基本上是按魏晋洛阳宫的规制建造的，但按其实际需要，也有改变和发展之处。如宫墙改为内外三重，重重设防；太极殿后无横亘东西分全宫为南北两部的大道；在太极殿与寝殿昭阳殿之间增加式乾殿和东斋、西斋三组并列，为皇帝寝宫；在宫内办公处所尚书省、朝堂一区之东设可供官员携眷居住的下省等，总的倾向是加强宫城的施政和防卫功能。

由于目前尚未进行遗址的考查、发掘工作，南朝宫殿建筑至今未发现遗址、遗物，也无石刻或壁画等形象资料，目前我们还只能通过文献记载对其平面布局、规制和传承关系进行探讨。

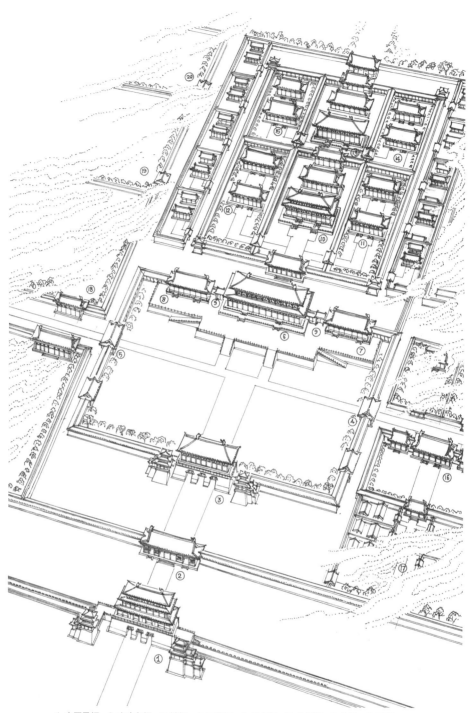

1. 大司马门 2. 南止车门 3. 端门 4. 云龙门 5. 神虎门 6. 太极殿 7. 东堂 8. 西堂
9. 阁门 10. 式乾殿（中斋）
11. 东斋 12. 西斋 13. 显阳殿 14. 含章殿 15. 徽音殿 16. 朝堂 17. 尚书省 18. 门下省
19. 秘阁 20. 永福省

图 8-2 南朝中期建康宫城复原示意图

# 第九章

# 北朝
# 宫殿

# 第一节 北朝宫殿概况

在南北朝时期，最重要的两座宫殿是东晋南朝的建康宫和北朝北魏的洛阳宫，反映了在不同政治形势下对曹魏、西晋洛阳宫传统体制的继承、发展和创新。考古工作对东晋南朝建康宫只确定了大致位置，未进行勘探发掘，故目前尚只能从文献方面进行研究。但自20世纪70年代至今，中国社会科学院考古研究所已对北魏洛阳宫遗址的一些重要部分进行了多次考古发掘，取得很大收获，可据以了解并探讨一些较具体的情况。

《魏书》载，北魏孝文帝元宏于"太和十有七年（493年）……九月……庚午，幸洛阳，……十月戊寅朔，幸金墉城。诏征司空穆亮与尚书李冲、将作大匠董爵经始洛京。"① 《北史》又载

太和十八年（494年）"十一月……己丑，车驾至洛阳。十九年（495年）……九月，六宫及文武尽迁洛阳。""景明……三年（502年）……十二月壬寅，以太极前殿初成飨群臣，赐布帛有差。"② 《魏书》

① 《魏书》卷七下·帝纪第七·高祖纪下。
② 《北史》卷四·魏本纪第三、第四。
③ 《魏书》卷八·帝纪第八·世宗纪。

又载："景明二年（501年）……九月丁酉，发畿内夫五万五千人筑京师三百二十三坊，四旬而罢。"③ 可知自495年北魏正式自平城（今大同）迁都洛阳后，已在此五六年间完成了洛阳宫的修建并修复了洛阳城的街道、坊巷。此后，洛阳城市和宫殿得到巨大发展，其情况在杨衒之《洛阳伽蓝记》中有载。太和二十三年（499年）孝文帝死，宣武帝元恪即位，改元景明（500年），以后三十年间孝明帝元诩（516年）、孝庄帝元子攸（528年）等依次继立，北魏逐渐由盛转衰，进入衰败、内乱时期。至永熙三年（534年）北魏分裂为东魏、西魏。东魏主持人高欢定都邺城，史称他在建邺都宫殿时把"南京宫殿，拆毁送都，连筏竟河，首尾大至"，可知北魏洛阳城及宫殿在建成三十九年后（495—534年）即被东魏高欢拆毁，以其材瓦运至邺城修建邺都南城宫殿。

据杨衒之《洛阳伽蓝记·序》中记载："至武定五年岁在丁卯（547 年），余因行役，重览洛阳，城郭崩毁，宫室倾覆，寺观灰烬，庙塔丘墟。"目睹了洛阳被高欢破坏后的状况。40 余年后，北周曾拟重建洛阳，据《周书》载，"大象元年（579 年）二月癸亥诏曰：昨驻跸金墉，备尝游览，百王制度，基址尚存。今若因修，为功易立。宜命邦事修复旧都，奢俭取文质之间，功役依子来之义，……于是发山东诸州兵，增一月功为四十五日，役起洛阳宫，常役四万人，以迄于晏驾。"……"虽未成毕，其规模壮丽，踰于汉魏远矣。"[①] 可知北周末年因政权已归杨坚控制，最终未能完成洛阳宫的复建。至 581 年杨坚代替北周建立隋朝后，遂放弃洛阳旧址，定都长安。后隋炀帝杨放弃汉魏洛阳，在汉魏洛阳西部"伊洛之间"创建隋之东京城及宫殿，大业二年（606 年）建成，此后汉魏洛阳旧址遂沦为废墟。

①《周书》卷七·帝纪第七。

## 第二节　北魏洛阳宫殿

综合史籍所载，北魏所建洛阳宫殿是在魏晋洛阳宫基址上吸收了东晋南朝建康宫的特点而建成的。先后主持建宫殿及太极殿者为曾考察过南朝建康宫的蒋少游与董尔、王遇。其宫城也建有内外三重宫墙，第一重宫墙正南门为阊阖门；第二重宫城正南门为止车门；第三重宫墙正南门为端门。其内分为外朝、燕朝两区。外朝中以主殿——太极殿和与之并列的东堂、西堂为中心，殿南有广庭，南对宫城南面端门、止车门和外门阊阖门，阊阖门夹门建有三重巨阙，南对铜驼街，形成全宫、全城的主轴线（因依魏晋宫城旧址而建，故不在全城几何中分线上）。在端门内为"外朝"主殿太极殿与东堂、西堂。东堂是皇帝办公之地，相当于"治朝"，西堂是皇帝休息之地。两堂附在 "外朝"两侧。太极殿与东西堂之间有横墙，墙上有门，称阁门。入阁门内即进入帝后寝宫，即"燕朝"。"燕朝"在主轴线上建有前后两组宫院。前一组为式乾殿和显阳殿，后一组为宣光殿和嘉福殿；四殿前后相重，左右各建一翼殿，都形成和太极殿及东西堂相似的三殿并列布局，前有殿门，左右有廊庑，分别围成四个殿庭。在显阳殿和宣光殿之间有东西横街，又称为"永巷"，分内廷中轴线上的四所宫院为前后两组。永巷东、西端经东、西面宫墙上的三重门可通至宫外。在中轴线上的四座宫院的两侧还有次要轴线，建有若干次要宫院。北魏"燕朝"的布局虽然和魏晋时基本相同，但性质上已有改变。式乾、显阳两所宫院已不再像魏晋洛阳宫和东晋建康宫那样用为帝寝、后寝，北魏帝常在这二殿进行公务活动，性质近于东、西堂。如果说内廷为皇帝私宅，则这二殿就近于宅中的前厅，而永巷以北的宣光、嘉福等殿才是居住后妃的寝殿。这种使用性质上的变化实是隋唐时期宫殿布局发生新变化的前奏。

总括起来说，有三重宫墙，围外朝区、燕朝区于内，外朝以太极殿及与之并列的东西堂为中心，燕朝以皇帝正殿式乾殿与皇后正殿宣光殿为中心，前后相重，南对夹建巨阙的宫城正门阊阖门和都城主街铜驼街，形成全宫和全城的主轴线。又在太极殿东南方建造议政的朝堂和最高行政机构尚书省，南通宫门大司马门，形成宫中次要轴线，这是三国至南北朝期间宫殿布局的主要特点。根据近年勘察研究，发现北魏洛阳宫城东西约 1.203 公里，南北约 1.87 公里，面积为 2.25 公里。根据上述史料，我们可以大体上复原出一幅北魏洛阳宫殿的平面示意图（图 9–1）。

洛阳宫内各建筑的规模形制史书未详载，亦无形像资料流传，只有太极殿初建为十二间，后增建为十三间，夹阊阖门建巨阙等少量记载。但近年中国社会科学院考古研究所洛阳汉魏故城队对北魏洛阳宫遗址进行了勘探，并重点发掘了中轴线上的阊阖门、止车门、端门、太极殿、东堂、西堂的遗址，使我们对北魏洛阳宫外朝部分建筑有所了解，并有进一步探讨其建筑形制的可能性。

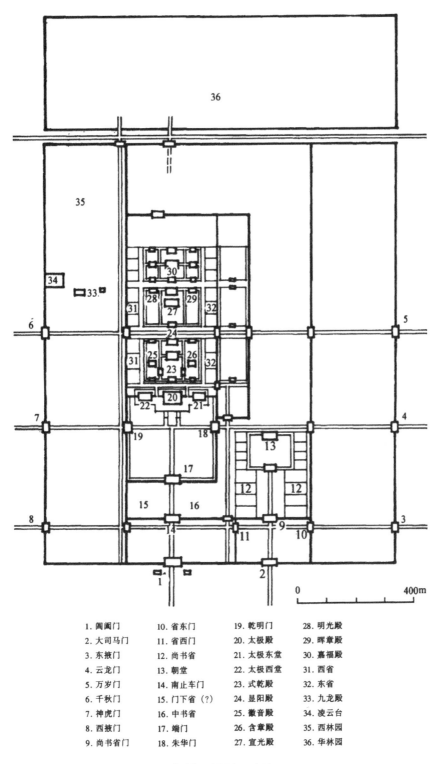

| | | | |
|---|---|---|---|
| 1. 阊阖门 | 10. 省东门 | 19. 乾明门 | 28. 明光殿 |
| 2. 大司马门 | 11. 省西门 | 20. 太极殿 | 29. 晖章殿 |
| 3. 东掖门 | 12. 尚书省 | 21. 太极东堂 | 30. 嘉福殿 |
| 4. 云龙门 | 13. 朝堂 | 22. 太极西堂 | 31. 西省 |
| 5. 万岁门 | 14. 南止车门 | 23. 式乾殿 | 32. 东省 |
| 6. 千秋门 | 15. 门下省（？） | 24. 显阳殿 | 33. 九龙殿 |
| 7. 神虎门 | 16. 中书省 | 25. 徽音殿 | 34. 凌云台 |
| 8. 西掖门 | 17. 端门 | 26. 含章殿 | 35. 西林园 |
| 9. 尚书省门 | 18. 朱华门 | 27. 宣光殿 | 36. 华林园 |

图 9-1　北魏洛阳宫殿平面示意图
（据《中国古代建筑史》第二卷图 2-2-2）

关于宫中正殿为太极殿这一建制形成的始末，据《水经注》载，"魏明帝上法太极，于洛阳南宫起太极殿于汉崇德殿之故处，改阊门为阊阖门。"则其创始之时为青龙三年（235 年）曹魏拓建东汉洛阳宫之时。西晋代魏建国后即沿用曹魏宫殿。311 年，西晋洛阳城市、宫殿为叛军王弥、刘曜烧毁，西晋灭亡，其残部南迁，在建康（今南京）建国，史称"东晋"，进入十六国时期。

据《晋书·帝纪》所载，东晋在建康所建宫室仍沿用洛阳宫之规制，主殿为太极殿，左右有东堂、西堂，宫城正门为阊阖门，以表示自己为正统王朝西晋的延续。史载东晋初所建之宫室曾于咸和三年（328 年）毁于战乱，稍后重建。近五十年后，至太元三年（378 年），尚书仆射谢安以宫室朽坏，启作新宫，由大匠毛安之主持。据《景定建康志》记载，太极殿以十二间象十二月。高八丈，长二十七丈，广十丈，次东有太极东堂七间，次西有太极西堂七间，更有东西二上阁在堂殿之间，方庭阔六十亩。这是东晋、南朝宫殿继承魏晋规制的情况。

《梁书》卷二本纪载梁武帝天监十二年（513 年）又新作太极殿，改为十三间。这可能是因为北魏迁都洛阳后，于景明三年（502 年）参照南朝规制建成宽十二间的太极殿，故梁朝把太极殿增加一间到十三间以超越之，强调梁仍为正统。梁太清三年（549 年）侯景攻入建康台城，烧毁宫殿。陈朝继梁后，曾于永定二年（558 年）重建宫室及太极殿，并令徐陵等撰《太极殿铭》以纪之。至隋开皇元年（589 年）隋灭陈，平毁建康城，太极殿也随南朝的都城、宫殿一起被夷为废墟。

综合上述，可知北魏洛阳宫殿是在太和十七年（493 年）于魏晋旧址上参考南朝宫殿规制建成的。在北魏末年分裂为东魏、西魏后遭到严重破坏，东魏高欢拆毁宫殿，以其材瓦运至邺城建宫殿。至北周大象元年（579 年）曾开始重建，但至大定元年（581 年）因北周为隋所取代，故未能最后建成。据此可知，在洛阳宫址上曾进行过曹魏青龙三年（235 年）、北魏太和十七年（493 年）、北周大象元年（579 年）三次建设，故其遗址大体上至少应有三个不同层次，可供我们研究其形制和发展演变情况。下面根据中国社会科学院考古研究所洛阳汉魏故城队的发掘报告所载，分别对已勘察发掘过的洛阳北魏宫殿各建筑的形制进行推测。

# 一、太极殿

据《考古》2016 年 7 期考古研究所洛阳汉魏故城队撰《河南洛阳市汉魏故城太极殿遗址的发掘》所载，太极殿遗址是一组规模庞大、建筑时代复杂的大型宫殿建筑群遗址，分早（曹魏至西晋）、中（北魏）、晚（北周）三期，现存遗址主要格局是中期在早期遗址基础上建成，遭破坏后，又经北周进行修复、扩建，但最终未能完成的情况。可以通过遗址了解其中期、晚期的情况。

据发掘平面图所载，太极殿遗址台基北边宽 102.3 米，南边宽 98.4 米，南北进深 59 ~ 61.5 米，残高 1.65 ~ 2 米，四周边缘主要是晚期遗迹。台顶面只有被破坏的各期夯土残块和柱础坑。南侧的晚期增修夯土宽近 18 米，上有南北两排 17 个柱础坑，南排有 14 个，整齐排列，北排东端 2 个，西端 1 个。其东西向中距和南北向两排柱础间的中距均为 6.75 米，当是大殿的柱间距和柱列间行距。如据此在殿址上排布，可形成东西 13 间、南北 7 间的柱网。若按大殿为重檐庑殿考虑，则上檐所覆可能为宽 11 间、深 5 间的主殿，四周下檐为正面宽 13 间、侧面宽 7 间的副阶。

但史载北魏洛阳宫是参考了南朝齐朝太极殿而建，而东晋至梁初太极殿仍沿魏晋旧制为 12 间，故北魏孝文帝始建时的太极殿也应是面阔 12 间。所以，此遗址显示的 13 间柱础坑应是北周重建时已知梁武帝将其宫中太极殿改为 13 间，故也增为 13 间。原 12 间时的规模和柱网布置情况在遗址的发掘报告中全未提及，可能已遭破坏，遗迹不明显。但从太极殿必需建在全宫中轴线上的情况推测，13 间时的柱础不能沿用 12 间时的柱础位置，其间需有宽半间的位移，始能保持大殿仍在宫城之中轴线上，但据发掘报告，遗址在这方面没有反映。

太极殿这样重要的大型宫殿建筑，其尺寸一般情况下应为较整齐之数字。据丘光明《中国历代度量衡考》所载，北魏尺长前期为 27.88 厘米，中期为 27.97 厘米，晚期为 29.59 厘米。如以太极殿柱网间距 6.75 米折算，则合中期尺长 24.1 尺，可视为间广 24 尺。殿基宽 98.4 米合中期尺长 351.8 尺，可视为 35 丈，殿基深 61.5 米合中期尺长 219.8 尺，可视为 22 丈，均基本为整数。故可能此殿晚期之柱距、行距极可能是北魏中期尺长 24 尺。如与史载南朝东晋太极殿"长二十七丈，广十丈"比较，建筑尺度有所增大，在进深方面由 10 丈增为 22 丈，增加尤多。

根据上述情况，可在发掘平面图上据柱坑推测全殿的柱网布置。其四周下檐一圈宽 13 间，深 7 间，共有下檐柱 40 根。其主殿宽 11 间，深 5 间，依宫殿体制应为庑殿顶。且殿堂中部应有大跨度的空间，以利使用，故如用 6 架六椽栿以省去内柱 12 根，则上檐部分需用 60 根柱。据此，此殿上下檐可能共使用 100 根柱。又据《魏书·崔光传》载，北魏太极殿有东西序，且称"墙筑工密"，可知此殿东西端各用夯土墙隔出一间为东序、西序。据此也可推知殿之东西山墙也应是夯土筑成的。这是遗址中反映出的北周重建时太极殿的大体情况。

据挚虞《决疑要注》记载："凡太极殿乃有陛，堂则有阶无陛也。左墄右平，平者以文砖相亚次，墄者为陛级也。九锡之礼，纳陛以登，谓受此陛以上。"可知古代规制是殿有二重台基，下称陛，上称阶，而堂只能建一重台基，即阶。则此处虽基址残破，仍可推知正殿太极殿下应建有二重台基，其两侧的东西堂只能建一重台基。

据发掘报告，在台基南侧偏东位置发现一条南北向的慢道或踏道遗迹，东距台基东南角约 17 米（约合北魏中尺 60 尺），南北残长 11、东西宽 5.2 米（约合北魏中尺 19 尺）。慢道系用红褐色土夯筑而成，……掘勘探，在殿基西半部对应位置处也有同样遗迹，表明该殿台基南侧原设置有两条登殿的通道。据"左墄右平"的记载，东侧的可能是砌有踏步的踏道，西侧的可能是用花纹砖铺成的斜坡道。台基北侧的边壁保存较好，残高约 1.5 米。

其中间一段向北凸出 3 米，形成一个凸台。东西长约 51 米。凸台的外侧用条砖砌有 0.5 米的包砖墙。墙外侧则是条砖平铺的斜坡状散水，宽约 1.1 米，外以斜立砖包边。在凸台东端发现有自东向西的踏道遗迹，在凸台西端也有自西向东的踏道。据此大体可知，此殿重建为 13 间时，台基北侧无向北下殿之踏道而用二条平行于殿基的东西向踏道。

殿身构架形制遗址全无资料，只能据与之时代相近或相同的大同云冈石窟、龙门北魏石窟、敦煌西魏石窟中的建筑形象为参考。

据现存云岗、龙门、敦煌石窟中所示北魏时期建筑形象可知，当时大殿正脊已有两端微微翘起的趋势，屋面已有较轻微的下沉弧度，但屋檐则基本近于直檐口。此殿为宫中主殿，属当时最高等级建筑，故极可能是重檐庑殿顶大殿。据其柱网情况，其面阔 11 间、进深 5 间的殿身之构架极可能是四周各一间用长二椽的乳栿，中间七间用六道深六椽的六椽栿，以形成宽七间、深三间的开阔的殿内空间。殿身四周围以深一间二椽的副阶，形成下檐。全殿共享 100 根柱。殿之东西山墙和其内两序的隔墙都是夯土筑的土墙。据发掘报告，殿址中出土有"魏晋篮纹板瓦和素面筒瓦"，可知大殿屋顶是用灰色筒板瓦铺成的，用莲花纹瓦当。铺地所用为长 50 厘米、宽 25 厘米、厚 10.5 厘米的素面条砖。据此可绘成一初步的平立面原状示意图（图 9-2、参见图 0-10）。

据此遗址面阔为十三间的情况可知，所示已是高齐重修后的情况而非北魏始建时的规制。

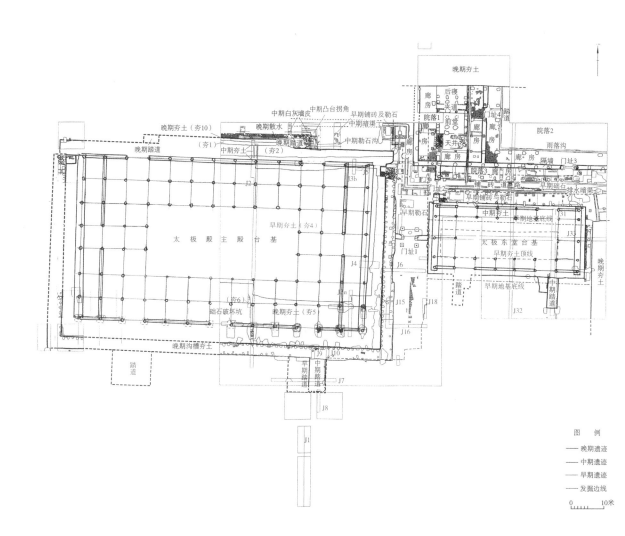

图 9-2 北魏洛阳宫太极殿发掘平面图
（据考古研究所洛阳汉魏故城队：《河南洛阳市汉魏故城太极殿遗址的发掘》）

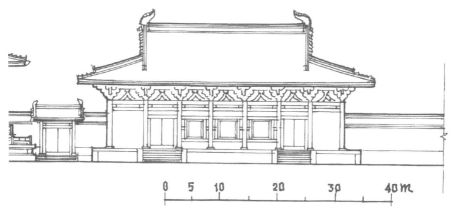

图 9-3 北魏洛阳宫东堂、阁门立面复原示意图

# 二、东堂、西堂

在《考古》2016 年 7 期考古研究所洛阳汉魏故城队撰《河南洛阳市汉魏故城太极殿遗址的发掘》中也有东堂遗址的情况和发掘平面图。据报告，东堂遗址在太极殿台基东侧 14 米处，台基东西宽 48 米（约中期尺长 171.6 尺），南北深 21.3 ~ 23 米（76.2 ~ 82.2 尺）南面左右侧有二踏道，其外缘与台基东西缘距离基本相等，可据以推知开间位置。据报告，"残存的东堂台基基本为北魏重修"。史载东、西堂均面阔 7 间，依此在发掘平面图上排布，二踏步恰与开间位置相应，可知此遗址所示正为 7 间。相应，在进深方面可排 3 间，从扩大堂内使用空间考虑，其柱位较可能是南北两面各深半间，用乳栿，形成前后廊，前面半间可以建为敞廊，中间部分深 2 间，用四道深四椽梁架形成宽 5 间深 4 椽的室内主要空间。此建筑既称东西堂，按堂的规格应为单檐歇山屋顶建筑，其下只有一层台基，南面左右梢间开门，经踏道通向南面广场，为应召大臣的入口。其后檐以北，遗址所示为一长十四间的走廊，西端北转可通入宫内和太极殿北面的登殿踏道。

在东西堂与太极殿的台基之间有 10 米的间距，其间各建一宽 1 间深 2 间的门，称"阁门"，是入宫的通道，门左右与殿、堂的山墙间用夯土墙封闭（图 9-3）。

# 三、阊阖门

据《考古》2003 年 7 期所载考古研究所洛阳汉魏故城队完成的《河南洛阳汉魏故城北魏宫城阊阖门遗址》发掘报告，阊阖门遗址位于宫城南面最外重墙缺口处，是入宫正门。在门南宫墙缺口的两端分别建左右两阙，两阙南墙北距门址南墙 44 米，在门阙之间形成一长宽均为 44 米的正方形广场。两阙东西外侧与宫墙南墙相接。据发掘报告所附图二（北魏洛阳宫城勘探复原平面图）所示，与太极殿址间的距离约 450 米。

城门基座矩形，东西长 40.2 米，分为 7 间，用 8 柱；南北宽 18.4 米，分为 4 间，用 5 柱；通面阔 7 间 8 柱，通进深 4 间 5 柱。遗址在明间和左右梢间开门，在明、次、梢五间的前后方各退入一间，在前后檐各形成宽 5 间深 1 间的前后廊，均深 5.7 米。次间的中间两间各深 2 间，南北 8.9 米，东西 7 米，筑夯土墩封闭；东西尽间各深 4 间，南北长 19.5 米，东西宽 6.8 米，也全部筑夯土墩封闭。墩台之柱除前后廊的前后檐各四柱独立外，其余各柱均嵌入墩台夯土中。整个城门基座除开三门、留前后廊外，其余均为夯土筑成。其中东西端墩台的北部外侧开有小门，墩台内有通道残迹，可能是由此登上门顶的通道。

城门基座下有台基，东西宽 44.5 米（即突出东西基座各 2.15 米），南北深 24.4 米（即突出南北基座各 3 米）。因北侧地面高于南侧地面，故台基高度不等。

在城门之南东西外侧建有双阙，其遗址平面呈曲尺形，均为外侧及北侧各一子阙的子母阙形式。母阙阙台东西宽 29 米，南北长 29.1 米。西子阙东西宽 6.3 米，北子阙南北长 6.3 米。东西两阙相距 41.5 米（152 尺），自阙南墙至门前台基边缘为 41.5 米，即在门阙之间形成一方 41.5 米的方形门前广场（图 9-4），这是遗址的发掘情况。

史载洛阳宫城正门称阊阖门，门外建阙始于曹魏明帝青龙三年（235 年），晋代沿用，毁于晋末。东晋定都建康后所建宫室沿用洛阳宫体制。北魏孝文帝太和十八年（494 年）迁都洛阳，重建宫室，按南朝建康宫大司马门的形制建阊阖门及门外巨阙。其使用情况一般是在太极殿举行登基或大朝会仪式后还要登阊阖门大赦天下，可知兼具宫廷重要礼仪建筑的性质。据皇帝登门大赦的使用要求，门基上应建有巨大的门楼，从建筑性质看也应是重檐庑殿顶或重檐歇山顶的建筑，但是面阔几间？单层还是二层楼阁？史无明文。皇帝携很多大臣登楼不可能走基址夯土内的巷道，在楼后方或左右应有开敞的坡道通上。从门基四周情况看，有可能是木构坡道，故遗迹不存。

发掘报告载，在门南左右侧有双阙遗址，其基础及阙身均夯土筑成，其外墙基部包砖尚存，均为曲尺形，主阙方形，均方 23 米左右，北侧及外侧各附有一狭长矩形子阙，侧面宽 6.3 米左右，正面宽度近于 11.2 米。双阙东西相距约 41.5 米，主阙南壁北距阊阖门南台基约 37 米，若以北魏中期尺长 24.1 厘米 / 尺折算，主阙方 23 米约合 95 尺，子阙宽 6.3 米约合 26 尺。二母阙相距 41.5 米，约合 172 尺，主阙南壁北距阊阖门南台基 37 米合 154 尺。

据阙基遗址情况，参考史料记载，很可能主阙在巨大的夯土阙身以上建有面阔三间的木构阙楼二层或三层，其子阙可能建二层子阙楼。在遗址两阙的子阙内都辟有带梯道的小室 F3、F4，当是自子阙通上子阙楼的通道，再自此进入主阙阙楼。阙是防御建筑，据汉至南北朝图像，大都不设栏杆，以窗为射孔（图 9–5）。

但从使用功能上看，魏帝在太极殿举行登基大典受群臣朝贺后，还要登阊阖门宣布并大赦天下，具有重要礼仪作用，阊阖门应是宫中重要建筑之一。当皇帝登阊阖门宣读赦文时，一般会有数百文武大臣和大量侍从随从登楼。史载北齐邺南城阊阖门门楼可容千人，则北魏此门之体量也应如此。门楼前广场上也要召集数千甚至上万名臣民百姓观礼，在听宣读赦文后还要欢呼舞蹈，故门楼及门前广场均应有较大规模。但发掘现状所示，门楼宽七间，门基东西长 40.2 米，南北宽 18.4 米，面积 740 平方米，竟然小于其内止车门的规模。门前广场面积 1936 平方米尺度亦过小，实难以形成如太极殿前举行礼仪相应的宏大的场面。故疑现遗址是北周重建时缩小的结果，

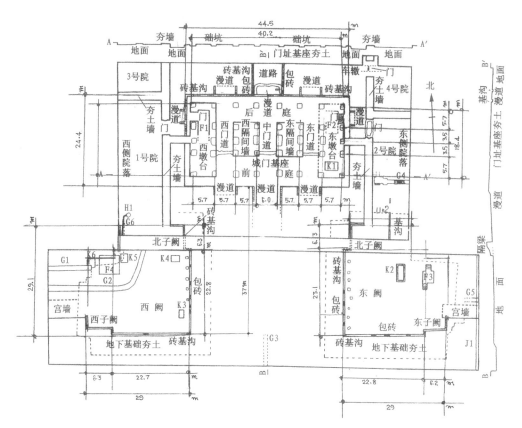

图 9-4 北魏洛阳宫阊阖门发掘平面图

（据考古研究所洛阳汉魏故城队：《河南洛阳汉魏故城北魏宫城阊阖门遗址》）

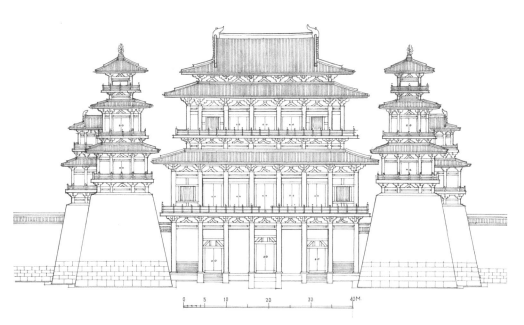

图 9-5 北魏洛阳宫阊阖门立面复原示意图

中国古代宫殿

其原状似应面阔在九间以上，门前广场亦相应增大。

北魏洛阳宫有三重宫墙：第一重南面正门为阊阖门，第二重南面正门为止车门（发掘报告中称为"二号建筑遗址"），第三重南面正门为端门（发掘报告中称为"三号建筑遗址"）。三门南北相对，中有御道相连，直指宫中主殿太极殿，形成宫中主轴线。止车门在阊阖门北95米处，端门在止车门北约80米处，据发掘简报，可分别探讨其概况。

# 四、止车门

据《考古》2009年5期《河南洛阳市汉魏故城新发现北魏宫城二号建筑遗址》所载，此门是一座三门道殿堂式建筑，面阔7间，宽约44.5米，进深4间，深约24米，面积1068平方米，在明间和左右梢间上各开一门道，深二间。明、次、梢五间的前后檐辟为深一间的空廊。其余二次间中间深三间和两端尽间深四间处都用夯土封闭。其平面布局和阊阖门基本相同。据《魏书·郭祚传》记载，宣武帝元恪时规定："御在太极，驺唱至止车门；御在朝堂，至司马门。"可知，止车门是大臣入宫时下车之处，从左右侧门步行进入后，即可进入端门北至殿堂。从规制考虑，它可能是在门基座上建一单层歇山顶的二层门屋。门左右有内向的廊庑类建筑，间数不明，山墙外侧连接宫墙（图9-6）。

# 五、端门

据《考古》2010年6期《河南洛阳市汉魏故城新发现北魏宫城三号建筑遗址》所载，在止车门北约80米处发现建筑基址，其主体部分下为东西长36.4米，南北深9米的长方形夯土台，其上残存14列共48个柱础坑，据柱础排列，可知是一面阔13间，进深3间的建筑。但正面开间大小不等，除正中的明间面阔约为5米外（约合中期尺长18尺），其余各间为2.3～2.5米。进深三间的柱距为2.2～2.5米（约合中期尺长9尺）。在主体部分东西侧还各有面阔、进深与主体相同的耳房各二间。

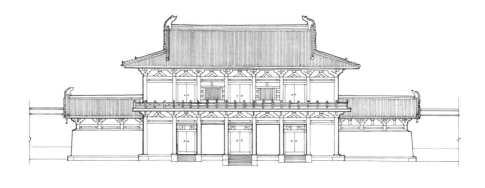

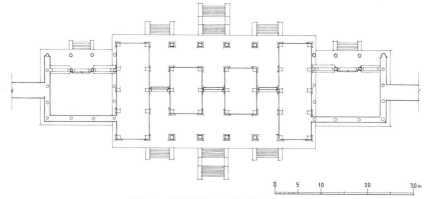

图 9-6　北魏洛阳宫止车门原状初步示意图

在北魏史料中，《洛阳伽蓝记》卷一永宁寺条曾记载永宁寺南门的情况，称"南门楼三重，通三道，去地二十丈，形制似今端门"。但《洛阳伽蓝记》撰于东魏武定五年（547年）杨衒之观览废毁洛阳之后，可知所谓"形制似今端门"所指之"今端门"极可能并非北魏洛阳宫所建端门，而是已于兴和元年（539年）建成的北齐邺南城宫殿之端门。关于北魏洛阳宫端门的形制尚未发现其他历史记载。但考虑现存遗址的开间、进深均为2.5米左右，三间进深只有7.5米，规模竟小于止车门，作为太极殿前巨大广庭入口的大门绝不可能如此之小。故此遗址现状可能是被破坏以后经过改建的情况而非原状。按主殿前正门的规制考虑，其原状有可能是面阔九间、深五间的重檐屋顶的殿门。

以上是对已发掘北魏洛阳宫外朝部分遗址原状的初步探讨，并据此绘制了宫殿主体部分原状示意图以供研究参考（图9-7）。

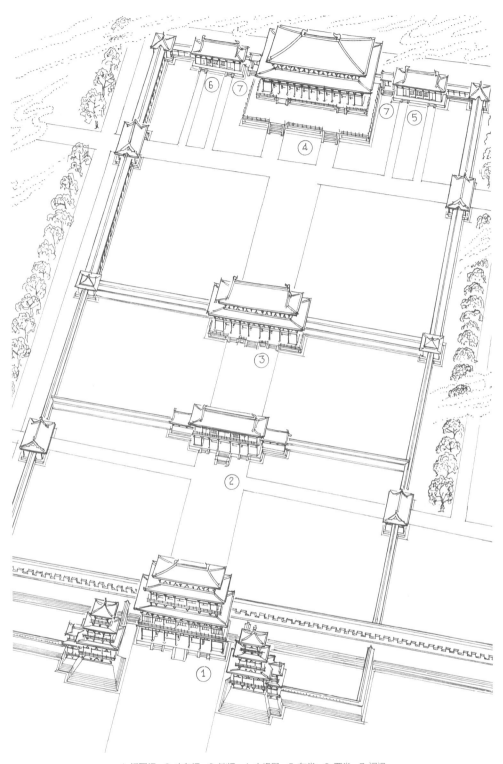

1.阊阖门　2.止车门　3.端门　4.太极殿　5.东堂　6.西堂　7.阁门

图9-7　北魏洛阳宫主体部分原状示意图

北魏洛阳宫之燕朝部分未经发掘，只能据文献探讨，其大致情况已见前文。如从宫殿等级制度考虑，可能前部魏帝居住区帝寝的前殿式乾殿为九间庑殿顶，后殿显阳殿为九间歇山顶。后部后寝部分各殿和诸殿左右侧并列的诸殿的规格要低于帝寝，可能是七间或五间的歇山顶殿宇。

总括起来说，北魏洛阳宫有三重宫墙，围外朝、治朝、燕朝区于内。前部以太极殿及其前巨大的殿庭为外朝。与之东西并列的东西堂为治朝，进入太极殿左右阁门以后的皇帝正殿与皇后正殿为燕朝。三朝前后相重，南对太极殿前的三重殿门和城门，与都城主街形成全宫、全城的主轴线。又在太极殿东南建议政的朝堂和最高行政机构尚书省，南通大司马门，形成宫东侧之次要轴线。这是三国至南北朝期间宫殿布局的主要特点。

宫内殿宇在三国、西晋时还有较多高大的土木混合结构台榭，到南朝时逐渐变为木构架建筑为主，宫门、殿门有的建为二层或三层楼阁，非常壮丽。此期战乱频繁，故宫中防御设施增多，宫墙上多建观榭，宫内多建守望的高台和贮甲仗的武库，也成为此期宫殿的特点之一。


# 第三节　北齐邺城南城宫殿


北魏于永熙三年（534 年）分裂为东魏、西魏，权臣高欢挟孝静帝元善见迁于邺城，建立东魏，临时安顿魏孝静帝于相州廨舍。因邺北城之城市宫殿都已残毁，次年（535 年），高欢遂征发七万六千人在邺城之南建造新都，因其北倚旧城南墙兴建，史称邺都南城。邺南城是南北朝时唯一平地创建的新都城，《北齐书》载：高欢以仆射高隆之领营构大将兴筑此城，增筑南城周回二十五里。高隆之以十万夫撤洛阳宫殿运于邺兴工，可知是利用拆毁北魏洛阳城市、宫殿之材瓦所建。由张熠主管收纳材瓦，由李业兴主持建造南城及宫殿。《魏书》载李业兴"召画工并所须调度，具造新图，申奏取定"，然后兴工。建城及宫殿历时五年，于兴和元年（539 年）建成，次年迁入。十二年后，高洋于551年代东魏，建立北齐，沿用其都城宫室，并有所增建。577年北齐亡于北周，以邺为相州，580年，杨坚毁邺南城及宫室。邺南城及宫室自539年建成至580年被毁，存世41年。

1986年中国社会科学院考古研究所与河北省文研所联合对邺南城进行发掘，发现城址东西最宽处2800米，呈中部略外突的弧形。南北3460米，北墙即为邺北城的南墙。其宫城址东西620米，南北970米，约合0.6平方公里。其中已发现建筑遗址十余座。

此邺南城宫殿的发掘平面图和遗址的概况均发表于徐光冀教授所撰《东魏北齐邺南城平面布局的复原研究》[1]中，大体情况如下：

① 徐光冀撰．废墟上的足迹 [M]．北京：科学出版社，2018：324–330.

邺南城城内北半部居中为矩形的宫城，东西约620米，南北约970米。宫城南面有三重宫墙，在全宫南北轴线位置上各建一门，南面及北面墙上之门左右均建有双阙，中间墙上一座为单座建筑。史载此三门应为阊阖门、止车门和端门。从形制规模上分析，阊阖门是皇帝举行讲武、观兵、大赦等重要典礼时登临之处，是三门中最重要者，故其北面最大门址极可能是阊阖门遗址。其中间一座之平面与北魏洛阳宫之止车门址形制和位置均相近，应即止车门址，则南面门可能为端门址。

在阊阖门以内即为宫殿之外朝部门，为一宽620米、深370米的巨大广场。其北半部居中有一宽80米、深60米的巨大建筑基址，应即太极殿址。太极殿址两侧偏南又各有一巨大的矩形基址，即东堂、西堂遗址。

在太极殿后横墙以北即宫殿之内廷部分，深约360米。横墙在太极殿正北有一门址，即朱华门址。门北中轴线上有一与太极殿面积相等的巨大殿基，即内廷主殿昭阳殿。昭阳殿东西侧各有一长廊遗址，两端各连接一由方形廊庑围合成的方形庭院，院内北半部面南各有一大型殿址。此即史载之昭阳殿东西之楼廊，和所连通的东阁、西阁（图9-8）。

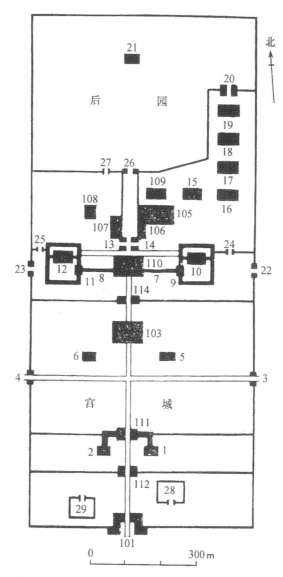

1、2.阙 3.云龙门 4.神虎门 5.太极东堂 6.太极西堂 7、8.长廊 9.东阁 10.含光殿 11.西阁 12.凉风殿 13.永巷 14.五楼门 15.宝殿 16.玳瑁殿 17.修文殿 18.偃武殿 19.圣寿堂 20.玳瑁楼 21.万寿堂 22～27.门 28.大司马府 29.御史台 101.止车门 103.太极殿 105.显阳殿 106.配殿 107.椒房 108.宣光殿 109.镜殿 110.昭阳殿 111.阊阖门 112.端门 114.朱华门（1～29是推测出的建筑物编号；余为夯土基址的原编号，参见图2）

图 9-8 东魏北齐邺南城宫殿的发掘平面图

# 一、对邺南城宫殿中主要建筑物进行复原探讨

阊阖门为邺南城宫殿中最重要的门，据《邺中记》记载："清都观在阊阖门上，其观两相曲屈，为阁数十间，连阙而上。观下有三门，门扇以金铜为浮沤钉，悬铎振响。天子讲武观兵及大赦登观临轩，其上坐容千人，下亦数百"。可知是下开三门、上建巨大城楼、左右有阙的宫城正门之一，其形制应和北魏洛阳宫阊阖门相近，但从"其上坐容千人"的记载可知，其规模应大于现洛阳宫阊阖门遗址。

外朝正殿为太极殿，其南为由正门阊阖门和东、西的云龙、神虎二门及周庑围合成的巨大殿庭，太极殿建在主轴线上北部，前临云龙神虎二门间的东西向大道。太极殿的遗址宽约 80 米，深约 60 米。据《邺中记》记载："阊阖门之内有太极殿，《故事》云：其殿周回一百一十柱，基高九尺，以珉石砌之。门囱并以金银为饰，……椽栿斗栱尽以沉香木，椽端复饰以金兽头。……墄间石面隐起千秋万岁字、诸奇禽异兽之形。瓦用胡桃油，光辉夺目。"从遗址尺寸和文献所载所用柱数推测，它可能是一座下为高九尺的两层珉石殿基，上建下檐面阔十三间、上檐面阔十一间、进深六间、殿顶使用磨光后涂油的黑色青棍瓦、椽栿斗栱用沉香木制做的重檐庑殿顶大殿。是供举行国家大典时使用的宫中最重要的巨大而豪华的宫殿。

太极殿东西为东堂、西堂，东堂是皇帝议政之处，西堂是外朝部分供皇帝起居之所。从魏晋以来规制看，东堂、西堂应是面阔七间的歇山顶建筑，建在太极殿两侧，一字排开，中间夹以进入内廷的阁门。但邺南城宫殿的东西堂的尺度虽仍为七间，但位置改变，分别各向南推移约 50 米，与太极殿间形成三角形布局。其原在殿堂间的两座阁门也合二而一，改为位于太极殿正北约 30 步的朱华门。

在朱华门东西建有横墙，其内即内廷部分，东西宽与外朝同，南北深约360 米。其北即邺北城南墙。

朱华门北约 60 米处在轴线上有一与太极殿尺度相近的建筑基址，应即内廷主殿昭阳殿。昭阳殿的形制在《邺都故事》中有记载：说"此殿周回七十二柱，基高九尺，以文石砌之。门闼尽饰以缕金，栏楯尽以沉香木为之。"据此推测，它可能是一座面阔十一间的重檐庑殿顶大殿。

据遗址所示，殿东西侧各有长约 100 米的回廊址，其尽端各连接一由廊庑围合成的方约 100 米的矩形庭院址，院中各有一宽近 50 米的建筑址，也是宫中规模宏大的重要宫殿。此部分在顾炎武《历代宅京记》引《邺中记》中有记载，文曰："昭阳殿东有长廊，通东阁，阁内有含光殿，西有长廊，通西阁，阁内有凉风殿。内外通廊，往还流水，珍木香草，布护阶墀。"又曰："殿东西各有长廊，廊上置楼，……每至朝集大会，皇帝临轩，则宫人尽登楼奏乐。"

昭阳殿及其左右楼廊和东阁、西阁是内廷帝宫的主要部分，呈三殿东西并列的布局，也是可以和现存遗址对照的部分。

《邺中记》又载："昭阳殿北有永巷，巷北有五楼门，门内则帝后宫，有左右院，左院有殿名显阳，右院有殿名宣光。"也是三殿并列的布局。至北齐后期又有镜殿、宝殿、玳瑁殿等。《北史》称："高纬起此三殿于后宫嫔嫱诸院中丹青雕刻妙极当时"。这是初期后宫的情况。

以后在北齐后期高湛、高纬为帝时，又大建后宫宫室。《邺中故事》载：高湛时拓建后宫，"更造修文偃武二殿及圣寿堂，装饰用玉珂八百，大小镜万枚，又以曲镜抱柱，门窗并用七宝装饰"。《邺中记》又载："圣寿堂北置门，门上有玳瑁楼，纯用金银装饰，悬五色珠帘，白玉钩带。"则其宫室当属南北朝时最奢华者。

但这些后宫和陆续增建部分位置和体量史籍记载不够详细，现存遗址亦似不完整，故目前尚难对其形制进行具体探讨。

以上是利用史料记载与已发掘遗址对照的情况（图 9-9）。

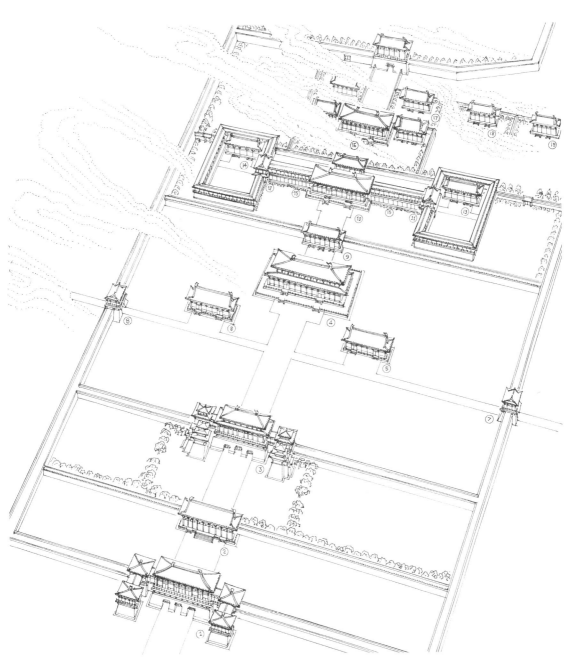

1. 端门 2. 止车门 3. 阊阖门 4. 太极殿 5. 东堂 6. 西堂 7. 云龙门 8. 神虎门 9. 朱华门 10. 昭阳殿
11. 东阁 12. 西阁 13. 含光殿 14. 凉风殿 15. 二重廊 16. 显阳殿 17. 镜殿

图 9-9 东魏北齐邺南城宫城形象示意图

# 二、规划设计特点

邺城南城是南北朝时期所建宫殿的最后一座，其宫殿的规划者是名儒李业兴，《魏书·李业兴传》称他"披图按记，考定是非，参古杂今，折中为制，召画工并所需调度，具造新图，申奏取定。"可知是参考传统、结合现实需要进行规划，由画工绘成规划设计图申报，经批准后实施的。史书上曾记载主持东晋建康宫建设者为大匠毛安之。主持建造北魏洛阳宫者为尚书李冲、将作大匠董爵、王遇，但均未提到需要进行规划设计并经审批的情况，这是史书上首次对重大工程要制定规划原则、工作程序、经过审批的过程和任命规划者的情况作明确的记述，表明这时城市和宫室建设已有一定的规划、审批程序，减少了建设的随意性。

正是因为邺城南城及宫室是在平地上新建的，可以按实际需要制定规划，所以它可以把宫殿建在城市中轴线上，使宫殿中轴线和城市中轴线重合，突出其重要性。这一特点在随后的隋唐元明都城规划中得到继承和发展，遂成为以后创建新都城的重要特点。

从邺南城宫殿布局看，它基本是参照北魏洛阳宫的形制规划建造的。其宫城有三重墙，正门依次为外有双阙的端门、止车门和外有双阙的阊阖门。其内为外朝区，有正殿太极殿和左右侧的东堂、西堂。内廷区前为帝寝，后为后寝，均三殿并列，各有殿门廊庑，形成独立宫院。二重宫墙东南角建宫内办事机构朝堂、尚书省等，都和曹魏洛阳宫、东晋南朝建康宫、北魏洛阳宫基本相同，表现出其间有"一脉相承"的明显继承性。这是因为南北分裂，各政权，特别是北方少数民族为主建立的政权需要通过继承此魏晋以来的宫殿体制特点以表明自己是正统王朝，故都沿用此宫殿体制。但邺城南城宫殿又是此体制的最后一个继承者，其后在隋唐统一全国后，就予以放弃，通过隋大兴、唐长安的建设，创立了新的都城、宫殿规制。据现存文献记载，邺城南城宫殿不同于所仿建的前代宫殿之处主要是内廷帝宫部在并列三殿之间建楼廊，使三殿连为一体，为前代宫殿所无，具有开创性质。但邺南宫在后期建设中大量使用高级材料，装饰豪华繁丽，和南朝陈朝末年情况相似，都导致王朝末世宫室建设过度扰民终于亡国的后果。

# 第十章

# 隋代
# 宫殿

581 年，隋文帝杨坚建立隋朝后，即于开皇二年（582 年）放弃汉魏长安城，在其西南龙首原建新都，定名为大兴城。"诏左仆射高颎、将作大匠刘龙、巨鹿公贺娄子干、太府少卿高龙义等创造新都。"当年六月动工，约用一年半时间初步建成，于三年（583 年）三月正式迁都，因隋文帝在北周时被封为大兴公，故定都城为大兴城，宫城为大兴宫，主殿为大兴殿。

605 年，隋炀帝杨广即位，改元大业，即于当年三月放弃汉魏洛阳故城，在其西创建东京城，次年建成，五年（609 年）改称"东都"，其宫城称"紫微宫"。618 年隋亡。

这是隋代建国 27 年间建造的两所巨大的都城和宫殿。

# 第一节　隋大兴宫——唐太极宫①

618 年隋亡，唐高祖李渊继之，建立唐朝后，沿用隋大
兴的都城宫殿，但改大兴城为长安城，大兴宫为太极宫，

① 本节殿名多为唐代所改。

大兴殿为太极殿。唐初，在高祖李渊、太宗李世民为帝时，都以大兴宫为
主宫。自 583 年隋定都起，至 663 年唐建成大明宫止，大兴宫——太极宫
作为隋、唐两朝的主宫，历时 80 年。

## 一、大兴宫概况

史籍中关于隋大兴宫的记载极为简略，目前只能根据《唐六典》《长安志》
中所载有关唐代太极宫的记载了解其大致情况，隋代具体门殿名除少数主
殿外，大多已不可考，只能借用入唐后所改之名。《唐六典》中对宫殿中"三
朝"的名称也与前代不同。

隋大兴宫在长安中轴线北端，近年经过勘探，已知其东西宽为 2820 米，
南北深为 1492 米，面积 4.20 平方公里，是中国古代历朝宫殿中仅次于汉
未央宫的第二大宫殿。分为中、东、西三部。中部为皇宫，即大内，东西
宽 1285 米，面积 1.92 米平方公里。东部为太子东宫，宽 833 米，西部为
服务供应部分及作坊掖庭宫，宽 703 米。②大内部分自南而北分外朝区、
内廷区和苑囿三大部分。外朝区为处理国事、举行大典的办公区，象征国
家政权；内廷区是皇帝的家宅，代表家族皇权。

外朝区正南为宫城正门广阳
门（唐改承天门），是元旦、
冬至举行大朝会、大赦、外藩

② 中国科学院考古研究所唐城发掘队. 唐代长安城考古纪略 [J]。
考古，1963（11）：595-611.
③（唐）李林甫等修. 唐六典·卷七·工部（排印本）[M]. 北京：
中华书局，1955.

朝贡等大典之处，《唐六典》说它"盖古之外朝也"③。比附周代宫殿之"大
朝"或"外朝"。广阳门外左右建高大的双阙，阙外两侧为朝堂。其规制
和功能相当于北魏洛阳宫的阊阖门。门内又有第二重门，名嘉德门，相当

于北魏洛阳宫的南止车门，是入朝官员下车步行入宫之门。嘉德门的正北为朝区正门大兴门（唐改太极门），相当于北魏洛阳宫之端门，嘉德、大兴门左右各有一侧门，是供官员出入之门（正门只供皇帝出入）。大兴门内殿庭北端正中即主殿大兴殿（唐改太极殿），相当于北魏洛阳宫之太极殿，是皇帝朔望（初一、十五两日）听政之处，《唐六典》说它"盖古之中朝也"[1]。以比附周代

① （唐）李林甫等修. 唐六典·卷七·工部（排印本）[M]. 北京：中华书局，1955.

宫殿之"中朝"或"日朝"。殿之尺度史未详载，但参考北朝洛阳宫正殿和稍后隋代所建洛阳宫之正殿均面阔十三间的记载，可能也是面阔十三间的大殿。殿左右并列有东上阁、西上阁，延用北魏太极殿左右阁门之名而规模增大，供官员进入内朝之用。但其外侧已无北魏时殿东西与之并列的东堂、西堂，改为廊庑，南折后与东西南三面的廊庑和门围合成巨大的殿庭。殿庭南门即大兴门（唐改太极门），东西廊上有左右延明门，南部左右侧建有钟鼓楼，是宫中最巨大的殿庭。大兴殿一组宫院之东西侧建宫内官署，东侧为门下省、史馆、弘文馆等，西侧为中书省、舍人院等。

大兴殿后为宫内第一条东西横街，是外朝区和内廷区的分界线。横街北即内廷区，正中为中华门（唐改两仪门），门内即内廷区正殿中华殿（唐改两仪殿），相当于北魏洛阳宫之式乾殿，也是由廊庑围合成矩形宫院。此殿是皇帝常日见群臣听政之处，《唐六典》说它"盖古之内朝也"[2]。以比附周代宫殿的"内朝"。中华殿东有万春殿、西有千秋殿（均唐改之名），与中华殿并

② （唐）李林甫等修. 唐六典·卷七·工部（排印本）[M]. 北京：中华书局，1955.

列。三殿都由廊庑围合成宫院，各有殿门。

中华殿之北为宫中第二条东西横街，横街北即帝后居住的寝宫，外臣等不能进入。寝宫北部正中为正殿甘露殿，殿东有神龙殿，殿西有安仁殿，三殿并列，以甘露殿为主，各有殿门廊庑，形成独立宫院（隋时名不详，此均唐改之名）。比附周代宫殿的"燕朝"。

中华殿和甘露殿均前后两列，每列三殿，是宫殿区的核心，有围墙封闭，中华殿性质上近于一般邸宅的前厅，甘露殿近于一般邸宅的后堂，是皇帝家宅的主体。

甘露等三殿正北为苑囿区，有亭台池沼，其北即宫城北墙，经北门玄武门通向宫外。

在外朝区门下省、中书省和内廷区日华、月华门之东西外侧，还各有若干宫院，是宫中次要建筑。外朝、内廷两区各主要门殿广阳门、太极门、太极殿、两仪门，两仪殿、甘露门、甘露殿等南北相重，与南北宫墙上的承天门、玄武门共同形成全宫的南北中轴线。

大兴宫各殿宇压在今西安市下，无法作一步勘探，目前只能先据《唐六典》《长安志》等唐宋文献拟出唐太极宫的平面关系示意图，再在其上标出已可考知的隋代名称（参见图 0-12）。

唐代除沿用隋代所建外，还增建一些较特殊的建筑。如在内廷甘露殿西北紫云阁西南有贞观十八年（644 年）太宗所建表彰功臣之凌烟阁，内有二十四功臣像，太宗题赞。在武德四年（621 年）又在外朝区东侧建弘文馆以储天下书籍。贞观三年（629 年）置史馆以编修国史，这些都是有关文化和历史的较重要建筑，对后代宫殿建置也有一定影响。

宫殿的形制、开间等史籍均不载，参考北魏以来的传统和唐代其他宫殿的情况，中轴线上主要殿宇中，外朝正殿大兴殿可能为十三间重檐庑殿顶建筑，内朝正殿中华殿和寝宫正殿甘露殿可能为九间重檐庑殿顶建筑，其余次要殿宇可能多为七间单檐歇山顶建筑，外观多为朱户、白壁，屋顶用黑色青掍瓦，重要殿宇有用绿琉璃脊瓦者。

# 二、大兴宫规划设计特点

把隋大兴宫—唐太极宫与前代北魏洛阳宫相比，有很大的不同。

其一，由于隋大兴城为平地新建，故可在规划上把皇城、宫城置于全城南北中轴线上，突显了宫城（即皇权）在首都中的重要性，增强了全城、全宫的气势，形成首都的特色，开创一代新风，并影响以后元大都、明清北京的规划布局，成为中后期宫殿的重要特点。这是除北齐邺南城外，北魏洛阳宫和其前历代都城都未能做到的。

其二，宫墙由内外三环改为前后数重，自南而北分全宫为外朝、内廷、后苑三大部分。

其三，中朝区主殿只有太极殿一殿，为日朝正殿，性质近于南北朝以来的东堂。

其四，朝堂及尚书省由原在太极殿东南侧迁至皇城中，自魏晋以来在朝区东侧由行政机构朝堂、尚书省、司马门形成的东侧次要轴线从此取消；主要行政机构由宫城内向外移至皇城中。

其五，魏晋以来在太极殿举行的大典改在宫之正门大兴门举行，在东西堂举行的日朝、常朝和皇帝日常起居活动改在大兴殿和其后的中华殿举行，宫中象征三朝的建筑由南北朝时太极殿与东堂、西堂东西三殿并列改为大兴门、大兴殿，中华殿一门二殿前后相重。这些不同表明中国宫殿布局在隋时发生了巨大的变化。

但此宫的外朝虽只有正殿大兴殿一座，却在其左右外侧仍有建为独立宫院的文成殿、武安殿二组与之遥相并列，且仍有一定接见臣下功能，并将大兴殿左右隔墙上之门也称阁门，似表明魏晋以来的太极殿和阁门、东西堂并列的布置还有一定残余影响。

# 第二节　隋东都紫微宫

隋炀帝杨广于大业元年（605年）即位后，即于当年三月在汉魏洛阳故城之西创建东京城，次年建成，五年（609年）改称"东都"，其宫城称为紫微宫。主持工程规划和建造的是著名匠师宇文恺，史载工程每月役丁二百万人，历时一年半完成，是当时最巨大的工程。

## 一、隋紫微宫概况

受洛水自西南向东北斜贯都城的限制，城之北部地域西宽东窄，故其皇城、宫城不能建在都城中轴线上，而偏处于较宽敞的西北角。宫城即大内，宽1030米，深1052米，平面近于方形，面积相当1.083平方公里。按当时尺长0.294米折算，东西宽350.3丈，南北357.8丈，相差7.8丈，约当2%。当时长距离测量或以步，或以丈杆、丈绳，精度较差，故可以认为二者相等，即大内方350丈。宫城前为皇城，宽2110米，如考虑施工误差，可视为宫城宽之二倍。皇城之东西墙北延，北抵圆壁城，形成一宽深均为宫城二倍的皇城。皇城在宫城之南部分布置官署，在宫城左右外侧部分布置东宫和东西夹城，在宫城北侧布置陶光园，形成二重城。皇城之宽深均为宫城之二倍[1]。在建城、建宫规划中反映出的这些比例关系应是当时最卓越的工官宇文恺的创作。

[1] 中国科学院考古研究所洛阳发掘队. 隋唐东都城址的勘查和发掘[J]. 考古，1961（3）：127-135.

在规划东京洛阳时，以方形的"大内"（宫城）之长宽为模数，分洛水以南广大居住区为若干与大内面积相同的方形区块，每区块中又等分为四座方形里坊，形成整齐排列的里坊和方格网街道。遂在宫城与全城的关系中形成以面积为四坊的宫城为都城规划中的面积模数的特点。

在洛阳"大内"还发现其主殿位于"大内"的几何中心，而"大内"的面积，又可划分为方50丈的网格纵横各七格，在其上布置宫殿。这些特点中，除主殿居全宫几何中心的布置已于西汉未央宫出现外，其余大多是始见。其中以50丈网格为控制线布置大建筑群的手法以后又在唐大明宫及渤海国上京宫殿中出现，表明已成为隋唐时期的通用规划手法（图10-1）。

大内东西宽1030米，深1052米，相当于大兴城之大兴宫。大内南面开三门，中为则天门，南对皇城端门，东为兴教门，西为光政门（参见图0-13）。东西面各开一门，为重润门、闾阖重门。北面开一门，为玄武门[1]。内部前为代表国家政权的外朝区，后为代表家族皇权的内廷区。大内外朝区最前为正门则天

① 中国科学院考古研究所洛阳发掘队. 隋唐东都城址的勘查和发掘续记[J]. 考古，1978（6）：361-379.

门，上建高两层的门楼，门外左右建高120尺的巨阙，形制与长安大兴宫广阳门近似而规模过之。其北正中为永泰门，相当于大兴宫之嘉德门，北对外朝区正门乾阳门。朝区主殿为乾阳殿，据《大业杂记》记载，是一座殿基高九尺，东西345尺，南北176尺，面阔十三间、二十九架、三陛轩、柱大二十四围、自地至鸱尾高一百七十尺（50米）的巨大殿宇，是皇帝朝望听政之处，为日朝正殿，相当于大兴宫中的大兴殿。[2]殿

② 《大业杂记》不分卷。载于《元明善本丛书·历代小史》中。商务印书馆影印本。

左右有横墙，隔殿庭为南北二部。左右横墙上各开一门，称东、西上阁门。殿庭四周有廊庑，四面开门，围合成全宫最大的殿庭。殿庭东西有钟楼、鼓楼，左右各有大井。殿庭南门乾阳门南对则天门，殿北即内廷正门大业门。东西门为东华门、西华门。二门外有横街，街北各有一组较小宫院，东名文成殿，西名武安殿，各有殿门和廊庑，形成独立宫院，二殿与正殿大兴殿间虽有宫院区隔，却基本处于一条东西横轴线上，也是皇帝见朝臣之处。东西华门街南侧为宫内官署，东为门下内省，西为中书内省等。

在乾阳、文成、武安三殿之北是宫中第一横街，东西端分别通入东西隔城，街北即内廷区，是前朝后寝两区的分界线。内廷区中轴线上南有大业门，门

A＝1030米＝350丈＝2里100步　　B＝1052米＝358丈＝2里116步　　全城总面积＝45.3平方公里

图10-1　东京洛阳以方形的"大内"为面积模数形成整齐排列的里坊和街道
（据《中国科学技术史·建筑卷》图6-2）

166

内即主殿大业殿，是皇帝隔日见群臣听政之处，略近于一般第宅的前厅，《大业杂记》称其"规模小于乾元殿，而雕绮过之"[1]。当是宫中最豪华殿堂。

大业殿左右各有若干殿与之并列，均为独立宫院。在殿庭中大多种有枇杷、海棠、石榴、青梧桐等树木及诸名药奇卉。

[1] 中国科学院考古研究所洛阳发掘队. 隋唐东都城址的勘查和发掘[J]. 考古, 1961（3）：127-135.

大业殿之北为宫中第二横街，称"永巷"，街北即帝后居住的寝宫，为外臣不得进入的燕朝区。寝宫中轴线上主殿名徽猷殿，相当于一般第宅之前厅，其后一重殿相当于一般第宅之后堂。它的左右和后方又有若干殿，各为院落。大业、徽猷两组宫院前后相重，加上周围各殿，用围墙封闭，形成多座宫院，共同组成寝区，相当于燕朝。大内之东为东宫。大内之西，在西隔墙内北部有九州池，池中有岛，池边有亭榭，是苑囿区。池北为皇子住所。

隋建东都宫是很巨大的工程，据《资治通鉴》[2]记载，"诏杨素与纳言杨达、将作大匠宇文恺营建东京。每月役丁二百万人"。由此开始，隋炀帝又陆续在各地大建宫室和苑囿，终于引发各地农民起义，导致亡国。

[2]《资治通鉴·隋纪四》中华书局印本。

隋亡后，唐于武德四年破东都擒王世充，为表示反对隋炀帝大建宫室导致民不聊生发生战乱，拆毁东都之端门、则天门及双阙，焚主殿乾阳殿。

但入唐以后，在高宗时已复建乾阳殿，并改称乾元殿。至武后时又大修洛阳宫，毁乾元殿建明堂，毁大业殿建天堂，又在端门外立天枢，成为隋唐以来最巨大的工程、最豪华的宫殿。其侈大无度，也在历史上留下不好的名声。

隋东都宫体制和大兴宫基本相同，其则天门、乾阳殿、大业殿、徽猷殿即相当于大兴宫之大兴门、大兴殿、中华殿、甘露殿，外朝、日朝、燕朝三部分的关系亦同。

# 二、隋紫微宫规划设计特点

就考古发掘所了解的宫内布局和尺度分析，其宫殿核心部分大内的东西宽1030米，南北深1052米，基本为方形。按当时尺长0.294米折算，东西宽350.3丈，南北357.8丈，相差7.8丈，约当2%。当时长距离测量或以步，或以丈杆、丈绳，精度较差，故可以认为二者相等，即大内方350丈。另在大内中心部分发现隋乾阳殿和武周明堂两遗址，左右有廊庑址。其廊庑址东西外墙间距离为145m余，约49.3丈，近于50丈。因此，如在大内平面图上画50丈方格网，东西、南北各可得7格。乾元殿东西庑外墙基本与南北向中心一行网格同宽，乾阳殿恰居大内之几何中心而武周明堂之中心又恰落在东西向网线上。在大内南墙上还可看到正门应天门及东西的明德、长乐二门之中轴线又恰居南北向网格中心，相距各为2格，即100丈。由这些现象看，隋建洛阳大内时，极可能是利用方50丈的网格为基准的（图10-2）。

隋洛阳宫的布置也以主殿居中。如从大内宫墙四角画对角线，其交点恰落在武周明堂北面的大型殿址的中央，此处即隋之主殿乾阳殿址。如自此中心点画东西向横线，分全宫为南北两部分，在南半部再画对角线求其几何中心，则这个交点恰落在乾阳门址处。这种使主殿居中的"择中"布置手法有悠久的历史，而把主要殿门置于宫之前半部的中心，即全宫进深1/4处的手法则是上述传统的发展。

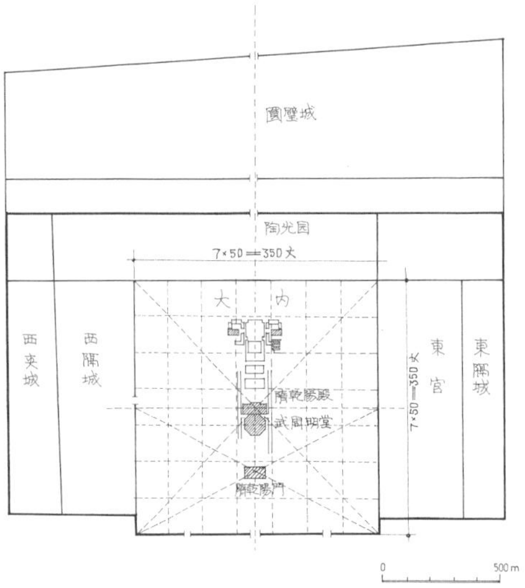

综观隋东都宫的规制和布局，基本延续大兴宫的规制，而与以前的北魏洛阳宫等有很大的不同。其最重要处是在宫城规划中使用了方50丈的网格，并把主殿乾阳殿置于全宫几何中心，以突显其重要性。这些手法以后又出现在唐后期的渤海国宫殿中，成为隋唐宫殿规划中的重要传统手法。

图10-2　隋唐洛阳宫大内部分平面布置分析图

# 第十一章

# 唐代宫殿

618年隋亡，李渊继起，建立唐朝，是为唐高祖。可能是鉴于隋炀帝大建宫室为亡国重要原因，故一反当时新朝拆前朝宫殿另建新宫的做法，仍沿用隋大兴城、大兴宫为首都和宫殿，但改名为长安城和太极宫。627年，太宗李世民继位后，仍居此宫，而在城北龙首原高地上为唐高祖建离宫。唐高宗李治即位后，自662年对离宫加以扩建后自太极宫迁入，定名为"大明宫"，为唐自建之长安主宫，直至唐末。两宫按其方位简称太极宫为"南内"，大明宫为"北内"。至713年玄宗李隆基即位后，于开元十六年（728年）将其为藩王时所居隆庆坊及周围三坊扩建为宫殿，定名为"兴庆宫"。因其位于长安城东侧，简称为"东内"。这是唐代在长安城内所使用的三所正式宫殿。关于太极宫在隋代部分已加以介绍，下文分别探讨唐代在长安所建大明宫和兴庆宫。

# 第一节 唐大明宫

大明宫创建于唐贞观八年（634年），为供太上皇李渊居住的离宫。永徽元年（650年）年唐高宗即位后，因患风痹，不耐潮湿，而此离宫处于较干爽的城北高地，故于龙朔二年（662年）加以扩建后，改名大明宫，由太极宫迁入。此后大明宫遂成为以后历代唐帝居住的主宫。《资治通鉴》载，广明元年（880年）黄巢克京师，即位于含元殿。中和二年（883年）李克用攻京师，"黄巢力战不胜，焚宫室遁去。"唐长安大明宫大约即毁于此时，共存在了约249年（634—883年）。

## 一、大明宫概况

大明宫位于长安外郭东北角墙外，它的平面布局近年已经中国社会科学院考古研究所基本探明：其平面南宽北窄，近于梯形。以宣政殿左右的东西横墙为界，南半部为矩形，东西宽1370米，南北深935米，另在东侧附东内苑，东西304米，南北1030米；北半部为梯形，南宽1370米，北宽1135米，南北深1321米；总面积为3.3平方公里。[1]它的北面城墙宽度与南面城内遥遥相对的永兴坊、崇仁坊基本相同，可能是贞观八年（650年）始建时的宽度，龙朔二年（662年）扩建时，为使建在制高点上的主殿能居全宫中的轴线上，又把南面加宽，遂形成现状。

[1] 中国科学院考古研究所. 唐长安大明宫·（二）麟德殿[M]. 北京: 科学出版社，1959.

大明宫南端即利用长安外郭北墙东段，宫内布局自南而北大致可分四部分。最南部分为深500米左右的宫前区，其正门为丹凤门，相当于长安皇城之朱雀门。其北端地势高起十五米左右，在高岗前沿建含元殿，南临广场，《唐六典》称"今元正冬至于此听朝"，是举行大朝会之殿，相当于太极宫的承天门，它左右的翔鸾、栖凤二阁实际是由承天门外的两阙演化来的，二阁外侧建有朝堂，也和承天门外的情况全同，相当于"外朝"。含元殿东西有横亘全宫的第一道横墙，实相当于大明宫的南外墙。自丹凤门北至含元殿前沿相当于宫城之南的皇城部分。

自含元殿后至宣政殿约三百余米为第二部分，宣政殿四周有廊庑围成宽约二百余米的巨大殿庭。其东廊、西廊之外为门下省、中书省、弘文馆、命妇院等宫内中央官署。宣政殿东西有横亘全宫的第一道横墙。宣政殿是皇帝朔望见群臣之处，相当于太极宫之太极殿，殿左右建宫内官署的情况也相同。自含元殿北至宣政殿一段是宫中的"日朝"部分。

第三部分在宣政殿东西横墙之北，中轴线上居中为紫宸门，门内正殿紫宸殿是皇帝隔日见群臣之处，相当于太极宫之两仪殿。《唐六典》称"即内朝正殿也"。紫宸殿东有浴堂殿、温室殿，西有延英殿、含象殿，东西并列。是唐帝日常活动之所。紫宸殿北有横街，街北即帝后及妃嫔居住的寝殿区，外臣不得入内。寝殿区主殿为蓬莱殿。殿后又有含凉殿，北临太液池。蓬莱、含凉二殿之左右又有若干次要殿堂，与之东西并列，自成院落。南起紫宸门，北至含凉殿，包括东西次要殿宇，四周有宫墙围绕。此部分为皇帝的家宅，形成宫中的内廷区，近于古代的"燕朝"。

第四部分为苑囿区，在寝区之北，以宫中湖泊太液池为中心，池中有岛。环池的东、西、北三面各建有若干殿宇。池西的麟德殿、大福殿等都是巨大的建筑群，麟德殿是非正式接见和宴会之处。池东有太和殿、清思殿等，是唐帝游乐之所。池北有大角观，玄元皇帝庙，三清殿等，都是道观，唐自称老子李耳之后，故崇道教，宫中多建道教建筑。三清殿等之北即宫北墙，正中为北面正门玄武门。自内廷区以北至玄武门，包括太液池及其周围诸殿，是宫内苑囿区（参见图0-15）。

大明宫的布局和太极宫基本相同，不同之处一是含元殿前有广场，二是朝区的"外朝"不作城门而建为含元殿。前者是因为大明宫建在城外，为独立之宫，其前应有相当于皇城的部分，以安排宫外的中央官署，故以这段广场象征皇城，左右外侧建金吾左右仗院和朝堂以象征官署；后者则是受地形限制，应建宫门之处恰在高岗前沿，不能建成下面开门洞通入的城楼形式，只能用坡道登城的形式登上，故改建为殿。左右原应建的双阙虽基本保持三出阙的形式但改名为翔鸾、栖凤二阁。含元殿左右东西廊的后部用墙封闭，实相当于大明宫的南宫墙。墙北宫中依次分"日朝""燕朝"，其北为苑囿区，也和太极宫相同。

# 二、大明宫内主要宫殿

大明宫内的含元殿、麟德殿、三清殿、玄武门等都已经过考古发掘并进行过复原研究，可以大体上知道它的面貌。

## 1. 含元殿

含元殿建在高出南面地面七米以上的黄土岗上，前沿用砖包砌成高大的墩台，东西侧建平坡相间的登城马道登上，远观宛如龙尾下垂，故称"龙尾道"。墩台顶上又筑二重殿基，在墩台、殿基的四周和龙尾道两旁都有雕刻精致的石栏杆环绕。含元殿即建在最上层殿基上。虽殿之基址已大部毁去，但从部分遗址所示和唐李华《含元殿赋》中"飞重檐以切霞"句，可知它是巨大的重檐建筑。含元殿东西侧各有廊，分别建通乾、观象二门，为大臣出入宫之处。二门东西外侧有近似角楼的建筑，廊在其南面南延并抬升，通向两侧的翔鸾、栖凤二阁。二阁作三重子母阙的形式，下有高大的砖砌墩台。二阁下左右外侧有各长十五间的东西朝堂。含元殿居高临下，两翼开张，经龙尾道登上，大朝会时可容近万人列于殿下广场，是最能反映唐代气魄的宫殿。[①]

含元殿遗址经过 1957—1961 年和 1995—1996 年两次发掘[②]，但前后两次发掘报告的内容颇有差异。第一次发掘报告认为龙尾道在含元殿前居中，共三条；第二次发掘报告则认为龙尾道只有两条，在左右侧的翔鸾、栖凤阁两阁前。两次报告都有发掘平面图。但第一次发

① 中国社会科学院考古研究所西安唐城工作队. 唐大明宫含元殿遗址 1995—1996 年发掘报告 [M]// 中国社会科学院考古研究所. 唐大明宫遗址考古发现与研究. 北京：文物出版社，2007：341-406.
② 同上。

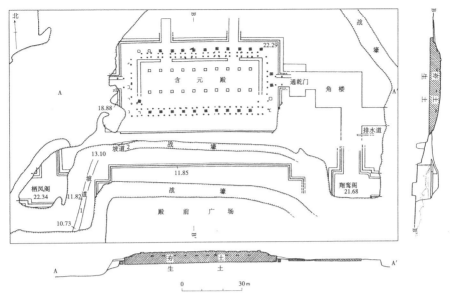

图 11-1　唐大明宫含元殿遗迹平剖面图
（据《唐大明宫含元殿遗址》1995-1996 年发掘报告图五）

掘报告的作者在 1990 年代否定了自己对龙尾道的说法，转而承认第二次发掘报告的内容。故目前只能据 1996 年的发掘报告进行探讨（图 11-1）。

主持第二次发掘工作的安家瑶同志在研究报告称：“殿堂位于中心最高处三层大台之上，高出殿前广场十余米。主殿台基东西 76.8 米，南北 43 米。殿堂柱网清楚，面阔十一间，四周有围廊。其次建筑是两阁，……飞廊将主次建筑相连。大台之南的平地是殿前广场。自广场平地逐层登殿的阶道位于东西两阁的内侧，即文献所记的从两阁下盘上的龙尾道。”[①]这是对最后探明的主要内容的归纳，并附有发掘平剖面图。与 1961 年第一次发掘报告和附图的主要差异是龙尾道不居中而在两侧，且亦有其文献依据。

① 安家瑶. 唐大明宫含元殿遗址的几个问题 [M]// 中国社会科学院考古研究所. 唐大明宫遗址考古发现与研究. 北京：文物出版社，2007.

据发掘平剖面图，含元殿下有高 3.46 米的二重台基，建在高约 7 米的巨大原生土台上。殿基地面高出殿前土台下平地 10.5 米。《艺文类聚》引挚虞《决疑要注》曰：“凡大殿乃有陛，堂则有阶无陛也。”可知古制只有宫殿下可建二重台基，上层称“阶”，下层称"陛"。此殿有二重台基是符合宫殿体制的。殿下二重台基共高 3.46 米，以唐尺长 29.4 厘米折算，约当 11.8 尺，近于 12 尺，已知南北朝宫殿太极殿基高多为 9 尺，则此殿台基可能上层高 3 尺，下层高 9 尺。据上层台基上的遗迹和柱网，其殿身面阔十一间，进深四间，上覆庑殿式屋顶。在殿四周檐下有一圈副阶柱，构成下檐围廊，在外观上遂形成建在两层台基上的面阔十三间、进深六间的重檐庑殿顶巨大殿堂。殿东西侧有廊，廊北侧用墙封闭，中部建有通乾、观象二门，再东、西延伸后通向角楼，又自角楼南延，通向为三重阙形式的翔鸾、栖凤二阁。据发掘报告附图所示，翔鸾、栖凤二阁也都建在高约 7 米的殿前土台上（图 11-1）。

据发掘图，含元殿殿身北、东、西三面均为夯土墙，是否内有暗柱不详，如无，则是承重墙。遗址南面破坏严重，升殿台阶位置不详。但其北面土墙上在东起第三间和西起第三间处各开门道，通向北面台基边缘之台阶，则殿正面台阶也应在此位置，形成东西两阶的布置，与后世习见的主阶居中不同。据《初学记》载：挚虞《决疑要注》云："其制有陛，左城右平者，以文砖相亚次，城者为阶级也。"可知古代殿下有两重台基，而登殿之阶也只有左右两阶，左阶为阶梯而右阶为用花砖平铺之坡道。已发掘的北魏洛阳宫的主殿太极殿前两阶也是如此形式，可知是继承古制。平铺坡道可能是兼供乘轿上下之用。殿之下檐建在平坐上，平坐四周应有木栏杆，其明间为皇帝"临轩"之处，栏杆之寻杖依汉以来古制中间应断开，称为"折槛"。殿下两重台基四周有石制栏杆环绕，殿前高七米的土台边缘用砖石包砌，顶上边缘也有石栏杆围护（参见图 0-14）。

关于龙尾道的位置历来有不同的说法：

唐李华《含元殿赋》"左翔鸾而右栖凤，翘两阙而为翼。环阿阁以周墀，象龙行之曲直。夹双壸以鸿洞，启重闱之呀赫。"可知"象龙行之曲直"的龙尾道是靠近翔鸾、栖凤二阁而建的登殿通道。在北宋初编《太平御览》中引唐《西京记》云："西京大明正中含元殿，殿东西翔鸾、栖凤阁，下肺石、登闻鼓，左右龙尾道。"宋程大昌《雍录》卷三引唐韦述《两京新记》云："含元殿左右有砌道盘上，谓之龙尾道。"上述唐代文献都记载龙尾道自殿左右登上，而不在正中。据"象龙行之曲直"句可知龙尾道的曲折情况。古代形容曲折有"龙行"与"蛇行"两种说法，"龙行"是指立体的上下曲折，而"蛇行"则指平面上的左右曲折，这可从龙、蛇的图像中看到。既称"龙尾道"，则应是一平一坡的上下曲折，而不是左右转折，故可以从丹凤门北望可看到如龙尾下垂的情况。

关于龙尾道在殿前的记载主要在宋人著述中则记载：

宋程大昌《雍录》卷三龙尾道云："龙尾道者含元殿云正南升殿之道也。贾黄中《谈录》曰：含元殿前龙尾道自平地凡诘曲七转，由丹凤北望，宛如龙尾下垂于地，两埭栏悉以青石为之，至今石柱犹有存者。"

文中先云龙尾道为"含元殿正南升殿之道"，又引贾黄中《谈录》曰："含元殿前龙尾道"，均可使人认为龙尾道在含元殿前方，与前引在殿两侧之说不同。

在更多材料发现之前，目前只能根据上述唐人关于龙尾道在殿两侧的史料和考古发掘也表明龙尾道在殿两侧靠近两阁的情况，对龙尾道的情况进行探讨。

据发掘平面图，含元殿及两阁都建在高约 7 米的原生大土台上。向南突出的两阁平台的内侧和大殿前的平台应有一段相接处，龙尾道可能是建在大土台东西端靠近两阁东西内侧前突部分的平坡相间的登台坡道，故从殿南广场北望可见阶道逐级上升的曲折变化如龙尾下垂状。在登上台顶巨大平台后，即可通过各建筑前的踏道、慢道分别登上大殿、二阁或进入通乾、观象二门。

据发掘报告，殿所在大土台下散水标高为 11.85 米。其顶上平台之标高为 18.88 米，则可推知土台共高 7.03 米。[1]登上此平台即可到大殿、两阁和通乾、观象二门之阶下，这应

① 中国社会科学院考古研究所西安唐城工作队. 唐大明宫含元殿遗址 1995—1996 年发掘报告 [M]// 中国社会科学院考古研究所. 唐大明宫遗址考古发现与研究. 北京：文物出版社，2007：341-406.

即是登台的龙尾道要抬升的高度。参考《营造法式卷十五·砖作·慢道》之制，其升高的斜度为 1：5，则斜坡道部分总长应为 35 米左右。若以一平一坡长度相等计，则龙尾道总长至少应为 70 米始能升至殿前平台之顶。为防滑，其升高部分是用花砖铺砌的斜坡道。如按《雍录》所载"诘曲七转"的说法，可能是经平坡七次起伏登上殿前平台。在台顶的大殿、两阁和通乾、观象二门则各有其下至殿前平台的阶道，不能与登上二层台顶的龙尾道相连，只有登上通乾、观象二门的阶道有可能与龙尾道在一条南北轴线上，故在广场南部远观，可能有遥遥相连的感觉。

## 2. 麟德殿

麟德殿在太液池西侧高地上，是唐帝宴会、非正式接见藩臣和娱乐的场所。

殿建在二层台基上，由前、中、后三座殿聚合而成，故俗称"三殿。"三殿在面阔方向均用十二柱，但其两端各二柱间筑有厚一间的夯土承重墙，故建筑正面外观为十一间，而殿内通面阔实为九间。前殿进深四间，中、后殿均进深五间，除中殿为二层的阁外，前后殿均为单层建筑，总面阔58.2 米，总进深 86 米。三殿中，前殿柱网布置近于宋式之金厢斗底槽，中殿、后殿为满堂柱。其中中殿中间又用夯土墙隔出五间，除南、北门外无窗，所谓"荫殿"可能即指此。其上层为二层楼阁。在中殿左右有二方亭，亭北在后殿左右有二楼，称郁仪楼、结邻楼，都建在高 7 米以上的砖砌墩台上。自二楼向南有架空的飞桥通向二亭、自二亭向内侧又各架飞桥通向中殿之上层，共同形成一组巨大的建筑群。在前殿东西侧有廊，至角矩折南行，东廊有会庆亭。史载皇帝可在此进行接见使臣、举行三教讲论等活动。在大宴时，殿前和廊下可坐 3000 人并表演百戏，还可在殿前击马球，故殿前极可能是开敞的广场。麟德殿是迄今所见唐代建筑中形体组合最复杂的大建筑群[1][2]（图 11-2 ~ 图 11-4）。

① 中国科学院考古研究所. 唐长安大明宫·（二）麟德殿 [M]. 北京：科学出版社，1959.
② 刘致平，傅熹年. 麟德殿复原的初步研究 [J]. 考古，1963（7）：385-402.

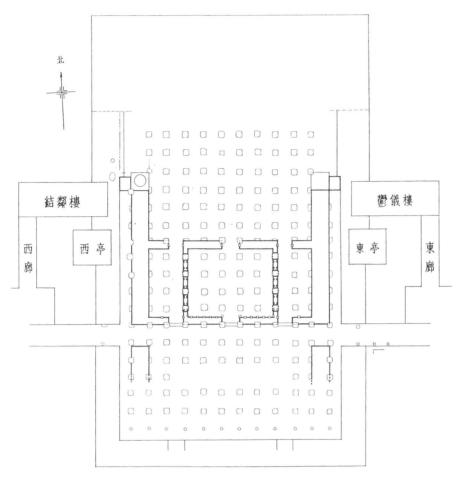

图 11-2　唐大明宫麟德殿遗址平面图
（《唐长安大明宫》图 21）

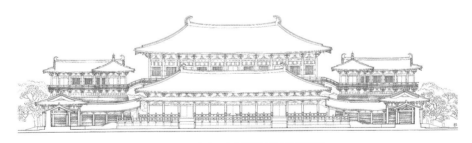

图 11-3　唐大明宫麟德殿遗址立面复原图

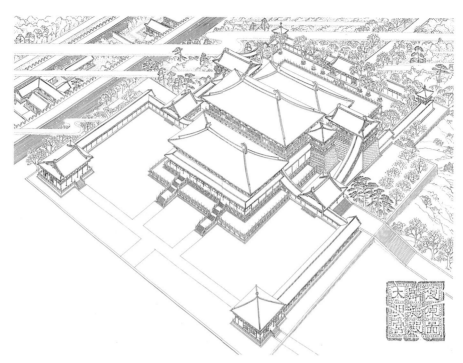

图 11-4　唐大明宫麟德殿外观复原图

## 3. 玄武门及重玄门

玄武门是大明宫北面的正门。门北有深 156 米的夹城，夹城上有重玄门，南对玄武门，重玄门北即大明宫北面的禁苑。在两门之间的东西外侧有墙相连，其中形成开阔的巨大院落，当是供驻扎防卫部队之用。玄武门和重玄门规模相同，都是夯土墩台、木构城门洞的城楼。城下墩台被门洞中分为东西两部，四周用砖包砌。城门洞先在墩台之内侧立称为"排叉柱"的密排木柱，柱顶加称"涎衣木"的纵向木枋使连为一体，在门洞两侧的"涎衣木"间架设梯形的复合梁架，主梁称"洪门栿"，构成门洞顶部的木构架，把城门墩连为一体，在墩台顶上建木构平坐，其上建面阔五间，进深二间的门楼。因玄武门是宫城北面正门，依体制应是一座单檐庑殿顶的建筑。用木构城门洞是元明以前城楼的基本做法。玄武门南又有回廊及墙围成小院，正中建面阔三间的小门；重玄门北也有同样的小门，各自形成两重门，加上门楼，实际有四

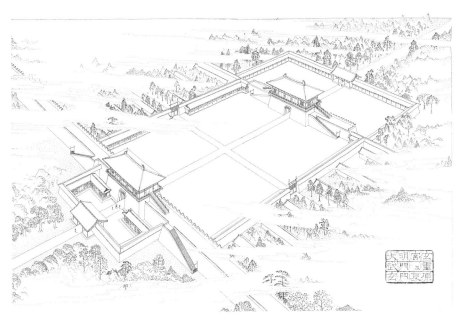

图 11-5　唐大明宫玄武门重玄门复原图

重门，可见唐代宫城防卫之严密[1]（图 11-5、图 11-6）。

① 傅熹年. 唐长安大明宫玄武门及重玄门复原研究 [J]. 考古学报，1977（2）：131-158.

### 4.规划及构造特点

大明宫各殿都下用夯土台基，四周用砖石包砌，绕以石栏杆。初期所建的麟德殿正面两端各宽一间处用夯土填充，表现出北朝和隋代惯用的土木混合结构建筑的残迹；中后期所建各殿即多为全木构架建筑，但房屋之墙仍为土筑，不用砖，表面粉刷红或白色。殿之地面铺砖或石，踏步或坡道铺模压花纹砖，建筑之木构部分以土红色为主，上部斗栱用暖色调彩画，门用朱红色，窗棂用绿色，屋面用黑色渗碳瓦，脊及檐口有时用绿色琉璃，即后世称为"剪边"的做法。晚期建筑遗址曾出土黄、蓝、绿三色琉璃瓦，说明唐代中晚期建筑的色彩由简朴凝重向绚丽方向发展。

宫内建筑布局受地形影响颇大。宫南墙以内 500 米左右为平地，其北为高起 7 ~ 10 米以上的龙首原，宫内中轴线上最重要的三殿——含元殿、宣

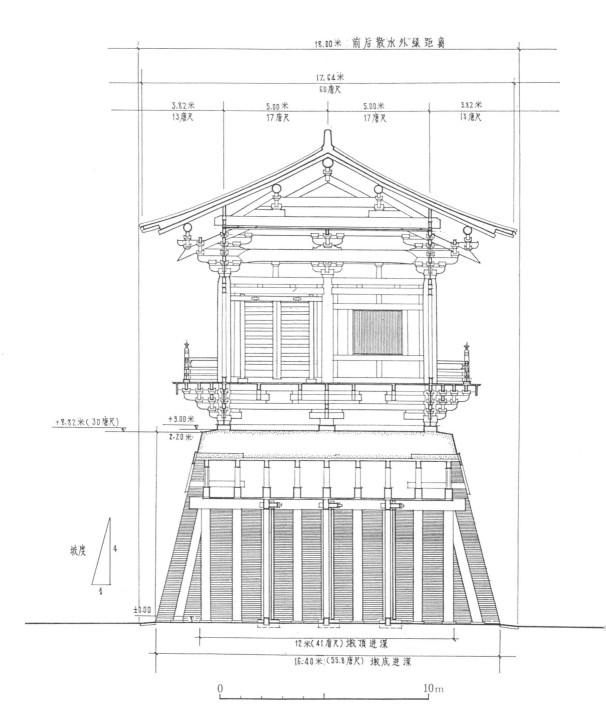

图 11-6　唐大明宫重玄门剖面复原图

政殿、紫宸殿随地形逐级升高，建在龙首原顶最高处，其北地形又逐渐低下，最低处形成太液池。以紫宸殿为界，南面是礼仪及办公区，代表国家政权，北面为皇帝的家宅，代表家族皇权。

勘探发现，大明宫前部建有三重横亘全宫的东西横墙，其中第三道即宣政殿左右划分矩形和梯形两部分的横墙，第二道在含元殿两侧，第一道在龙首原南平地上。这三道墙的位置是第一道南距宫南城墙490米，北距第二道墙145米，第二道墙北距第三道墙300米，第三道墙北距宫北墙1321米。如果按1唐尺长0.294米折算，则第一重墙南距南城墙（即长安外郭北墙东段）167丈，距第二重墙49丈，第二重墙距第三重墙102丈，第三重墙距宫北墙449丈。鉴于隋建洛阳皇城、宫城及大内时以50丈为网格的情况，上述情况应非偶然。考虑到古代在这复杂地形上测量定线可能产生的误差，可以认为第一、二重墙之距为50丈，第二、三重墙之距为100丈，第三重墙与宫北墙之距为450丈，它们分别折合50丈网格的一格、二格和九格。至于第一重墙与宫南城墙之距合三格尚余17丈，则是因为宫南墙和龙首原的位置都是固定的，既要借用长安外郭北城墙为宫墙，又要建含元殿于龙首原南沿，遂无法同时顾及50丈网格，规划时只能以含元殿为基准定第二重宫墙，向南推50丈为第一重宫墙，向北推100丈为第三重宫墙，再向北推450丈为宫城北墙。这样，自第一重宫墙至宫城北墙正合600丈，计十二个网格。

大明宫城北墙宽1135米，合386丈，即7个网格，并余36丈。南城墙宽1370米，合466丈，即九个网格，并余18丈。这大约是北墙要相当南面光宅、靖善两坊之宽，而南墙又要使主殿宣政、紫宸二殿在中轴线上所致，遂无法兼顾使网格为整数了。

以50丈间距画网格，全宫南北为15格，余17丈，东西为9格，余16丈，基本是符合规律的。如果用作图方法进行分析，把北宫墙画成与南面同宽，假定全宫为矩形，在其间画对角线求其几何中心，则内廷主殿紫宸殿基本位于对角线交点上，和前此所见"择中"的传统手法也是一致的（图11-7）。

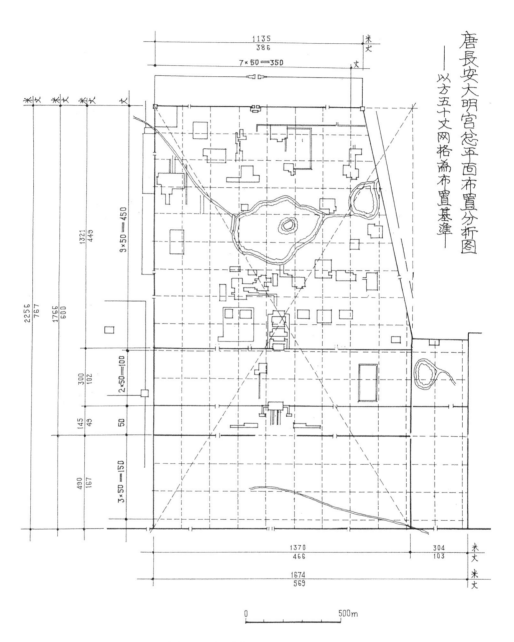

图 11-7　唐长安大明宫总平面布置分析图
（据《中国科学技术史建筑卷》图 6-7）

# 第二节　唐洛阳宫

## 一、建造进程

唐军于武德四年（621年）破王世充军，取得东都。为表示反对隋炀帝大建豪侈宫室，劳民伤财，拆毁了皇城正门端门、宫城正门则天门及双阙，焚正殿乾阳殿。

唐太宗贞观六年（632年）改隋东都紫微宫为洛阳宫，城市和宫殿逐步恢复。至唐高宗中后期，出于减少长安人口以减低长安粮食供应困难的原因，朝廷不得不多次率宫廷及百官移驻洛阳，史称"就食洛阳"。故高宗显庆二年（657年）改洛阳为东都，麟德二年（665年）先后修复了正门、正殿，改称"则天门""乾元殿"。

唐洛阳宫的情况主要可参考《唐六典》[①]《元河南志》[②]《资治通鉴》。综合各书记载，可知唐前期基本保持隋代格局，洛阳宫南面正门为应天门，相当于长安太极宫之承天门，其内为乾元门，相当于长安太极宫之太极门，乾元门之内为乾元殿，相当于长安太极宫之太极殿。其北为烛龙门，门内为贞观殿、徽猷殿两组宫院，相当于长安太极宫之两仪殿、甘露殿。在中轴线上宫院两侧布置次要宫院和宫内官署的情况也大致相近（图11-8）。

① （唐）李林甫等修. 唐六典·卷七·尚书工部（排印本）[M]. 北京：中华书局，1955.
② 《元河南志·唐城阙古迹》. 中华书局编辑部编. 宋元方志丛刊本（影印本，全八册）[M]. 北京：中华书局，1990.

它的较大变化发生在683年唐高宗死后皇后武则天于次年（684年，改元光宅）称帝建立武周王朝之时。武则天改国号为"大周"，改以东都为主要都城，称"神都"。武则天于垂拱四年（688年）拆除东都洛阳宫外朝正殿乾元殿（即唐在隋乾阳殿址上复建之外朝正殿），在其地建明堂，十二月建成。后改名"万象神宫"，为武周王朝的主殿，每元正冬至则御此殿。明堂方300尺（88.2米），高294尺（86.4米），三层。下层平面

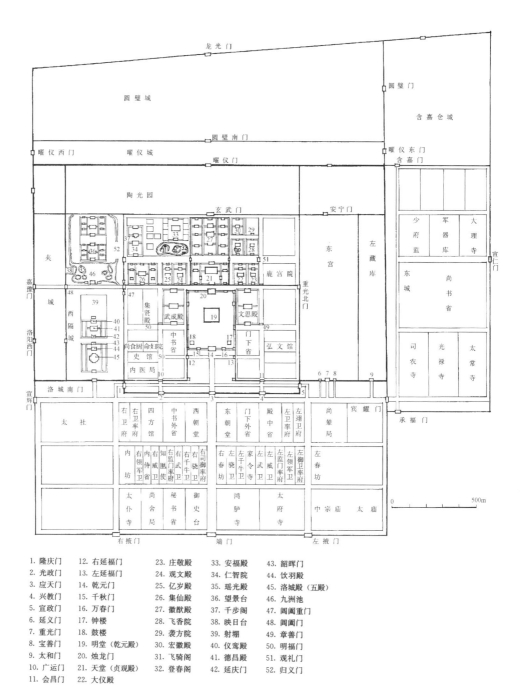

图 11-8　唐洛阳宫平面示意图
（据《中国古代建筑史》第二卷，图 3-2-5）

| | | | |
|---|---|---|---|
| 1. 隆庆门 | 12. 右延福门 | 23. 庄敬殿 | 33. 安福殿 | 43. 韶晖门 |
| 2. 光政门 | 13. 左延福门 | 24. 观文殿 | 34. 仁智院 | 44. 伏羽殿 |
| 3. 应天门 | 14. 乾元门 | 25. 亿岁殿 | 35. 瑶光殿 | 45. 洛城殿（五殿） |
| 4. 兴教门 | 15. 千秋门 | 26. 集仙殿 | 36. 望景台 | 46. 九洲池 |
| 5. 宣政门 | 16. 万春门 | 27. 徽猷殿 | 37. 千步阁 | 47. 阊阖重门 |
| 6. 延义门 | 17. 钟楼 | 28. 飞香院 | 38. 映日台 | 48. 阊阖门 |
| 7. 重光门 | 18. 鼓楼 | 29. 袭方院 | 39. 射珊 | 49. 章善门 |
| 8. 宝善门 | 19. 明堂（乾元殿） | 30. 宏徽殿 | 40. 仪鸾殿 | 50. 明福门 |
| 9. 太和门 | 20. 烛龙门 | 31. 飞骑阁 | 41. 德昌殿 | 51. 观礼门 |
| 10. 广运门 | 21. 天堂（贞观殿） | 32. 登春阁 | 42. 延庆门 | 52. 归义门 |
| 11. 会昌门 | 22. 大仪殿 | | | |

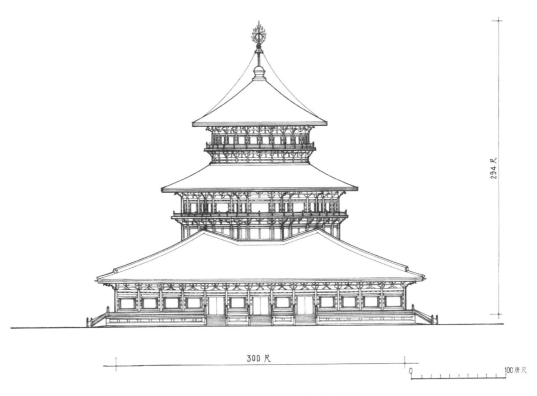

图 11-9　唐洛阳宫武则天建明堂外观示意图
（据《中国古代建筑史》第二卷图 3-3-6）

正方形，中层十二边形，上层二十四边形。中、上层均圆顶，上层顶上立高一丈的铁凤（2.94 米）（图 11-9）。

以后又在明堂之北隋内廷正殿大业殿处建高五级的天堂，以贮巨大的佛像。武周证圣元年（695 年），天堂灾，延烧明堂。次年明堂重建成，改称"通天宫"，又把天堂址改建为佛光寺。建明堂、天堂有表示以周代唐的含意，是当时所建最高大的木构建筑，短期内前后两次建造，显示了当时建筑设计和施工的高度水平。它的建造，一度打破了汉魏六朝以来宫中主殿均为单层建筑的传统，极大地改变了洛阳宫的面貌和立体轮廓，是宫殿形制变化的大事。唐玄宗开元二十七年（739 年）拆毁明堂上层，即以其方形的下层为乾元殿，以表示恢复了唐朝。开元二十八年（740 年）佛光寺灾，又改乾元殿为含元殿。

明堂址已于近年发现，位于乾阳殿址南 67 米（殿中至明堂中），即在大内几何中心偏南少许处。但如果把由皇城、大内和诸小城形成的子城视为一整体，其面积恰为大内的四倍。若在子城四角画对角线，求其几何中心，则其交点恰落在明堂遗址之中心。这里是家族皇权和国家政权的共同中心，更加强了明堂的万国来朝、颁朔布政的中心地位，其手法和隋建洛阳大内时所用手法可谓异曲同工。由于尚未见到考古发掘资料，目前尚未能对各重要宫殿的形制做进一步的探讨。

武周延载元年（694 年）又在皇城端门外建大周万国颂德天枢。史称"使诸胡聚钱百万亿买铜铁，不能足，赋民间农器以足之。……天册万岁元年……夏四月，天枢成。高一百五尺，径十二尺，八面各径五尺。下为铁山，周百七十尺，以铜为蟠龙、麒麟萦绕之。上为腾云承露盘，径三丈，四龙人立捧火珠，高一丈"，是巨大的铜铸纪念柱。在宫城中轴线上建纪念柱在中国古代是空前绝后的创举。因其目的是为"大周"颂德并贬低李唐王朝，故在武后死后政权返唐时，即于唐玄宗开元元年（713 年）拆毁天枢，实际只存世 19 年。

# 二、规划方法及特点

唐洛阳宫的布置也以主殿居中。如从大内宫墙四角画对角线，其交点恰落在武周明堂北面的大型殿址的中央，此处即隋之主殿乾阳殿址。如自此中心点画东西向横线，分全宫为南北两部分，在南半部再画对角线求其几何中心，则这个交点恰落在乾阳门址处。这种使主殿居中的"择中"布置手法有悠久的历史，而把主要殿门置于宫之前半部的中心，即全宫进深 1/4 处的手法则是上述传统的发展（图 11-10）。

唐洛阳在安史之乱时遭到严重破坏，唐代宗永泰元年（765 年）曾修东都宫殿。但史载唐敬宗曾于宝历二年（826 年）想行幸东都，大臣告以"宫阙、营垒、百司廨舍率已荒圯"，可知基本未能恢复。

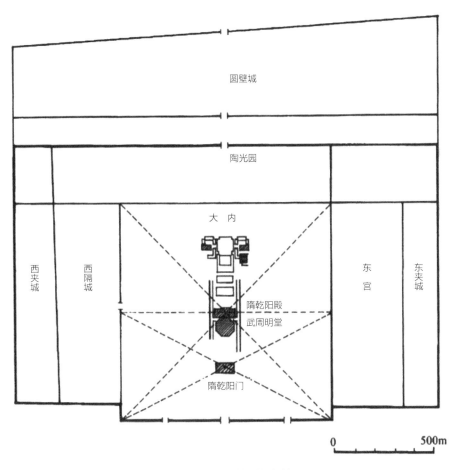

图 11-10　唐洛阳宫规划方法分析图

至五代后唐时曾定为其都城，进行建设，改乾元殿为太极殿，加后殿形成
工字殿，为大朝正殿。又把在其西侧的隋武安殿改为文明殿，为日朝正殿。
北宋时定洛阳为西都，五代时恢复的城市、宫殿大体上在北宋前期得以保
存，其中大朝日朝东西并列的布局
和正殿为工字殿的形制在北宋汴　　　① （南宋）王应麟《玉海》卷一百五十八·宫四·开宝修洛
梁宫殿中得到继承。[1]　　　　　　　阳宫室（在线版）。

# 第三节　唐长安兴庆宫

兴庆宫在唐长安城东部，春明门内东西大道之北，东临唐长安外郭东墙。其地原为隆庆坊，唐玄宗为藩王时与诸兄弟同居此坊，号五王宅。玄宗即位后为避其名讳"隆"字，于开元二年（714年）改隆庆坊为兴庆坊，并建为离宫，称"兴庆宫"。[①]开元十四年（726年）又取永嘉、胜业坊之半增广之，并在东侧外郭东墙外建夹城，使玄宗可自大明宫经夹城直接进入宫内。十六年（728年）基本建成，成为正式宫殿之一。[②]因其在南内太极宫和北内大明宫之东，故称"东内"。其主要布局可据《唐六典》和宋代石刻《兴庆宫图》等考知。兴庆宫毁于883年唐末黄巢之乱，存世155年（728—883年）。

据《唐六典》和宋代石刻《兴庆宫图》所载，兴庆宫共有六门：西面自北而南为兴庆门、金明门；南面自西而东为通阳门、明义门；北面一门为跃龙门；东面一门为初阳门（图11-11）。

据《唐六典》记载，宫西面北部之门名兴庆门，门内路北为兴庆殿，殿北有龙池殿，形成巨大的宫院，《唐六典》称兴庆殿为"正衙殿"，即为兴庆宫之正殿。[③]但此组宫殿位于原永嘉坊之南半，故应是在开元十四年（726年）取永嘉、胜业坊之半增广宫城后按皇宫规制所建成的正式主殿。在西面南门金明门内路北为大同门，门内有大同殿一组宫院。史载在天宝七载（748年）殿柱生芝，则当建于此之前。晚唐太和三年（829年）曾有（重）修大同殿十三间和殿前有钟鼓楼的记载[④]，

①《唐会要》卷三十·兴庆宫。王云五主编. 丛书集成初编 [M]. 上海：商务印书馆，1936.
②《唐六典》卷七·尚书工部。（唐）李林甫 撰. 唐六典 [M]. 陈仲夫点校，北京：中华书局，1992.

③《唐六典》"兴庆宫在皇城之东南，东距外郭城东垣。今上龙潜旧宅也。开元初以为离宫。至十四年，又取永嘉胜业坊之半以置朝。自大明宫东夹罗城复经通化门磴道潜通焉。宫之西曰兴庆门，其内曰兴庆殿。即正衙殿。次南曰金明门，门内之北曰大同门，其内曰大同殿。宫之南曰通阳门，北入曰明光门，其内曰龙堂。通阳之西曰花萼楼，楼西即宁王第，故取诗人棠棣之义以名楼焉。楼西曰明义门，其内曰长庆殿。宫之北曰跃龙门，其内左曰芳苑门，右曰丽苑门。南走龙池曰瀛洲门，内曰南薰殿。瀛洲之左曰仙云门，北曰新射殿。"
④《唐六典》卷七·工部，（唐）李林甫 撰. 唐六典 [M].陈仲夫点校，北京：中华书局，1992.

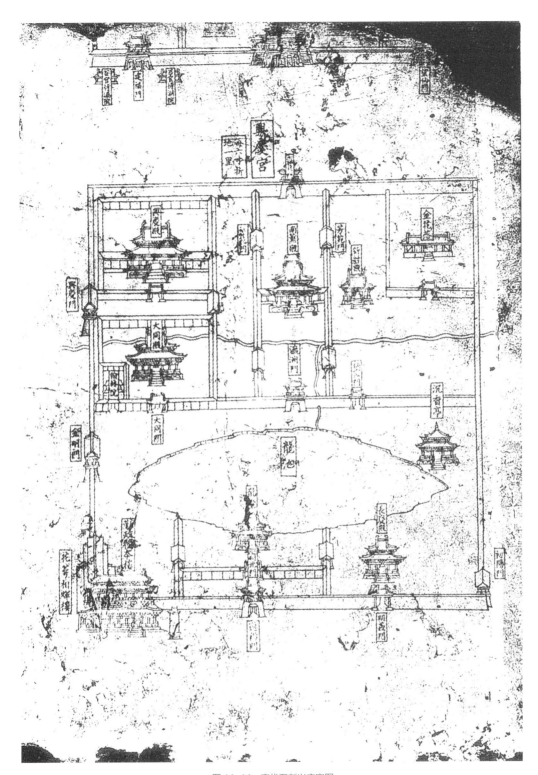

图 11-11　宋代石刻兴庆宫图
（据《兴庆宫发掘记》）

其规格和西内正殿太极殿相近，也应是宫中的重要殿堂。据此，作为"正
衙殿"的兴庆殿，其规格也应与之相近。这两组宫殿形成宫西部的南北轴线，
而大同殿一组位于原隆庆坊之西北角，有可能是初建宫时在原王府的位置
上创建的主要殿堂。

宫墙南面居中为通阳门，门内为龙池，通阳门和龙池南岸之间为明光门和
龙堂一组宫院，其东为五龙坛。龙池北岸居中有瀛洲门，门内有南薰殿。
殿北有耀龙殿一组宫院，北对宫城北门耀龙门。都是为突显龙池而建，因
为龙池的形成被追捧为玄宗为帝
的先兆。[1]据宋刻《兴庆宫图》所示，
龙池北岸东端还有所谓"沉香亭北
倚栏杆"的沉香亭。

《旧唐书·玄宗纪》记载：天宝
十三载（754 年），玄宗御跃龙殿门，张乐宴群臣，分赐宰相至七品官绢绫，
极欢而散。[2]跃龙殿门在殿之北，故其宴会可能在殿、门间北向的殿庭举行，
则也应有大的殿庭（图 11-12）。

①《唐会要》卷三十·兴庆宫。王云五主编. 丛书集成初编 [M].
上海：商务印书馆，1936.
②《旧唐书》卷九·本纪第九："天宝……十三载……三月……
丙午，御跃龙殿门，张乐宴群臣，……极欢而罢。壬戌，御
勤政楼大酺，北庭都护程千里生擒阿布思献于楼下。……
十四载春三月丙寅，宴群臣于勤政楼，奏九部乐，上赋诗敦
栢梁体。"

史籍中记载较多的兴庆宫殿宇是宫城西南角的勤政务本楼、花萼相辉楼
两座楼阁。据《长安志》记载，勤政务本楼南向，开元八年（720 年）
建。花萼相辉楼在其西。《唐六典》卷七工部兴庆宫条注云："（花萼）
楼西即宁王第，故取诗人棠棣之义以名楼焉"，表示玄宗为帝后仍不忘
兄弟友谊之义。据宋代石刻《兴庆宫图》所示，二楼转角处相连，形成
曲尺型拐角楼。《唐会要》卷三十载："开元二十四年（736 年）十二月
毁东市东北角、道政坊西北角以广花萼楼前"，即在勤政务本楼、花萼
相辉楼两座楼阁之前的街道上开拓出一个巨大的曲尺形广场，供玄宗生
辰等节日举行庆典之用。据《通典》引《开元礼纂类》记载，每年玄宗
生辰日，楼下金吾设仗，光禄设宴，百官在楼前横街之南序立，玄宗在
楼上御座就座。行礼时奏乐，楼上开帘，玄宗受贺，楼下百官再拜。献
寿酒后百官就位，开始寿宴。此时太常卿引雅乐间以胡夷之伎，击雷鼓，

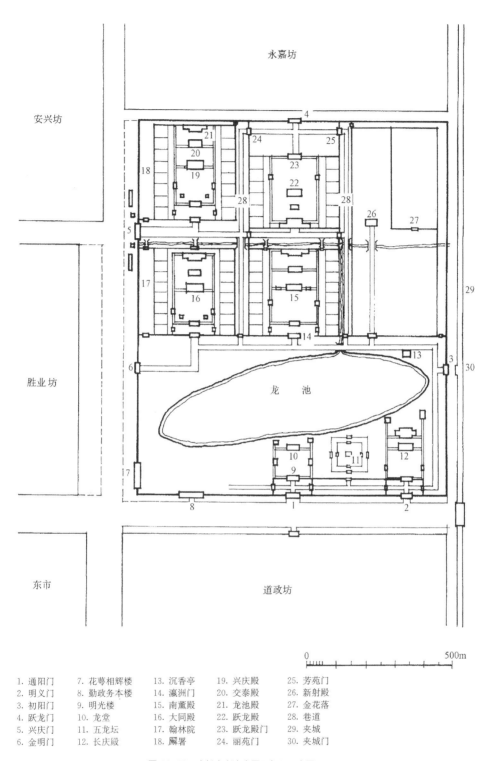

图 11-12　唐长安兴庆宫平面复原示意图
（据《中国古代建筑史》第二卷，图 3-2-34）

| | | | | |
|---|---|---|---|---|
| 1. 通阳门 | 7. 花萼相辉楼 | 13. 沉香亭 | 19. 兴庆殿 | 25. 芳苑门 |
| 2. 明义门 | 8. 勤政务本楼 | 14. 瀛洲门 | 20. 交泰殿 | 26. 新射殿 |
| 3. 初阳门 | 9. 明光楼 | 15. 南薰殿 | 21. 龙池殿 | 27. 金花落 |
| 4. 跃龙门 | 10. 龙堂 | 16. 大同殿 | 22. 跃龙殿 | 28. 巷道 |
| 5. 兴庆门 | 11. 五龙坛 | 17. 翰林院 | 23. 跃龙殿门 | 29. 夹城 |
| 6. 金明门 | 12. 长庆殿 | 18. 廨署 | 24. 丽苑门 | 30. 夹城门 |

奏小破阵乐。近晚又引 30 匹马和大象应乐声舞蹈，可知每年要在楼前广场举行一场巨大的露天宴会，以示与民同乐。这是勤政务本楼的独特功能，为其他各宫所无。

兴庆宫的遗址近年已经考古工作者探明，平面为纵长矩形，占隆庆坊全部及永嘉坊南半部，南北长 1250 米，东西宽 1075 米，面积 1.344 平方公里。南半部主要部分为东西宽 915 米、南北宽 214 米的巨大龙池所据，主要宫殿只能建在西侧。[①] 兴庆宫遗址目前只发掘了南半部，大多是安史之乱毁后重建的部分，早期遗址目前尚未找到，具体情况不详。故目前只能据文献史料进行推测（图 11-13、图 11-14）。

① 陕西省文物管理委员会. 唐长安城地基初步探测·三、兴庆宫 [J]. 考古学报，1958（3）：79-92.

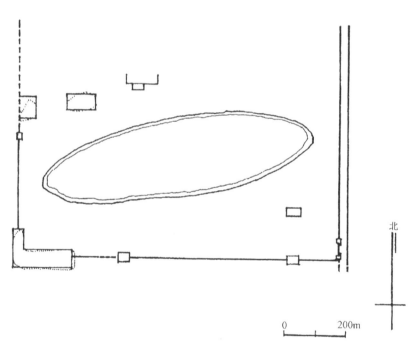

图 11-13　唐长安兴庆宫发掘平面图
（据《中国古代建筑史》第二卷，图 3-2-32）

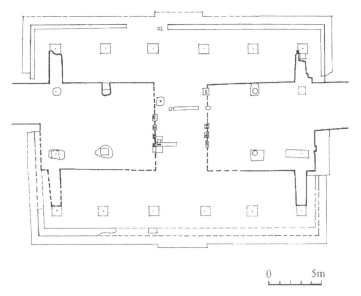

图 11-14　唐长安兴庆宫西南角门遗址实测图
（据《中国古代建筑史》第二卷，图 3-2-35）

综观兴庆宫的规模，如扣除龙池部分，实只相当于一坊之地，其布规制也远不能和西内、东内相比，实是玄宗为突显自己旧宅接近龙池是其为帝的标志而建，其规格实相当一座离宫。

# 第四节　隋唐的离宫

隋、唐是统一全国的王朝，故都城、宫殿的规模大于前代，而且还建了大型的离宫，著名的有隋的仁寿宫、唐的九成宫和华清宫等。

## 一、隋仁寿宫，唐九成宫

在陕西麟游县，始建于隋文帝开皇十三年（593 年），由著名匠师宇文恺主持修建，约两年建成，定名为仁寿宫。因大兴城夏季暑热潮湿，故需要建一座夏季避暑的离宫。史称仁寿宫"夷山堙谷，营构观宇，崇台累榭，宛转相属"，是一所巨大的离宫别馆。建成后隋文帝杨坚每年二月至九月即居于此避暑，直至仁寿四年（604年）死于此。

入唐后，唐太宗于贞观五年（631年）重修，改名"九成宫"，至高宗时又加修缮，改名"万年宫"，是太宗、高宗时期的主要避暑离宫。《新唐书》载，九成宫周以长一千八百步的宫墙（相当于周长六里），正门为永光门，门外建双阙，正殿名丹霄殿，北门名玄武门。据魏征《九成宫醴泉铭》描写，此宫"冠山抗殿，绝壑为池，跨水架楹，分岩竦阙，高阁周建，长廊四起，栋宇胶葛，台榭参差"。可知是一座倚山建殿，周以高阁长廊的利用地形而建的横长形的巨大离宫。在宫前还建有府库官寺等。

但此宫遗址尚待考古勘探发掘，其具体情况目前尚不了解。

## 二、唐玉华宫

唐太宗贞观二十一年（647年）在宜君县之凤凰谷依山临河建玉华宫。皇帝离宫居中，正门名南风门，正殿名玉华殿。其后依山势而上，为排云殿、庆云殿等。史载其紫微殿为面阔十三间的大殿。皇帝离宫之东为太子离宫，正殿名晖和殿。皇帝离宫之西为百官廨署。其遗址近已发现，东西约1800米，南北200～300米，是一所横长形的较大的离宫。史载此宫只正殿覆瓦，其余建筑用茅草顶，以示节俭。

但此宫至唐高宗永徽二年（651年）即废为佛寺，改称"玉华寺"，实际只存世5年。史载建此离宫时认为它较九成宫清凉，大约建成后发现并不如此，遂很快废为佛寺。史载改寺后玄奘曾在此译经。

## 三、唐华清宫

在长安城东，此处有温泉，自秦汉至南北朝以来即有在此汤沐的记载。隋及初唐都曾在此建房舍沐浴。唐贞观十八年（644年）太宗即命人在此建宫室及御汤，称"汤泉宫"。

唐玄宗即位后即连年来此，进行讲武和沐浴。开元十一年（723年）拓建宫室，称"温泉宫"。至天宝六载（747年）又大加扩建，改称"华清宫"，在宫外建罗城，并修建百官廨舍和邸宅，玄宗自冬末至春初居此，并在此听政和举行朝会。

据《长安志》卷十五记载，华清宫北向，正门为北门，曰津阳门，门外有左右朝堂。东门曰开阳门，西门曰望京门，南门曰昭阳门。宫中分中、东、西三路。中路为朝区，分三进，建有前殿、后殿，周以廊庑。东路为寝宫区，北门为瑶光楼，其内为寝殿飞霜殿，有廊庑环绕，左右侧附以若干小院，其北即为玄宗沐浴之御汤和杨贵妃沐浴之贵妃汤。西路为祠庙区，为七圣殿、功德院等。三路之北部因均靠近骊山，故各有若干汤泉涌出。整座宫殿十分豪华，与朝堂及百官官署结合，附以宿卫兵将营地，规模颇大，是一座小朝廷的大型离宫。安史之乱后，华清宫遭到较大的破坏，且因其为唐由盛转衰之象征，以后各代唐帝即不再来此，遂逐渐废毁。在《长安志图》中有华清宫之简图（图11-15）。

20世纪90年代曾对华清宫进行过考古发掘工作，其建筑基址的土木部分已遭到巨大破坏，只有汤池因是石制，尚可考订。已发现的莲花汤即"御汤"，内有安禄山用范阳白石刻的鱼龙及莲花，是宫中最巨大豪华的汤池，池身长约35尺（唐尺，后同）、宽约20尺（面积约700平方尺），建在面宽5间（63尺）进深4间（40尺）的宫殿中（面积2520平方尺），入口在北面。贵妃汤在其西，池身长约10尺、宽约8尺（面积80平方尺），建在面宽36尺、进深30尺的建筑中（面积1080平方尺）。仅从汤池面积看，御汤为贵妃汤的9倍，而御汤的建筑面积亦为贵妃汤的2.3倍。从中可以看到皇帝和妃子间的巨大等级差异（图11-16）。

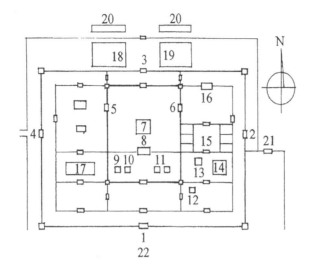

图 11-15　唐华清宫平面示意图

1. 昭阳门　2. 开阳门　3. 津阳门　4. 望京门
5. 日华门　6. 月华门　7. 前殿　8. 后殿
9. 宜春汤　10. 尚食汤　11. 少阳汤
12. 星辰汤　13. 贵妃汤　14. 御汤
15. 飞霜殿　16. 瑶光楼　17. 长汤十六
18. 弘文馆　19. 修文馆　20. 朝堂
21. 观风楼　22. 骊山

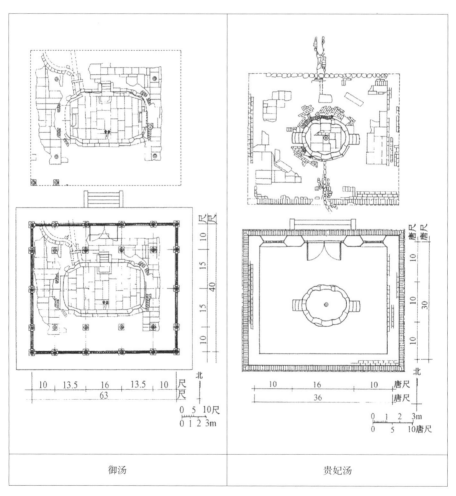

御汤　　　　　　　　　贵妃汤

图 11-16　唐华清宫御汤池及杨贵妃汤池遗址平面图

中国古代宫殿

# 第五节　渤海国上京宫殿

## 一、遗址概况

黑龙江宁安唐渤海国上京宫殿是唐代地方政权渤海国的主要宫殿。唐玄宗先天元年（712年）封大祚荣为渤海郡王，天宝末年（约755年）徙都上京。936年渤海国亡于契丹，都城宫室被毁。它实际存世近180年。

近年对其遗址进行了考古工作，基本了解其布局情况。[①~③]受唐长安影响，其宫城也建在都城中轴线的北部，东西1045米，南北936米。宫城内被石墙分隔为中、东、西、北四个部分。中部主宫东西620米，南北720米，呈纵长矩形，在南、北、东城墙上各开一门，以南门为正门。在宫城中轴线上建有前、中、

① （日）原田淑人. 东京城 [M]. 东京：东亚考古学会，1939.
② 王仲殊. 渤海上京龙泉府遗址 [M]// 夏鼐，王仲殊. 中国大百科全书·名家文库：考古学. 北京：中国大百科全书出版社，2014.
③ 朱国忱. 渤海上京龙泉府遗址 [M]// 中国大百科全书出版社编辑部编；中国大百科全书总编辑委员会《文物·博物馆》编辑委员会卷编. 中国大百科全书·文物博物馆. 北京：中国大百科全书出版社，1992.

后三组宫殿，前两组为朝区，后一组为寝区，略近于大明宫的含元、宣政、紫宸三组。其内建筑又分中、东、西三路并列。

中路东西宽180米，在中轴线上建南门和五座宫殿，围合成前后四进宫院。正门面阔七间，建在墩台上，左右有挟楼，正楼下墩台无门，而在左右挟楼下各开一门供出入宫之用，为仅见之例。

正门以北约170米处为第一宫殿遗址，基高3.1米，宽56米，深27米，南面有二阶，为一面阔11间、进深4间的单檐殿宇。左右侧有拱门连以廊庑围成宽153米，深196米的第一进殿庭。第一宫殿遗址后为面阔5间的殿门，左右有廊庑，北约110米后通到第二宫殿址。

第二宫殿遗址基宽92米、深30米，为面阔11间、进深4间，加四周回

廊形成的面阔 13 间的重檐建筑，为全宫最大的殿宇。第一、第二两座宫殿台阶边缘砌石，地面铺印花方砖，柱下用素平柱础，其柱根用绿琉璃制莲瓣包砌，做成覆莲柱础的外形，屋顶用青掍瓦，绿琉璃瓦剪边，也是宫中最豪华的殿堂。

第二宫殿遗址北约 77 米为第三宫殿遗址，为面阔 7 间、进深 4 间的建筑，建在高 2 米的台基上，柱网为金厢斗底槽形式。左右有廊庑南连第二宫殿遗址，围合成深 70 米的第三进殿庭。第三宫殿后有穿廊，通第四宫殿遗址，二者连成工字殿。

第四宫殿遗址面阔 7 间，左右各有面阔、进深各 3 间的方形朵殿，东西并列。有廊自朵殿外侧前出，南行连第三宫殿之左右行廊，围合成工字殿的东西侧院。另在第四宫殿之东西外侧与之并列又建有东殿、西殿，开间尺度与第四宫殿全同，但没有朵殿，与第四宫殿形成三所宫院并列的布局。

第五宫殿遗址在最北，有墙与第四宫殿隔开，是一座面阔 11 间、进深 5 间用满堂柱的建筑，应是楼。

东路、西路也用墙分隔为若干院落，但其内殿址尚未探明，情况不详。

# 二、规划布局特点

从布局上看，上京宫殿是在一定程度上模仿唐代宫殿的，其第一、第二宫殿性质近于唐长安大明宫的含元殿和宣政殿，是外朝、中朝部分，第三宫殿是内朝主殿，相当于大明宫之紫宸殿，其后第四宫殿及东西并列的东殿、西殿是寝殿。第三、第四宫殿为国王家宅之前堂后寝。后寝三殿并列有可能是源于其民族习俗。

宫城东部的禁苑以池为主，池中有岛，池北山上有面阔 7 间的殿，左右有廊与方亭相连，也应是受到大明宫太液池的影响（图 11-17）。

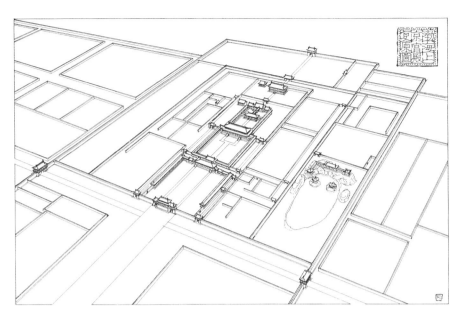

图 11-17　渤海上京宫殿复原鸟瞰图
（据《中国古代建筑史》第二卷，图 3-9-3）

对上京宫殿中部总平面布局和建筑规制进行分析，发现有三点特异之处。其一是南门，其正楼面阔 7 间，左右有挟楼，规制属于王宫，但正楼下不开门，而在挟楼下左右对称各开一门，形成双门，又近于唐代州府级城市衙城正门的规制。其二是如从城之四角画对角线，其交点落在第二宫殿中心。第二宫殿是全宫体量最大、规格最高的宫殿，又位于全宫的几何中心，明显是最重要的殿宇，但其前之殿庭却远小于第一宫殿前之殿庭。反复推详，其原因可能和渤海国之地位，即与唐之关系有关。宫城南门兼有王宫和地方城市谯门的特点是为了既表示它属于州郡级城市，与唐廷封他为勿汗州都督的官位相应，又显示它具有不同于一般州都督府的王国地位。其三是在宫殿规模上，第一宫殿是外朝正殿，要接待唐及其他小邦的使臣，故殿宇建得稍有节制，与其藩国地位相称，以免遭唐之指责，而第二宫殿为正衙殿，是处理内政、南面称尊之地，故建得和唐宫最重要的殿宇同一规格，颇有些"内外有别""关起门来做皇帝"之意。

在平面图上进一步研究，把比尺折成长 29.4 厘米的唐尺后，画 10 丈和 5 丈的方格网在图上核验，发现宫城南北深基本为 10 丈网格 25 格，东西宽为 21 格，面积为 250 丈 ×210 丈。宫内中轴线上，第一宫殿前之殿庭东西宽 5 格，南北深（自殿左右廊台基至宫门墩台北壁）6 格，为 50 丈 ×60 丈。第二宫殿台基宽 3 格、深 1 格，其前的殿庭东西与殿同宽，南北深四格，若把殿及殿庭视为一体，则面积为宽 30 丈，深 50 丈。其北之第三宫殿前殿庭宽 2 格，深 2 格半，为 20 丈 ×25 丈。第三、第四宫殿为一工字殿，如视为一体，宽深均占 2 格，为 20 丈 ×20 丈。它左右的东殿、西殿包括其前由回廊围成之殿庭，面积与第三、第四宫殿相等，也是 20 丈 ×20 丈。而且东殿、西殿的中轴线与第三、第四宫殿之中轴线相距均占 2 格，即 20 丈，三者占地面积相同，东西并列。第五宫殿遗址所在院落东西宽 6 格、南北深 3 格、面积为 60 丈 ×30 丈。但在其北墙外还有一横墙，如以它为北界，向第五宫殿院落南墙二角画对角线，其交点正在第五宫殿之几何中心，故很可能此院落应以此墙为北界，院落面积为 60 丈 ×40 丈。

东路建筑遗址虽未全查明，但用墙围成的院落东西宽均为 5 格，即 50 丈，南北深分为两院，分别为 6 格和 7.5 格，即 60 丈和 75 丈。从上面的情况可以看到，宫中各主要部分的位置、轮廓、轴线等都和 10 丈网格和 5 丈网格有对应关系，可证渤海上京宫城中部的主要建筑是以 10 丈网格为主、以 5 丈网格为辅作为基准进行规划布置的（图 11–18）。

前已述及，第二宫殿位于宫城中区的几何中心，第五宫殿位于所在矩形大院的几何中心。进一步分析，还发现其他几个殿址也都位于所在院落或区域的中心位置。例如，在第三宫殿左、右、后三方都有宫墙，其西宫墙南端内折，与第二宫殿相接，围成一宽 6 格、深 7.5 格，即宽 60 丈、深 75 丈之矩形大院落，如从其四角画对角线，其交点落在第三宫殿遗址之中央。第三宫殿为内朝主殿，位于此院落之几何中心，说明此院落应为内朝的主要部分。若自此院落南墙两角向第一宫殿东西庑南端画对角线，则其交点又恰落在第一宫殿之中心。在东路偏南的院落，如画对角线，其交点也落在院内一建筑址的中心。

这就是说，在已查明的宫殿遗址中，除第四宫殿遗址为工字殿之后殿，从属于第三宫殿遗址外，第一、二、三、五四座殿遗址和东路一座殿址或居

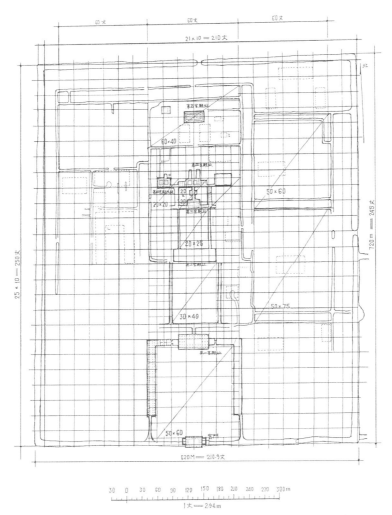

图 11-18　渤海国上京宫殿总平面分析图（用 10 丈、5 丈网格为布置基准）

于全宫几何中心，或位于所在院落的几何中心，具有共同手法，表明这种手法在当时的院落布局中具有普遍性（图 11-19）。

前已论及，第二宫殿居于全宫几何中心，应是全宫主殿，故须验核一下它和全宫内有无模数关系。现全宫为宽 21 格，深 25 格，而第二宫殿若与殿前庭院通计之为宽 3 格、深 5 格，这样全宫之宽为其宽之 7 倍，深为其深之 5 倍，亦即全宫面积为其 35 倍，这就表明全宫面积是以全宫主殿第二宫殿（包括殿庭）之面积为模数的。

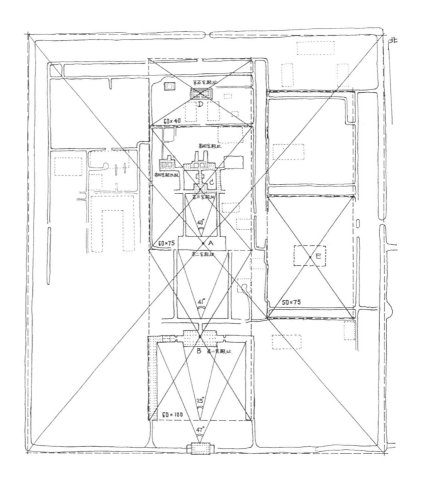

A.B.C.D.E 宫院中点　　30　0　30　60　90　120　150　180　210　240　270　300 m

1丈＝2·94 m

图 11-19　渤海国上京各宫殿总平面分析图（各宫殿均位于所在宫院几何中心）

在图11-14中还可以看到，宫之中间部分和左右两侧基本同宽，基本占6格，即均宽60丈，这也可再一次证明，宫之规划是以方10丈网格为基准布置的。

综合上述，可知在渤海国上京宫殿的总体规划上使用了模数网格和令主殿居于所在宫院几何中心的手法，也沿袭了唐长安、洛阳宫殿的规划布局方法。由此可以大体推知，唐代一些地方政权在都城宫殿规划布局上都受到唐宫影响，从宫门城墩不开正门而走侧墩之门和第一宫殿小于第二宫殿的情况看，还受到帝宫与王宫在等级制度上的约束。

# 第十二章

# 北宋
# 宫殿

宫殿建筑在宋、辽、金时期变化颇大，主要原因是两宋和辽、金的都城、宫殿都，非平地创建而是就原州府城或其子城扩建而成的，受旧城的规模和原规划的限制，其规模远小于按都城宫殿规划创建的隋唐都城，布局遂不得不做大的改变。在北宋汴梁宫殿中可见其例：其一是限于面积，隋唐以来在宫城前建安置官署的皇城的做法只能取消，在都城内只有一座在原衙城基址上拓建的宫城；其二是限于中宫殿的尺度，轴线上不可能建"三朝"南北相重的三组殿宇，只能放弃隋唐宫殿传统做法，采取五代时洛阳宫的主殿东西并列的布局；其三是主殿改为工字殿，与汉唐以来制度不同，也应是受五代时洛阳宫的影响；其四是宫内削减外朝部分的官署；其五是缩减苑囿范围。和唐代相比，宫殿的规模和建筑尺度明显缩小、布局紧凑，"壮威"的因素降低，而实用的要求提高。

# 第一节　北宋汴梁宫殿

北宋汴梁宫殿位于汴梁内城的北半部,原为唐汴州衙城。《石林燕语》载:"建隆初（960—962年）太祖以大内制度革创,乃诏图洛阳宫殿,令（李）怀义按图营建,凡诸门与殿须相望,无得辄差。……又展皇城东北隅。" 可知北宋汴梁宫殿应是在原汴州衙城的基础上拓展并参照五代洛阳宫的规制建造的,其最初的主持规划设计者是李怀义。

## 一、建造过程和布局

北宋建隆三年（962年）开始参照五代后唐时洛阳宫的模式建造宫殿。宫城周回五里[①],（按:据《历代宅京记》:元大都宫城周回九里三十步,则北宋汴京宫殿面积仅略大于元大都之半。）南面三门,正门为宣德门,面阔7间,下开3门。从现存北宋徽宗赵佶所绘《瑞鹤图》所示,应为上覆单檐庑殿顶,门左右建有一母阙二子阙的三重阙。宣德门的左、右有掖门,面阔5间。宫城东、西、北三面各一门,东为东华门, 西为西华门,北为拱宸门,均面阔7间,下开3门。[②]大中祥符五年（1012年）以砖垒皇城。[③]宫内基本以东、西华门间横街为界,分为南北两部

① 《宋会要辑稿》方域一: "大内据阙城之西北,宫城周回五里,即唐宣武军节度使治所。……国朝建隆三年（962年）诏广城,命有司画洛阳宫殿,按图以修之"。（清）徐松 辑. 宋会要辑稿（影印本,共八册）[M]. 北京:中华书局:1957:7319.
② （日）成寻《参天台五台山记》第四,熙宁五年（1072年）十月廿三日条。（日）高楠顺次郎,望月信亨. 大日本佛教全书·游方传丛书 [M]. 东京:有精堂出版部,1934:75.
③ （宋）李焘. 续资治通鉴长编·第六册·卷七十七,中华书局排印本,第1754页。

分。南部为外朝区,北部在拱宸门内南北向大道以西部分为内廷和后苑区,大道以东为宫内供应和服务机构,均由若干用廊庑或宫墙围合成的矩形宫院组成。根据《宋会要辑稿·方域一·东京大内》的记述（见本章末尾）,可以了解其各部分的相互关系和大致布局情况（参见图0-18）。

外朝部分被南北向的三条大道分为并列的五区。中区为宣德门内的全宫主殿——大庆殿一组,为冬至、元旦大朝会的场所。殿四周以廊庑围合

成殿庭，南廊、北廊各开一正门二侧门，东西廊各60间，中间各开一门，四面共开8门。大庆门内殿庭的北面居中为正殿——大庆殿，据《宋会要辑稿·方域一·东京大内》记载："殿九间，挟各五间，东西廊各六十间，有龙墀、沙墀。正至朝会、册尊号御此殿"，殿后有廊庑连后阁，形成工字殿。其前殿为举行大朝会之所，后阁为郊祀时皇帝斋宿之所，为宫中正殿，相当于唐宫之"大朝"含元殿。虽无记载，但据规制应为最高规格的重檐庑殿顶大殿。大庆殿左、右有挟屋各5间。

大庆殿一组的东侧一区为崇文院，内为秘阁，是藏书之处。北宋末年曾在此建明堂。崇文院东侧一区为东宫及宫内辅助机构。

大庆殿之西一区南为端礼门，门内前半为中书省、门下省、都堂、枢密院等八所宫内官署；后半为文德殿一组。文德殿的四周也有回廊围合成殿庭，南面前有正门文德门，门左右有侧门。侧门内左右有钟楼、鼓楼。东西廊上有左右嘉福门，正殿文德殿居中，殿后有柱廊连后阁，形成工字殿。前殿左右各有挟屋，后殿左右有左右阁门，即殿庭北门。文德殿一组布局与大庆殿相似，《宋会要辑稿·方域》载，文德殿是"正衙殿如大庆殿，……常陈入阁仪，绘明堂、恭谢天地即斋于殿之后阁。……熙宁以后月、朔视朝御此殿"。则近于唐大明宫之"日朝"宣政殿。但其间数史籍失载。把中书、门下诸宫内官署置于文德殿前方是为了听政上的方便。文德殿一区之西为贻谟门一区，其内并列三组宫院，中院内为原庙等。

在大庆殿、文德殿之北为东、西华门间横街，街北在北门拱宸门内南北向大道以西部分也建有并列的五组宫院。中间一组为垂拱殿，位于文德殿之后，其正门垂拱殿门与文德殿后门之间有跨越大道的柱廊相连，门内为面阔五间的垂拱殿，后有廊庑连接后殿，形成工字殿。垂拱殿左右有挟屋，东西廊下为百官候班处。《宋会要辑稿·方域》说它是"常日视朝之所"，则相当于"常朝"。垂拱殿南对文德殿，北对正寝皇帝的寝宫福宁殿和皇后寝宫坤宁殿，形成宫中一条南北轴线，但位置在几何中轴线大庆殿轴线之西。

垂拱殿一组之东为紫宸殿，在大庆殿北稍偏西，规制与垂拱殿相当而稍宽，《宋会要辑稿·方域》也说"即视朝之前殿"，则性质也近于"日朝"。可能是二者在使用时间上先后不同所致。这部分相当于宫中的内廷区。

以上是宫中主要部分大朝、日朝和常朝的情况。

垂拱殿东即"日朝"紫宸殿一区，已见前文。其北为庆寿宫，共二组宫院。

垂拱殿西为皇仪殿一组，其北依次为太后所居宝慈宫和睿思殿、宣和殿两组宫院，前后三宫院相重。

皇仪殿西为集英殿，为皇帝宴会及策进士之所。其北为收藏历朝皇帝手迹和物品的龙图阁、天章阁等，共两组宫院。

在紫宸殿一区之东前部文献失载，北部为崇政殿、景福殿二组宫院，崇政殿，是皇帝在宫内的办公之处。

在内廷部分之北为内苑，东门名宁阳，苑内著名建筑有储四库书的太清楼（南宋画院画家绘有图，为7间二层楼阁，见后文），翔鸾、仪凤二阁，华景、翠芳、瑶津三亭和流杯殿等。瑶津亭在池中，四面楼殿相对，池中可供帝后泛舟。其具体布局失载。徽宗政和三年（1113年）又在北苑之北拓建延福宫，直抵内城北墙。以后又拓展至北城墙外，号"延福六位"。

在拱辰门内大道之东，南部为殿中省、六尚局、御厨等宫内服务供应机构。中部为资善堂、讲筵所，是太子读书及皇帝听大臣进讲之处。其西隔大道与崇政殿门间有柱廊相通，以便皇帝往来。

# 二、汴梁宫殿的形象、构造

对汴梁宫殿的形象、构造史籍极少记载，本文据《宋会要辑稿》等较详密史料绘制了北宋汴梁宫城平面布置示意图（参见图 0-18），并参考各记载绘制了大庆、紫宸、文德、垂拱等外朝中心地区的形象示意图（图 12-1）。但汴梁宫殿的形象在现存文物中很少体现。目前仅正门——宣德门和后苑中的太清楼有图像保存至今。参照赵佶《瑞鹤图》（参见图 0-19）和辽宁博物馆藏宋代铁钟上图像（图 12-2）和文献，可知宣德门平面为凹字形，初期是一座面阔 7 间、单檐庑殿顶的建筑，屋顶为灰瓦，屋脊、鸱尾和檐口用绿琉璃瓦，其下门墩上开三个城门道，左右有斜廊，通向两角处单檐歇山顶的朵楼，自朵楼向南有廊，通向高下三重的阙楼。据南宋陆游《家世旧闻》记载，在北宋末（政和八年，1118 年）蔡京执政时，又把门楼拓建为面阔 9 间，下开 5 门。[①]

① （宋）陆游：《家世旧闻》。

宋画《太清楼观书图》是一幅南宋绘画，所画为北宋汴梁宫中的藏书楼（图 12-3）。据图所示，藏书楼为面阔 7 间重檐四滴水歇山顶的二层楼阁，柱子涂绿色，柱上只有柱头铺作而柱间无间铺作。前檐设左右两阶。在阁四周绕以石砌水渠，则是沿用汉石渠阁以来的传统。

《太清楼观书图》中值得注意之处，是楼前在两梢间设东西两阶，而明间不设中阶，和另一南宋人马远所画《华灯侍宴图》中的南宋宫殿在次间设两阶，形制相同。近年从考古发掘得知，北魏洛阳太极殿及唐长安大明宫含元殿之正面均为左右两阶，是南北朝至隋唐时宫殿规制。但因北宋汴京宫室均未发掘，形制不明，故这两幅画所示是否表示在两宋仍保持南北朝至隋唐宫殿规制，殿正面只设东西两阶而不设中阶，是值得探讨的问题。北宋宫殿的间数仅宣德门、大庆殿、垂拱殿有记载，分别为 7 间、9 间、5 间，太清楼据宋画所示为 7 间，估计主要殿宇间数在此范围之内。

把北宋汴梁宫城与隋唐洛阳宫比较，就可看到它们的外朝部分布局相似，都是由一条东西横街分为前后两部分，前部外朝区被三条南北大道分为

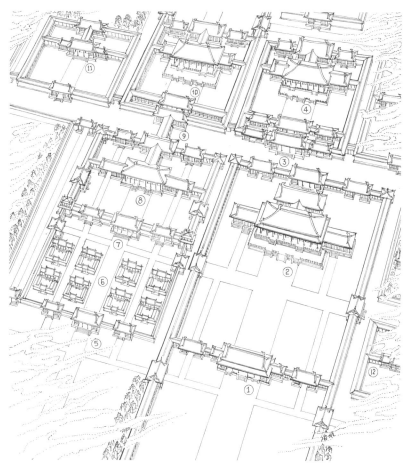

1. 大庆门 2. 大庆殿 3. 紫宸门 4. 紫宸殿 5. 端礼门 6. 宫内官署 7. 文德门 8. 文德殿 9. 垂拱殿门 10. 垂拱殿 11. 皇仪殿 12. 秘阁

图 12-1　汴梁北宋宫殿主体部分概貌

图 12-2　辽宁博物馆藏北宋铁钟上宣德门图像

图12-3　宋画《太清楼观书图》中的太清楼形象
（据《宫室楼阁之美界画特展》图五，台北"故宫博物院"藏）

并列的五区，中区为主殿，其左右各二区前半为官署，后半为殿宇，布局基本相同，确如史料记载的是参照洛阳宫图修建的（参见图10-2）。宋汴梁宫城不模仿唐长安而模仿隋洛阳宫城，主要原因是它建在唐代衙城内，进深远小于唐宫，不可能像唐长安两宫那样在外朝部分的中轴线上前后相重建"大朝""日朝"两座大殿，而只能采取五代洛阳宫的模式，在外朝中轴线上只建一大庆殿为"大朝"，利用其右侧的文德殿为"日朝"，令二者东西并列。在内廷部分，则分别在二殿之后建紫宸、垂拱二殿。《宋会要辑稿》中载紫宸殿北宋前期为朔、望视朝之殿，文德殿北宋后期为朔、望视朝之殿，都是"日朝"。则可推知，"日朝"文德殿与"常朝"垂拱殿间以柱廊相连，用为"入阁"时通道，当是北宋后期以文德殿为"日朝"后形成的。常朝垂拱殿与帝后寝宫福宁、坤宁三组宫院未与前朝正殿——大庆殿前后相重，而置于日朝文德殿之北，共同形成宫城正门——宣德门与正殿——大庆殿形成的宫中主轴线以西的第二条轴线，则是与南北朝隋唐宫殿布局不同的特异之处。宫中主殿多为工字殿、左右建挟屋或朵殿及殿门内设隔门、其屋顶用灰瓦加琉璃瓦剪边等做法均为唐洛阳宫所无，则是宋代宫殿中新创的。

据 1980 年代初期的考古勘察，认为明代周王府即建在山宋宫城之上，东西 690 米，南北 570 米，总的周长为 2520 米，与《宋会要辑稿》所载大内周回五里相合，据此可大致推知"卞梁北宋宫面积为 0.393 平方公里"。

由于宫城尺度小，故其殿庭、殿宇和后苑的规模都小于唐代，建筑密度也增大。因后苑太小，在宋徽宗时把它向北拓展，使宫城北部达到内城北墙，又恢复到前此宫城必有一面靠城的特点。

# 第二节　金占汴梁后对北宋宫殿的改动

1127 年金灭北宋，占领汴梁后，城市和宫殿都遭到巨大破坏。1158 年金定汴梁为金之南京。金后期蒙古军力日盛，1214 年金被迫南迁，以汴梁为首都后，也曾按金中都宫室规制拓建北宋宫室。

在南宋人撰《使燕日录》载有所见金改建北宋汴梁宫殿的情况，称大庆殿台基由二层增为三层，殿身由 9 间增至 11 间，殿顶由琉璃瓦剪边改为满复琉璃瓦，均按金中都宫城大安殿的规模加以增建。[1]

① （元）白珽. 湛渊静语·卷二，引（宋）邹伸之《北行日录》。《四库全书》本。

据此可推知，中国古代宫殿由下建二层台基，殿前在次间分建二阶之制到金代开始改为下建三层台基、明间建台阶之制，并延续到元明清三代，是中国古代宫殿规制的重大改变。

附录：现存记录北宋宫殿最详史料为《宋会要辑稿》中《东京大内》部分，摘录附后以供参考。

大内据阙城之西北，宫城周回五里，即唐宣武军节度使治所，梁以为建昌宫，后唐复为宣武军治，晋为大宁宫。国朝建隆三年五月诏广城，命有司画洛阳宫殿，按图以修之。

南三门：中曰宣德，……；东曰左掖，西曰右掖，乾德六年正月赐名。东一门曰东华，……西一门曰西华，……北一门曰拱宸。

宣德门内正南门曰大庆，……东西横门曰左、右升龙，……正殿曰大庆，……殿九间，挟各五间，东西廊各六十间，有龙墀、沙墀。正至朝会、册尊号御此殿，飨明堂、恭谢天地，即此殿行礼，郊祀斋宿殿之后阁。东西两廊门曰左、右太和，……

右升龙西北偏曰端礼门，凡三门，各列戟二十四枝，……门内庙（朝？）堂：次北文德殿门，次文德殿，……即正衙殿。……其后常陈入阁仪如大庆殿，飨明堂、恭谢天地即斋于殿之后阁。熙宁以后，月朔视朝御此殿。殿东西两廊门曰左、右嘉福，……殿庭东南隅有鼓楼，其下漏室，西南隅钟殿。两挟有东上、西上阁门。……

大庆殿后东西道，其北门曰宣祐，……门西紫宸殿门，殿门皆两重，名随殿易，其中隔门，遇雨雪群臣朝其上。紫宸殿……即视朝之前殿。每诞节称觞及朔望御此殿。次西垂拱殿门，门有柱廊接文德殿后，其东北角门子通紫宸殿。……垂拱殿……即常日视朝之所。节度使及契丹使辞、见，亦宴此殿。

其后福宁殿，……殿即正寝。殿东西门曰左、右昭庆，……次后柔仪殿，……次后钦明殿，……其西睿思殿。

福宁殿东庆寿宫，庆寿、萃德二殿，太皇太后所居。福宁殿西宝慈宫，宝慈、姒徽二殿，皇太后所居。福宁殿后坤宁殿，皇后所居。……

次西集英殿门，集英殿，……每春秋、诞圣节，锡宴此殿。熙宁以后，亲策进士于此殿。后有需云殿，东有升平楼，旧曰紫云，明道元年十月改今名，宫中观宴之所。

次西安乐门。门外西北景晖门，……其东含和门，熙宁十年八月赐名。门内有横廊，廊北龙图阁，大中祥符初建，以奉太宗御集、御书。阁东序资政、崇和二殿，西序宣德、述古二殿。又列六阁：曰经典，曰史传，曰子书，曰文集，曰天文，曰图画。其北天章阁，……次北宝文阁，……以奉仁宗御笔、御书。阁东、西序嘉德、延康二殿，殿间以桃花文石，为流杯之所。……

（紫宸殿东北）崇政殿门，崇政殿，……即阅事之所。殿东西延义、迩英二阁，侍臣讲读之所。阁后隆儒殿，……后有柱廊倒座殿，次北景福殿，前有水阁，旧试贡举人，考官设次于两廊。殿南延和殿，……章献太后垂帘参决朝政于此，……殿北向，俗呼倒座殿。

（崇政殿）殿西北迎阳门，大中祥符七年建，……俗号苑东门，召近臣入苑由此门。门内后苑，苑有太清楼，楼贮四库书。……宜圣殿，奉祖宗圣容。嘉瑞殿，旧曰崇圣，后改今名。宣明殿。安福殿。宝跂殿。化成殿……以上《国朝会要》。

# 第十三章

# 辽代宫殿

辽为契丹族建立的政权，在其太祖（耶律阿保机）元年（907 年，相当于五代后梁之开平元年）建国时称契丹，世宗（耶律阮）大同元年（947 年，相当于五代后汉之天福元年）改国号为辽，按中原习俗建都城、宫殿，以示其政权为正式王朝。辽亡于保大五年（1125 年，相当于北宋之宣和七年），存世 218 年。据《辽史·地理志》记载，辽在其辖区内先后建立了五座都城，史称"五京"。但辽早期仍保留游牧习俗，居住办公大部分时间在帐幕中度过，称为"捺钵"。史载其上京宫殿"内有昭德、宣政二殿，与毡庐皆东向"，可知辽早期仍据其民族习俗在宫中以张设帐幕为主，附有宫殿。帐幕和主要宫殿都面向东。后期进入河北平原后，其都城宫殿开始进一步汉化。

辽之"五京"宫殿的情况，据《辽史》简介如下。

# 第一节　上京

在今内蒙古自治区东部巴林左旗附近，《辽史·地理志一》记载，"太祖创业之地，……天显元年（926年）平渤海归，乃展郭郛，建宫室，名以天赞。起三大殿，曰开皇、安德、五銮。……太宗（耶律德光）援立（928年），……诏番部并依汉制，御开皇殿，辟承天门受礼，因改皇都为上京。城高二丈，不设敌楼，幅员二十七里。门东曰迎春、曰雁儿，南曰顺阳，西曰金凤、曰西雁儿、曰南福，其北谓之……皇城，高三丈，有楼橹。门东曰安东，南曰大顺，西曰乾德，北曰拱辰。中有大内，内南门曰承天，有楼阁。东门曰东华，西曰西华，此通内出入之所。"

同书又载："宋大中祥符九年（1016年）薛映记曰：上京者……子城东门曰顺阳，北行至景福门，又至承天门，内昭德、宣政二殿，与毡庐皆东向。"

厉鹗撰《辽史拾遗》卷十三载："彭汝砺《鄱阳集》曰：初至辽主行在，其门以芦箔为藩垣，上不去其花以为饰，谓之羊箔。门作山棚，以木为牌，左曰紫府洞，右曰桃源，总谓之蓬莱宫。殿曰省方殿，其左金冠紫衣而立者数百人，问之多达官，其右青紫而立者数十人。山棚之前作花槛，有桃杏杨柳之类。前为丹墀，自丹墀十步谓之龙墀，殿皆设青花毡，其阶高二三尺，阔三寻，纵杀其半。由阶而登谓之御座。"

据此知，上京宫殿始建于天显元年（926年），大内南门曰承天，建有楼阁，辽帝在此受礼，内有三大殿，曰开皇、安德、五銮。据"并依汉制"和御南门承天门受礼的情况，则此宫城外朝部分是依汉制南向的。但据薛映记，"承天门，内昭德、宣政二殿，与毡庐皆东向。"则其内廷宫殿仍有依其民族习俗面向东方的。彭汝砺《鄱阳集》所载是其"行在"，即临时行宫的情况。

## 第二节　东京

在今辽宁省沈阳市与营口市之间，太宗耶律德光天显三年（928年）定都。
《辽史·地理志二》记载，"天显三年（928年）迁东丹国民居之，升为南京，
城名天福。高三丈，有楼橹。幅员三十里，八门。东曰迎阳，东南曰韶阳，
南曰龙原，西南曰显德，西曰大顺，西北曰大辽，北曰怀远，东北曰安远。
宫城在东北隅，高三丈，具敌楼。南为三门，壮以楼观，四隅有角楼，相
去各二里。宫墙北有让国皇帝御容殿。大内建二殿，不置宫嫔，唯以内省
使副判官守之。"

据文，其大内建二殿情况与上京相同，据"南为三门，壮以楼观"的记载，
则其外朝部分已依汉制南向。但据"大内建二殿，不置宫嫔，唯以内省使
副判官守之"，则其内廷宫殿中无宫女，只有男侍，可知辽之帝后不居殿中，
仍保持在帐幕中居住的民族习俗"捺钵"。

## 第三节　中京

在今内蒙古自治区赤峰市东南方。据《辽史·地理志三》引宋王曾《上
契丹事》中仅记"中京大定府城垣卑小，方圆才四里许，门但重屋，无
筑阇之制。南门曰朱夏门，内通步廊，多坊门"。又据《续资治通鉴长
编》记载："大中祥符元年李抟等使契丹，所居曰中京，在幽州东北，
城垒卑小，鲜居人，夹道多蔽以墙垣。宫中有武功殿，国主居之。文化
殿，国母居之。又有东掖、西掖门。"

据此可知，中京规模很小，居民亦少，据其宫门左右有东西掖门的情况可
推知宫城南向。从宫内主要殿宇为国主所居之武功殿和国母所居之文化殿
的情况，可推知尚保有帝后并尊的民族传统。

# 第四节 南京

位于今北京市西南部，当时称"南京析津府"，又称"燕京"。据《辽史·地理志四》记载："南京又曰燕京，城方三十六里，崇三丈，衡广一丈五尺，敌楼战橹具。八门：东曰安东、迎春，南曰开阳、丹凤，西曰显西、清晋，北曰通天、拱辰。大内在西南隅皇城内，有景宗、圣宗御容殿二。东曰宣和，南曰大内，内门曰宣教，改元和。外三门曰：南端、左掖、右掖。左掖改万春，右掖改千秋。门有楼阁。"同书引宋王曾《上契丹事》曰："……幽州号燕京，子城就罗郭西南为之。正南曰启夏，门内有元和殿。东门曰宣和。城中坊闬皆有楼。有悯忠寺，本唐太宗为征辽阵亡将士所造。又有开泰寺，魏王耶律汉宁造。"

又据王士点《禁扁》记载："辽以幽州为南京，宫之扁曰永兴、曰积庆、曰延昌、曰章愍、曰长宁、曰崇德、曰兴圣、曰敦睦、曰永昌、曰延庆、曰长春、曰太和、曰延和。殿之扁曰清凉、曰元和、曰嘉宁。堂之扁曰天膳。楼之扁曰五花、曰五凤、曰迎日。阁之扁曰乾文。门之扁曰元和、曰南端、曰万春、曰千秋、曰凤凰。园曰柳园。"

据此可知，辽南京有皇城和宫城，位于城之西南部分，其宫城南向，宫内宫殿布置只知正南门为启夏门，门内正殿为元和殿。但据所记大量宫、殿、堂、楼、阁、门之匾额，可知是辽代规模最大的宫殿，惜未标名其位置和相互关系。

金攻克燕京后，"大毁诸州及燕山城壁，楼橹要害皆平，又尽括燕山金银钱物，民庶寺院一埽皆空。……乃尽以空城付宋。"

# 第五节　西京

在山西大同，五代时后晋代后唐后（936 年），以代北地区划归契丹，以后辽即定大同为西京。据《辽史·地理志五》记载："建西京，敌楼棚橹具，广袤二十里。门东曰迎春，南曰朝阳，西曰定西，北曰拱极。……辽既建都，用为重地，非亲王不得主之。清宁八年（1062 年）建华严寺奉安诸帝石像铜像，又有天王寺。留守司衙南曰西省，北门之东曰大同府，北门之西曰大同驿。初为大同军节度，重熙十三年（1044 年）升为西京，府曰大同。"

据此可知，辽在取得大同后曾建留守司衙、大同军节度使司等官署。重熙十三年（1044 年）升大同为西京后，也未建宫殿，只于清宁八年（1062 年）建华严寺，安置诸帝石像铜像，并规定非亲王不得主持西京。

清宁八年（1062 年）创建的华严寺尚在，其大殿均东向，与辽代宫殿东向的特点一致，当为辽代创建。现存寺中薄伽教藏殿建于辽重熙七年（1038 年），早于安置诸帝石像 24 年，可知辽是在已有寺观中扩建大殿以安放诸帝像的。现存大殿虽是毁后经金代重修，但其面阔九间用庑殿顶则属于帝王规格，应是清宁八年为安置诸帝石像铜像时扩建后形成的（参见图 0–23）。

# 第六节　"捺钵"帐幕

综合之前所述，辽代五京宫殿的情况可知，随着辽的发展壮大，为显示其政权之强大，其五京的宫殿也在壮大，原本民族之东向帐幕相退减弱，宫室之汉化程度也愈来愈强，以与宋、金争正统王朝地位。虽其宫室现均已不存，遗址尚未经发掘，但从现存的辽代建筑如建于统和二年（984 年）

的蓟县独乐寺观音阁、建于开泰九年（1020年）的义县奉国寺、建于重熙七年（1038年）的大同华严寺薄伽教藏殿和建于清宁二年（1056年）的应县佛宫寺释迦塔等可知，辽代建筑延续唐代北方传统，达到很高水平。从金代重建的面阔九间庑殿顶的大同华严寺大殿为辽安置辽帝铜像之处，则可以推知其主要宫殿规模也应是面阔九间庑殿顶，且在装饰用料方面可能要更高于此。

# 第十四章

# 南宋临安宫殿

1127年金军占领汴梁，俘徽宗、钦宗北去，北宋灭亡。建炎三年（1129年），徽宗子赵构立国，定都杭州，是为南宋。南宋政权为表示立志恢复中原，遂不称杭州为都城而称为"行在所"，以原州衙改建之宫亦不称"大内"而称"行宫"，仅将原杭州子城改称"皇城"。原子城在城南部，西北两面包凤凰山一部于内，正门北向。建炎间（1127—1130年）杭州遭金军严重破坏后，子城内只残存百余间建筑。绍兴十二年（1142年）南宋与金签订和议后，开始陆续增建殿宇。

绍兴十八年（1148年）定皇城南门名为"丽正门"、北门名为"和宁门"，改以南门为"皇城正门"。后又在东面增建东华门，逐渐形成规模。[①]受原州治的地域限制和行宫的体制限制，南宋杭州宫殿规格、尺度、宫室数量远低于汴梁宫殿，往往以一殿临时冠以北宋汴梁宫殿的不同殿名，以适应不同的用途和礼仪需要。

① （宋）李心传. 建炎以来朝野杂记·甲集卷二·今大内 [M]. 北京: 商务印书馆，1956: 36.

# 第一节　南宋临安大内

因文献缺失,史籍所载大内各殿宇间关系不明,其总体布局尚待考,但综合《咸淳临安志》①《玉海》②和陈随应《南度行宫记》③还可知其大致概况。杭州州衙原以北门为正门,按州府城制度建为下开两个门道的"双门",北向。改行宫后,其正门不得不改为南向,故增建南门。绍兴十八年定南门名"丽正门",北门名"和宁门"。绍兴二十八年秋(1158年)又把皇城东南部

① (宋)潜说友. 咸淳临安志·卷一·大内。中华书局编辑部编. 宋元方志丛刊本(影印本、全八册)[M]. 北京:中华书局,1990;3358–3365.
② (南宋)王应麟《玉海》卷一百六十·绍兴崇政垂拱殿。影印元刊本(在线版)。
③ (元)陶宗仪. 南村辍耕录·卷十八·记宋宫殿·陈随应:南度行宫记[M]//元明笔记史料丛刊. 北京:中华书局,1958;223.
④ 《建炎以来系年要录》卷一百八十"绍兴二十有八年秋七月,诏筑皇城东南之外城,……增展出故城十有三丈,计用三十余万工。"(南宋)李心传. 建炎以来系年要录[M]. 北京:中华书局;1956;2975.
⑤ (南宋)周淙. 乾道临安志·卷一·宫阙:"南曰丽正门。门外建东西阙亭,百官待漏院。"中华书局编辑部编. 宋元方志丛刊本(影印本、全八册)[M]. 北京:中华书局,1990;3214.

向外拓展13丈④,以满足朝会之需。丽正门按宫殿体制下开三个城门道,门外建东西阙亭和百官待漏院⑤,门内设百官避雨的廊庑,以其为皇城正门。但此门面南,背离市中心,只有举行大朝会或见接见金国使臣等正式活动时才由此门入宫,实为形式上、礼仪上的正门。而北门和宁门则北通御街,面向城市,御街两侧又布置官署,是事实上的皇城主要宫门。它也改建为三个城门道,门外设有百官待漏院,一般自此入宫。在皇城之内还增建了一重宫墙,四面开门。在面对南方的丽正门北建南宫门,在面对北方的和宁门南建北宫门,在东西宫墙上分别建东华门、西华门。宫墙之内始为禁中,包括外朝、内廷、后苑和宫内办事机构。宫墙以东布置宫廷服务机构、仓库和东宫等。正规入朝者进皇城北门和宁门后,要沿东面宫墙外南行,转入南宫门内,北行进入朝见或听政之殿。故南宋行宫受原州治在城南的限制,实际上是一所"倒座"的宫殿,这在历朝宫殿中是孤例。

据史籍所载,外朝主要殿宇有两组,即文德殿和垂拱殿。⑥绍兴十二年(1142年)与金和

⑥ 在《建炎以来朝野杂记·甲集》今大内条和《玉海》中说二殿为垂拱、崇政,而《咸淳临安志》大内条说二殿为文德、垂拱,二说不同。《咸淳临安志》是南宋末官修志书,反映的是南宋后期的情况,故从其说。崇政、文德可能为同一殿在不同使用时之异名。

议成后开始建造，从其名沿用北宋宫殿日朝文德殿和常朝垂拱殿之名，可推知其功能应大体相近。据《宋史·地理志》载："宫室制度皆从简省，不尚华饰。垂拱、大庆、文德、紫宸、祥曦、集英六殿，随事易名，实一殿。"

但据《梦粱录》记载："丽正门内正衙即大庆殿，遇明堂大礼、正朔大朝会俱御之。如六参起居、百官听麻，改殿牌为文德殿；圣节上寿改为紫宸；进士唱名易牌集英；明禋为明堂殿。"则"随事易名，实一殿"的情况指其大朝文德殿。

日常听政的"常朝"垂拱殿在其西[①]，即内廷的主殿。文德、垂拱二殿规制大体相同[②]（也可能如汴宫之例，左右并列，但在殿庭大小和正殿规模形制上有所区别。文德殿有可能用歇山顶，而垂拱殿可能用悬山顶，即所谓"如大郡设厅之制"）。在《玉海》[③]和《建炎以来朝野杂记》[④]中记有垂拱殿的具体规制，可据以推知文德殿和垂拱殿的形制。它前有殿门3间，其内正殿5间，殿后有拥舍7间，应是一座工字殿。其拥舍淳熙八年（1181年）改名"延和殿"，供宋帝便坐视事之用。正殿前有三间抱厦，左右有朵殿各两间，四周绕以回廊，是两座矩形宫院（参见图0-21）。

① （南宋）陈随应《南渡行宫记》说垂拱殿左一殿用于明堂、策士等时随时易名，应即指文德（或崇政）殿，据以推知二殿左右并列，垂拱殿在右（西）。
② （南宋）李心传《建炎以来朝野杂记·乙集》卷三·垂拱、崇政殿条云："其修广仅如大郡之设厅。……每殿为屋五间、十二架，修六丈，广八丈四尺。殿南檐屋三间，修一丈五尺，广亦如之。两朵殿各二间。东西廊各二十间。南廊九间，其中为殿门，三间、六架，修三丈，广四丈六尺。殿后拥舍七间，寿皇因以为延和殿"。（宋）李心传. 建炎以来朝野杂记·乙集·卷三·[M]. 北京：商务印书馆，1956：388。
③ （南宋）王应麟《玉海》卷一百五十八·宫·绍兴德寿宫、淳熙重华宫条。影印元刊本（在线版）。
④ 在《建炎以来朝野杂记·甲集》今大内条和《玉海》中说二殿为垂拱、崇政，而《咸淳临安志》大内条说二殿为文德、垂拱，二说不同。《咸淳临安志》是南宋末官修志书，反映的是南宋后期的情况，故从其说。崇政、文德可能为同一殿在不同使用时之异名。

这两所宫殿东西并列，东部的崇政殿又名文德殿，是外朝正殿，其西的垂拱殿是内廷主殿，相当于日朝、常朝，故二殿虽规模相同，而性质上有差异。史载文德殿为举行朝会大典之地，仪仗队有3000余人，故其前方应有较大广场，殿宇及宫院之规格也应高于垂拱殿。

在现存南宋院画中有两幅表现宫殿正面的图像：其一为《孝经图》中的《感应章》，其二为《毛诗图》中的《小雅·彤弓篇》。在《彤弓图》中所绘为一五间歇山顶殿宇，左右有挟屋或回廊，殿阶四周设钩栏，在左右次间设台阶，其明间用三间钩栏封闭，中间一间钩栏不设寻杖，是古代宫殿前设折槛的制度（图14-1）。

"折槛"是把殿明间外临阶之木钩栏（一般三或五间）的中间一段寻杖断开，形成局部凹下，是专供皇帝"临轩"时站立之处。它起源于表彰汉代谏臣朱云折槛，和皇帝纳谏，历代沿用。[①]这样，殿前明间前就不能设台阶，而安装称为"龙墀"的雕龙形饰面的石板。在《彤弓图》明间前方画有雕图画之石板，大臣在其前跪拜，应即龙墀。这

① （南宋）周淙. 乾道临安志·卷一·宫阙："南曰丽正门。门外建东西阙亭，百官待漏院。" 中华书局编辑部编. 宋元方志丛刊本（影印本、全八册）[M]. 北京：中华书局，1990；3214.

样，殿前就只能在次、梢间分设左右两阶了。左右两阶之制可能在西汉已有。据《前汉书·王莽传下》记载，地皇四年（23年）王莽立皇后，"莽

图14-1　南宋院画《毛诗·小雅·彤弓图》中的折槛
（原画藏于美国波士顿美术馆）

亲迎于前殿两阶间"，可知西汉宫殿之殿前已设两阶。近年发掘的北魏洛阳宫太极殿遗址所示也是左右两阶，此制经隋唐沿用至南宋。这是古代宫殿发展过程中一个特点。由于是左右两阶，中间的明间遂出现"折槛"。可以推知作为宫中主要殿堂，文德、垂拱二殿的殿前明间也应设置"折槛"。至金元以后改为明间设阶，此制遂废。"折槛"实物已不存，但其制在《营造法式》卷二"钩阑（栏）条"中有记载。

在文德、垂拱二殿之后即进入宫中内廷部分，在外朝内廷之间应有殿门限隔。内廷主殿为寝殿福宁殿，其标志性特点是于殿阶下四周依古制围以木栅，作为象征性防护、警戒设施，号为"木围"。[1]皇太后所居为坤宁殿，皇后所居名和宁殿亦在此区。此外尚有供一般起居的复古殿、宫内祭祀之殿钦先孝思之殿（绍兴十五年建）、藏历朝皇帝手迹的天章阁（绍兴二十四年建）等，和缉熙殿（讲殿）、勤政殿（《梦粱录》称其即为木帏寝殿）、嘉明殿（《梦粱录》称其为供进御膳之殿，在勤政殿之前）、选德殿（处理政务）等建筑，均见于《梦粱录》，但形式和具体位置均不详，尚有待考古发掘来确定。在北宫门内又建有祥曦殿，史载由朵殿、修廊及后殿组成，当是与文德殿、垂拱殿规格近似的工字殿组成的宫院，是北面和宁门内的主殿。[2][3]史籍中还多次提及宫中有修廊，其中锦胭廊长至180间。可能因杭州多雨，故各宫院间需用廊庑联系。

① （南宋）吴自牧. 梦粱录·卷八·大内 [M]. 杭州：浙江人民出版社版，1980：62.

② （南宋）陈随应《南渡行宫记》说"祥曦殿、朵殿，接修廊为后殿。"可知也是有朵殿和后殿的工字殿，其规格与垂拱、崇政二殿相近。
③ （南宋）李心传《建炎以来系年要录》卷二百，说高宋退居行宫以北的德寿宫时，孝宗"步出祥曦殿门，冒雨披辇以行，至其宫门弗肯止。"也表明祥曦殿在北门内。（宋）李心传. 建炎以来系年要录（排印本）[M]. 北京：中华书局，1956：3384.

史载宫城内有后苑，苑中亭殿名称据《玉海》记载，有损斋、观堂、芙蓉阁、翠寒堂、清华阁、罗木堂，隐岫、澄碧、倚桂、隐秀、碧琳堂之类。但其位置、规模史未详载，均待考。后苑西有凤凰山，山前导入西湖水形成较大的湖泊，以山水楼阁、亭榭花树之美著称于史册，但具体布置亦不详，尚有待考古发掘工作来解决。

在传世南宋宫廷画中有一幅光宗、宁宗时画院待诏马远所绘《华灯侍宴图》，描写南宋中期宫中宴会的情况（图 14-2）。

所绘为一五间悬山顶的殿宇，前有抱厦，设左右两阶，与《朝野杂记》所记颇多相合处，可以互证，进而推知南宋行宫中建筑的大体面貌。这是宫中举行宴会之殿，竟为五间悬山顶建筑，仅相当于"大郡之设厅"的规模，则其他建筑大体可知。据此可以推知垂拱殿和外朝正殿——文德殿可能用歇山屋顶，以显示其重要性，后殿及挟屋可能为悬山顶。总之，限于地盘和体制，南宋行宫很多殿阁甚至一殿多用，其规制、规模及豪华程度都远不及北宋宫殿。但据现存南宋院画所示，其外檐装修、栏杆却倾向于工艺精巧、风格秀雅，尺度宜人，形成了南宋与北宋宫室在风格上的差异。此图值得注意之处是殿前两次间设东西两阶，而明间不设中阶，和另一宋画《太清楼观书图》中所画北宋宫中太清楼形制相同，仍沿袭汉、南北朝、隋、唐宫殿两阶的规制。但因这两座殿宇不是皇帝听政专用的殿宇，故明间不设折槛龙墀。

在宋马远之子马麟所绘《秉烛夜游图》中署有臣字款，也是为宋宫廷所绘，画一重檐八角亭，左右连以长廊，亭前路两旁立两行烛台，左右繁花盛开，亭中一人居中坐靠背椅上向外看花。据建筑及人物形态，所画是孝宗以后某帝王夜间秉烛赏花之景。所绘亭廊形制豪华，长廊横贯画面，分割亭前后景区，使人联想到史料所载大内苑中长廊百间以上的情况（图14-3）。

德祐二年（1276 年）元军入临安灭南宋后，平毁杭州行宫建筑，引水灌之，又在几座主要殿址上建塔，表示镇压，彻底破坏了南宋宫殿。临安大内始建于绍兴十二年（1142 年），毁于德祐二年以后，仅存在了约 134 年。

2004 年临安城考古队对行宫进行了勘查，基本查清其四至范围。皇城西部为山区，主要殿宇集中在东部，纵贯南北，又在其中部发现 5 座大型夯土

图 14-2　南宋马远绘《华灯
侍宴图》中所画南宋宫殿
(《南宋艺术与文化·书画卷·生
活美学》图Ⅲ－2，台北"故
宫博物院"藏)

图 14-3　南宋马麟绘《秉烛
夜游图》
(《南宋艺术与文化·书画卷·生
活美学》图Ⅲ-7，台北"故宫
博物院"藏)

图 14-4　南宋临安城皇城范围示意图
（据临安城考古队 2004 年勘查报告）

基址，确认了中心宫殿区的位置，但目前只见简介及草图[①]，具体考古报
告尚未发表，未能做进一步探
讨（图 14-4）。

① 杭州南宋临安皇城考古新收获 [M]// 国家文物局. 2004 年中国重
要考古发现. 北京：文物出版社，2005：164–167.

## 第二节　南宋临安德寿宫

绍兴三十二年（1162 年）六月戊辰，宋高宗赵构逊位为太上皇，孝宗
赵眘继位。太上皇在望仙桥东原秦桧赐第处已别建宫殿，称"德寿宫"。

因其位于大内之北,故俗称"北内"。正殿名康寿殿,其余殿堂除木围寝殿外,有宴会用之载忻堂、射厅等。但整个宫殿中以山水、园林、花木、亭台楼阁为主。

德寿宫的规格应与大内相近,宫室以面阔五间的悬山顶或歇山顶为主,而以供游玩休憩的园林亭榭和花木著称。《咸淳临安志》卷二称:"太上雅好湖山之胜,恐数跸烦民,凿大池宫内,引水注之,叠石为山,象飞来峰,有堂名冷泉。……太上御跋曰:……吾比就宽闲之地叠石为山,引湖为泉,作小亭于其旁,用为娱老之具。"所载著名景点为聚远楼,《梦粱录》称其为"森然楼阁"当是宫中较重要建筑。园林部分以它和湖泊为中心,四周建有冷泉堂、香远堂、清深堂、文杏馆、盘松亭、绛华亭、月台等楼台亭榭,各环以不同的花木竹树,形成不同的景观,但其具体的布置情况史未详载。[1]

① (南宋)吴自牧. 梦粱录·卷八·大内·德寿宫 [M]. 杭州:浙江人民出版社版,1980: 62.

淳熙十五年(1188 年)高宗死后,皇太后仍居此,淳熙十六年(1189 年)初孝宗逊位为太上皇,也入住德寿宫,改名为重华宫。绍熙五年(1194 年)孝宗死,二位皇太后先后入居,改用其原太后宫之名为"慈福宫"。南宋末年无人入居,咸淳间以其一半地建道宫。德寿宫始建于高宗绍兴三十二年(1162 年),废弃于度宗咸淳间(约 1270 年前后),存在了近 110 年。

德寿宫的宫殿和园林没有具体的布局和形象资料留传下来,但可能从一些南宋画院画家为宫廷所作署臣字款的绘画中得到一些参考。

例如南宋画院画家李嵩所绘《焚香祝圣图》署臣字款,明显是为宫廷所作。画一老人在男女侍从环拥下,于一歇山屋顶高阁的平台上焚香。高阁上层明间屏风前居中设一张巨大的扶手靠背座椅,前方左右各设两个圆凳,明显是宫廷规制。史载李嵩为光宗以后画院待诏,故画中老人有可能是在光宗时做太上皇的宋孝宗,可供参考宫中楼阁及树石花木配置的情况(图 14-5)。

李嵩还画有一幅《水殿招凉图》，署臣字款，也是为宫廷所绘。画中绘一女子在面阔三间用十字脊屋顶的临水方亭中俯瞰一儿童在池边放小舟戏水。女子背后有两少女打长柄宫扇，三少女陪侍，所画明显是宫中的后妃，则此景所绘应是宫中园林的水景部分（图14-6）。所绘为面阔三间的方亭。

这两幅画所绘虽不能确指是大内还是德寿宫，但已大体可知宫中园林的概貌。这些宫中的亭阁都用歇山屋顶，装修也较华丽，与史书所载和马远所画《华灯待宴图》中大殿用悬山屋顶的较质朴的情况完全不同。这说明南宋朝廷为表示不忘恢复中原而称宫城为"行在"，故在宫中的外朝部分降低正殿标准，不用庑殿顶、少用歇山屋顶而多改用悬山屋顶是出于政治目的的对外表态，而在其外臣不能进入的内廷和行宫后苑供休闲享受的园林建筑则仍保持北宋以来的宫廷规格形制。它实际上是"关起门来做皇帝"，对内对外各有一套，是完全不同的手法。

在南宋院画《焚香祝圣图》中高阁面阔为三间，明间前出抱厦一间，看似体量宏大，但并未突破行宫建筑面阔五间的体制。

还有一幅南宋院画《宫苑图》，主体画一座二层楼阁，前有大量宫女环拥下的后妃。其楼阁多为歇山屋顶，左右有挟楼，看似规模颇大，但以间数计，主楼仅面阔三间，挟楼面阔仅一间半，基本未超出行宫五间的规模（参见图0-22）。这些图是以绘画手法表现宫苑建筑之美，但其开间规模都未突破行宫体制。从所画内容看，可能是在后妃宫苑的基础上加以美化和夸张而形成的，因非民间而出于画院画家，对了解南宋宫苑有一定参考价值。

近日杭州对德寿宫遗址进行了发掘，发表了数幅航拍照片，但所示只是一座经多次破坏的残址，有待进一步整理，目前尚不能据以推测其规划布局。

图 14-5　南宋李嵩画《焚香祝圣图》

（《南宋艺术与文化·书画卷·生活美学》图Ⅲ－5，台北"故宫博物院"藏）

图 14-6　南宋李嵩画《水殿招凉图》

（据《宫室楼阁之美界画特展》图九，台北"故宫博物院"藏）

# 第三节　南宋临安慈福宫

宋高宗晚年为太上皇时居德寿宫，以园林精美著称。淳熙十五年（1188年）高宗死后，皇太后仍居此，淳熙十六年（1189年）初，孝宗逊位为太上皇之后也入住德寿宫，改名为"重华宫"，另为皇太后建慈福宫。[①②③] 慈福宫竣工时的文件尚存，记载其布局规模和等级差异[④]，与前引大内的崇政、垂拱殿互证，可据以了解南宋宫殿建筑的概貌。

慈福宫始建于淳熙十五年（1188年），是一所前后相重的两座宫院，共274间。前座为殿门3间。其内为正殿5间，朵殿各2间，殿后通过（即前后穿廊）3间，连接寝殿5间，形成一座工字殿。殿廷左右挟屋各2间，瓦凉棚5间[⑤]；后一座为殿门3间，寝殿5间，两侧挟屋各2间，其后连

① （宋）周密. 武林旧事·卷四·故都宫殿·德寿宫 [M]. 杭州：西湖书社，1981：55.
② （南宋）王应麟《玉海》卷一百五十八·宫·绍兴德寿宫、淳熙重华宫条. 影印元刊本（在线版）.
③ 按：《宋史》《武林旧事》《梦粱录》《咸淳临安志》等均言慈福宫即德寿宫改建。然据周必大《思陵录·下》记载："淳熙十五年（1188年）十二月己卯，……本司恭奉圣旨指挥，展套修盖慈福宫殿堂门廊等屋宇，大小计二百七十四间。……淳熙十六年（1189年）己酉，正月朔壬辰，阴。朝于后殿，从驾（孝宗）过德寿宫，……内批：皇太后迁慈福宫，令太史择日。丙午（1189年，元月十五日），……从驾过德寿宫。是日皇太后过慈福宫，上进表一通，文武百僚亦奉表起居。"据此，则慈福宫是因孝宗退位后拟入居德寿宫，故建慈福宫以供皇太后居住，皇太后已于淳熙十六年丙午（1189年元月十五日）迁入。周必大是当时宰相，《思陵录》应是当时的官方记录，日月均可考，应比南宋晚期的《武林旧事》《咸淳临安志》等著作较为可信。故本文认为慈福宫与德寿宫并存，为慈福宫另立一节。但绍熙五年（1194年）孝宗死后，皇太后也有可能再次入居德寿宫，并易名"慈福宫"，前举宋末诸书有慈福宫即德寿宫改建之说可能源于此。
④ 周必大《思陵录》下，淳熙十五年十二月己卯日条："本司恭奉，圣旨指挥，展套修盖慈福宫殿堂门廊等屋宇，大小计二百七十四间。内：殿门三间，朱红门二扇，板壁八扇，鍮石浮沤钉装钉。朱红柱木，头顶真色装造。筒瓦结瓦，安立鸱吻。方砖地面，门外打花铺砌慢地。
正殿五间，朵殿二间。各深五丈。内心间阔二丈，次间各阔一丈八尺。柱高丈五尺。平棊枋，朱红顶板。里外显五铺，上下升真色晕嵌装饰。头顶筒瓦结瓦，安立鸱吻。方砖地面。朱红柱木、窗隔、板壁、周回明窗等。青石压阑石碇踏道，打花铺砌龙墀，殿上安设龙屏风。
殿后通过三间，随殿制作装饰。真碌刷柱。并寝殿五间，挟屋二间，瓦凉棚五间，并是真色晕嵌装造，黑漆退光柱木、窗隔、板壁、周回明窗等。头顶筒瓦结瓦，方砖地面。
后殿五间，挟屋二间，真色装造，碌漆窗隔、板壁，黑漆退光柱木、周回明窗等。头顶板瓦结瓦，方砖地面。
次后楼子五间，上下层并系青碌装造，黑漆窗隔、板壁、鹊梯、周回擗风簹等。碌油柱木。头顶筒瓦结瓦，方砖地面。打花铺砌甬路、花台。
正殿前后廊屋共九十四间，各深二丈七尺，阔一丈二尺，柱高一丈五尺。真色金线解碌装造，头顶板瓦结瓦，方砖地面。内殿前廊屋系朱红柱木、窗隔。殿后（廊屋）碌油柱木，黑漆金漆窗隔、板壁。前后明窗装折、阁子、库务等并素白椆木。
侧堂二座，各三间，龟头一间，黑漆窗隔并明窗等。
殿厨及内人屋六十六间。
官厅直舍外库等屋六十五间。大门一座，三间。中门、隔门二座，各一间，深阔不等，并系草色装饰，矾红并黑油柱木，安卓窗隔板壁等。板瓦结瓦，砖砌地面及诸处砖砌路道、墙壁。"（《周益文忠公大全集》卷一百七十三。）
⑤ "本朝殿后皆有主廊，廊后有小室三楹，……今临安殿后亦然"（南宋）赵彦卫. 云麓漫钞·卷三 [M]. 北京：中华书局，1958：40.

接二层楼 5 间，也形成工字殿。两座宫院殿庭四周及殿之两侧有廊屋连通，共 94 间。宫殿两侧另有殿厨及内人屋 66 间，官局直属外库 65 间。

慈福宫的正门、正殿规格最高，均用朱柱，屋顶用筒瓦，装鸱吻。殿进深 5 丈，当心间面阔 2 丈，次间 1.8 丈，柱高 1.5 丈，上用出两跳的五铺作斗栱，殿前两阶之间有龙墀折槛，殿内地面铺方砖，上用平棊，基本上属殿堂的规格，应为歇山屋顶。其后的寝殿规格与正殿相当，也应是歇山屋顶，但柱及装修改用黑漆。

其后的寝殿虽也是工字殿，但规格降低，其前殿改用版瓦，不用鸱吻，柱黑漆退光，只能是悬山屋顶的建筑。其后殿称"后楼子"，为二层楼，上用筒瓦，则应是歇山屋顶。慈福宫前后两座院落中，只相当于朝的第一进的门、第二进的殿用朱柱，是正规宫殿体制。第二所宫院的寝区用黑和绿色柱，近于民间高规格建筑。外朝和内廷兼用宫殿和民间体制可能是当时南宋宫殿的特点（图 14-7）。

综合上述南宋行宫和慈福宫的情况，可以推知，为表示不忘恢复中原，故称杭州宫殿为"行宫"。受此约束，则宫中建筑的尺度和规格都要低于汴梁宫殿。行宫中主殿垂拱殿宽 5 间，深 12 椽"修广仅如大郡之设厅"，太后宫慈福宫的正殿虽仍为宽 5 间，但进深 10 椽，则低于大内正殿的深 12 椽，斗栱则只出 2 跳。其正殿的屋顶形式参考前《华灯侍宴图》中形象和"设厅"的规制，恐最高不可能超过歇山，而以用悬山的可能性为最大。

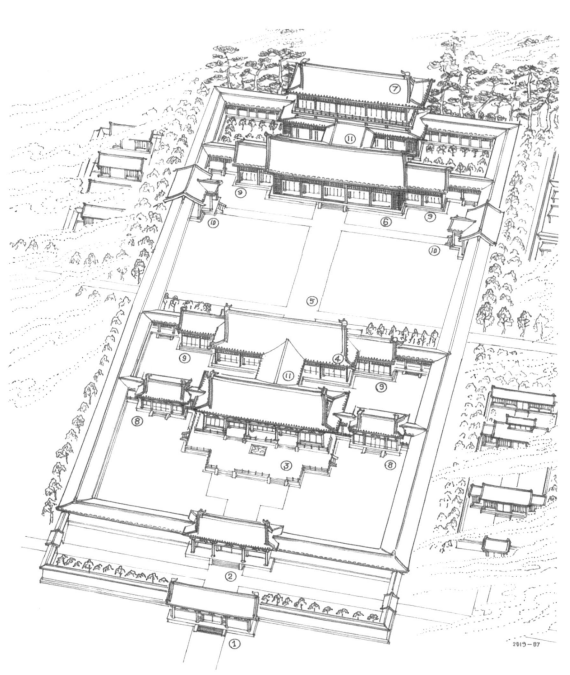

1.大门 2.殿门 3.正殿 4.寝殿 5.甬路 6.后殿 7.后楼 8.朵殿 9.挟屋 10.侧堂及龟头屋 11.通过

图 14-7 南宋临安慈福宫概貌

第十五章

# 金代
# 宫殿

金是原居东北的女真族建立的政权，北宋政和五年（1115年）称帝，建国号为金。宣和七年（1125年）灭辽，南宋建炎元年（1127年）灭北宋，进入中原地区。天德三年（1151年，南宋绍兴二十一年）自上京迁都燕京，创建中都城及宫殿[①]。

① （宋）李心传. 建炎以来系年要录·卷一百六十一·绍兴十二年[M]. 北京：中华书局：1956：2625.

# 第一节　金中都宫殿

金中都宫殿是金灭北宋进入华北后所建主要宫殿，基本仿北宋汴梁宫殿，而规模更为巨大豪华，以向只建临时性宫殿的南宋表示自己才是正统王朝。但在规模和体制上也有一些发展。具体情况在南宋人著作中有记载。

据（南宋）范成大《揽辔录》载："……炀王亮初营此都，规摹多出于孔彦舟。役民夫八十万，兵夫四十万，作治数年，死者不可胜计。"

据《建炎以来系年要录》卷一百六十一记载："（金主完颜亮）遣尚书右丞相张浩……调诸路夫匠筑燕京宫室。皇城周九里三千步，其东为太庙，西为尚书省。宫之正中曰皇帝正位，后曰皇后正位。位之东曰内省，西曰十六位，妃嫔居之。又西曰同乐园，瑶池、蓬瀛、柳庄、杏村皆在焉。其制度一以汴京为准，凡三年乃成。浩，辽阳人也。"①

① （宋）李心传. 建炎以来系年要录·卷一百六十一·绍兴十二年 [M]. 北京：中华书局：1956：2625.

据（南宋）楼钥《北行日录》记载，中都宫殿的情况是："正门十一间，下列五门，号应天门。左右有行楼，折而南，朵楼曲尺各三层四垂。朵楼城下有检、鼓院。又有左右掖门。左掖门后为敷德门，其东廊之外楼观翚飞，闻是东苑。西廊有门，即大安殿门外左翔龙门之后。敷德后为集英门，两门左右各又有门。集英之右曰会通，其东偏为东宫。……仁政殿……大殿九楹，前有露台，……殿两旁廊二间，高门三间，又廊二间，通一行二十五间，殿柱皆衣文绣。两廊各三十间，中有钟、鼓楼。大安殿门九间，两旁行廊三间，为日华、月华门各三间，又行廊七间。两厢各三十间，中起左右翔龙门，……。大安殿十一间，朵殿各五间，行廊各四间，东西廊各六十间，中起二楼各五间，左曰广祐，后对东宫门，右曰弘福。后有数殿，以黄琉璃瓦结盖，号为金殿，闻是中宫。殿上铺大花毡，中一间又加以佛狸毯，主座并茶床皆七宝为之，卓帏以珍珠结网，或云皆本朝故物。……露台三层，两旁各为曲水石级十四，最上层中间又为涩道，亦覆以毡。"

综合史籍所载，对中都宫殿布局可有一个大致的了解。除主殿面阔十一间，下建三层石台基，其台基除左右有十四级曲水踏步外，在中间又建有涩道并覆以毡，可知殿前是一条居中的坡道，打破了隋唐北宋以来殿宇明间不设阶道的传统。①②

中都宫城周回 9 里 3000 步，南面三门，正门为应天门，左右有掖门。东、西、北三面各一门，为东华门、西华门和拱宸门。③④

① （南宋）楼钥《北行日录》《攻媿集》卷一百一十一至一百一十二。商务印书馆影印《四部丛刊》本。
② （南宋）范成大《揽辔录》。王云五主编. 丛书集成初编 [M]. 上海：商务印书馆，1936：3-5.
③《金史》列传七十·逆臣，纥石烈执中传云："纥石烈执中'聚薪焚东华门，立梯登城。执中入宫……'"可知宫之东门为东华门，则相应之西门为西华门。（元）脱脱等. 金史 [M]. 北京：中华书局，1975：2832.
④《金史》本纪第十三，卫绍王："崇庆元年（1212 年）……七月有风自东来，吹帛一段，高数十丈，飞动如龙形，坠于拱辰门。"

应天门平面凹字形，门楼面阔 11 间，下开 5 门道，左右有廊，至角南折，连接突出在前的曲尺形平面的双阙，其形制与汴梁宣德门相似，但门楼由 9 间增至 11 间，阙楼由 1 层增至 3 层。应天门东、西侧有左、右掖门，城角有角楼。宫门前丁字街中南向御路东西向各建御廊 250 间，被南北御街上的三条横街分为四段，南抵宣阳门。御路北端之御廊顺丁字街之东西向街道矩折后向东西延伸，转为面对左右掖门的百余间南廊。

宫内被东西华门间东西向横街分为外朝、内廷两部分。南部为外朝，分为东、西 5 区，中间三区之殿门各对南面三门。中轴线上为外朝正殿大安殿一组，是举行大朝会等大典之处，用廊庑围成宫院，四面开门。南面三门，中为面阔 9 间的大安殿门，左、右有廊，连面阔 5 间的日精、月华二侧门，至角矩折向南，为东西向侧廊各 30 间，中间建有左、右翔龙门，在应天门内形成的巨大广场。大安殿门之内在殿庭北端为建在三层台基上的外朝正殿——大安殿，面阔 11 间，其左右有朵殿各 5 间和行廊，至角矩折，连接东西廊庑各 60 间，廊中间各建一座 5 间的楼为东西门。大安殿后门外即为东、西华门间的横街。在大安殿东侧一组，南对左掖门为敷德门，内有两进宫院，第二进内为太后所居寿康殿。此组之东为东宫。大安殿西侧南对右掖门一组为中宫。

东、西华门内横街之北为内廷，在中轴线上为内廷主殿仁政殿一组，最前为宣明门，其内为仁政门，二门均面阔 5 间，前后相重，沿用了北宋宫殿中的隔门之制。殿庭北面正中为面阔 9 间的仁政殿，殿两侧为楼阁形的东、西上阁门，殿庭东、西两面有廊各 30 间，中间分别建钟、鼓楼。其规制近于汴梁宫殿之文德殿。《金史》载宫中还建有"凉位十六"，可能是后宫所居；《北行日录》说大安殿庭西廊的弘福门"后有数殿，以黄琉璃瓦结盖，号为金殿，闻是中宫"，应即这部分建筑，但其具体布局和建筑形制史籍失载。

上述记载都是南宋使臣亲历所记，但所记只限于出入宫时行经之处所见，不可能反映全宫的面貌。据《北行日录》所记殿、门、廊庑的间数、形制，可了解其中轴线上大安、仁政二座主殿的情况，并据以绘出金中都宫殿主体部分的平面图，是较有价值的史料（参阅概说图 0-24）。

金中都在 20 世纪 50 年代曾做过勘探，因宫殿遗址压在现代建筑之下，其总体布局未能探明。但在宫殿址发现了大量碎琉璃瓦，证明确曾大量使用琉璃瓦。大安殿址尚存巨大的夯土台基，在其上开挖的柱础坑方在 1.6 米以上，用砖石磉与灰土相间筑成，极为坚实。

综合上述，可知虽史称金中都宫殿"制度一以汴京为准"，但主要指形制而非规模。金中都宫城前有御廊、正门前突出双阙，宫内被横街分为外朝内廷，其外朝、内廷的正殿大安殿、仁政殿都是工字殿，左右有挟屋，四周由廊庑环绕成殿庭，南庑上并列开三座殿门，规制与北宋大庆殿等基本相同。外朝分五区，主殿左右有朵殿，殿两侧东西廊各 60 间，内廷主殿前部有隔门，殿庭有钟鼓楼等，其规制也基本与北宋汴梁宫殿相同。其不同处是正门由 7 间增为 9 间，双阙由单檐增为 3 层，外朝正殿由 9 间增至 11 间，殿庭东西廊上二门改为楼，日朝正殿由 5 间增至 9 间，规模、规格均比北宋汴梁宫殿大，应是金代在宫殿规制上的新发展，并为以后的元明宫殿所继承。在总体布局上，北宋宫殿受地域和传统限制，外朝内廷四殿分二组左右并列，金宫为平地创建，故可按隋唐以来传统，外朝内廷主殿前后相重，恢复完整的宫城中轴线。在宫殿体制方面，在前期，金宫中不称前朝、后寝，而称皇帝正位、皇后正位，表现出帝后并尊，与以前各代都不同，应属其女真族的民族传统。以后汉化日深，才改称"外朝""内廷"，使符合中原宫殿的传统体制，以利于与南宋争正统地位。

在形式上，金宫主要殿宇下为白石台基，改六朝、隋唐以来殿下二重台基为三重台基，殿顶满覆青或黄色琉璃瓦，廊庑则脊用青琉璃瓦。远比北宋汴梁宫殿豪华。古代宫殿下用三重白石台基，中为朱红色门窗、柱、墙，上覆黄琉璃瓦屋顶的形象实际始于金代，延续至元、明、清三朝，与唐、宋时用两层青石台基、黑色或灰色瓦顶、仅个别在屋脊用琉璃瓦的形象大异，使宫殿的形象发生了巨大的改变。这表明金代琉璃瓦和汉白玉石的生产有很大的发展。这种新的宫殿面貌一直延续到元明清宫殿。

金中都宫殿没有形象史料流传下来，但可从金代壁画中得到参考。在山西繁峙县岩山寺南殿保存有大量金代壁画，其中画有很多大型宫殿的形象。据寺中金正隆三年（1158 年）水陆记碑之碑阴题名记载，画家王逵本年画寺中水陆殿壁画时，署名"御前承应画匠"，可知他是曾在金代中都宫中服役过的画匠，曾亲见过金代中都的宫殿。故他在金大定七年（1167 年，南宋孝宗乾道三年）所画岩山寺壁画中宫殿的规制和形象应在一定程度上反映了新建的金中都宫殿的面貌和风格，在殿西壁佛传图中所绘宫殿正门为五凤楼的形式，其内为殿门，门内为廊庑环绕的工字殿，其前殿为重檐顶大殿，殿后接穿廊，通向重檐歇山顶的二层楼阁，前殿后楼左右均有朵殿。虽限于佛寺规制，门殿间数均画为五至七间，屋顶均为歇山顶而未用庑殿顶，在规制上较帝宫有所贬损。但整体布局和建筑斗栱、装饰的豪华都和

图 15-1　山西繁峙岩山寺金代王逵所绘壁画中金代宫殿形象放大图（摹本）

中都宫殿有近似处，与同期南宋宫殿完全不同，可作为了解金中都宫殿形象和风格的参考史料（图 15-1，参见图 0-25）。

金中都宫殿的史料在《金史·地理志五·上京路》中有较详记载。①

① 《金史·地理志五·上京路》：
"天德三年（1151 年，南宋绍兴二十一年）始图上燕城宫室制度。……（张）浩等取真定府潭园材木营建宫室及凉位十六。应天门十一楹，左右有楼，门内有左右翔龙门及日华、月华门。前殿曰大安。左右掖门内殿东廊曰敷德门。大安殿之东北为东宫：正北列三门，中曰粹英，为寿康宫，母后所居也。西曰会通门，门北曰承明门，又北曰昭庆门。东曰集禧门，尚书省在其外。其东西门左右嘉会门也，门有二楼，大安殿后门之后也。其北曰宣明门，则常朝后殿门也。北曰仁政门，傍为朵殿，朵殿上为两高楼，曰东西上阁门。内有仁政殿，常朝之所也。宫城之前廊东西各二百余间，分为三节，节为一门，将至宫城东西转，各有廊百许间。驰道两旁植柳，廊脊覆碧瓦，宫阙殿门则纯用碧瓦。"

# 第二节　金上京宫殿遗址

在黑龙江省阿城县（今为阿城区），西距金上京城 3.6 公里处发现一座金代大型宫殿遗址。建筑基址面向东南方，是一座前有殿门，左右有廊庑环绕的工字殿。前殿殿基夯土筑成，基深 4.2 米，四周用砖包砌，上建面阔 9 间，进深 5 间的大殿，殿原地面及柱础已不存，其柱坑在夯土基内挖出，方 4 米，深 4 ～ 5 米，用土、砖石碴夹杂炭逐层筑成磉墩，极为坚实。以柱中—中计，正面 9 间为 44.5 米，侧面 5 间为 22.8 米。经核算，进深 5 间均宽 1.5 丈，总深 7.5 丈。面阔 9 间中，中间 3 间面阔各 1.8 丈，左右各 3 间面阔各 1.5 丈，

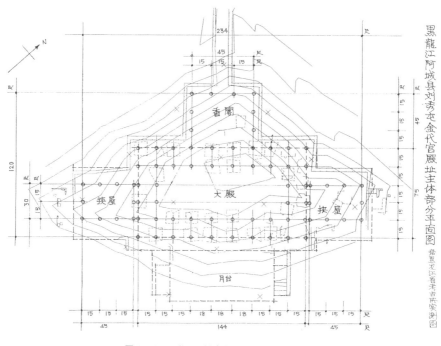

图 15-2　黑龙江阿城金宫殿址主体部分平面图
（据黑龙江省考古所实测图）

总宽 14.4 丈。在正殿之前，于殿台基之外建一巨大的月台，其左右侧有登台的阶道。在后檐和两山面正中都向外接建一面阔 3 间，进深 2 间的小室，在两山外的称"挟屋"，在后檐后的按金代制度称"香阁"。在两挟屋的外侧发现廊庑基址，两端矩折向前与殿门相接，围合成巨大的殿庭（图 15-2）。

大殿后有后殿，是一面阔 5 间，进深 2 间的小殿，与前殿后的香阁之间有长 47 米的柱廊连接，形成工字殿。后殿左右有无廊庑尚有待探查。

此殿宽 9 间，深 5 间，前有月台，左右建挟屋，后出香阁，是已发现的宋、辽、金时期建筑中规模最大、规格最高的，当属金上京的重要宫殿基址。但除后部出香阁可能属女真特色外，台基亦只高二层，与中都宫殿用三重台基不同，表明金初期之宫殿形制和工程做法仍沿用汉族传统做法，至贞元三年（1155年）建中都宫殿后，始改为殿下用三重台基。

《金史》载海陵王正隆二年（1157年，南宋绍兴二十七年）十月"命会宁府毁旧宫殿、诸大族第宅及储庆寺，仍夷其址而耕种之。"[1]此殿当毁于此时。

金上京宫殿在《金史·地理志五》中有文字记载，但目前尚无法与遗址对照，仅以注释形式摘录于下[2]，以供参考。

①《金史》卷五·海陵。（元）脱脱等. 金史[M]. 北京：中华书局，1975：108.
②《金史·地理志五·上京路》："天眷元年（1138年，南宋绍兴八年）号上京，海陵贞元二年（1154年，南宋绍兴二十四年）迁都于燕。削上京之号，止称会宁府。其宫室有乾元殿，天会三年（1125年，宋宣和七年）建，天眷元年（1138年，宋绍兴八年）更名皇极殿。庆元宫天会十三年（1135年）建，殿曰辰居，门曰景晖。天眷二年（1139年）安太祖以下御容，为原庙。朝殿天眷元年（1138年）建，殿曰敷德，门曰延光，寝殿曰宵衣，书殿曰稽古。又有明德宫，明德殿，熙宗尝享太宗御容于此，太后所居也。凉殿皇统二年（1142年）构，门曰延福，楼曰五云，殿曰重明。东庑南殿曰东华，次曰广仁。西庑南殿曰西清，次曰明义。重明后东殿曰龙寿，西殿曰奎文。时令殿及其门曰奉元，有泰和殿，有武德殿，有薰风殿。"

# 第三节　金南京宫殿

1127年金灭北宋，基本沿淮河一线与南宋对峙。金占领汴梁时，其城市宫殿都遭到一定程度的破坏。金宣宗贞祐二年（1214年）金困于蒙古，中都附近州郡大部丧失，遂被迫向南迁都至汴梁，改称"南京"。金定都南京后曾改建汴梁北宋宫室。据元白珽撰《湛渊静语》卷二引宋理宗端平元年（1234年）南宋使臣撰《使燕日录》所记途经汴梁时所见情况，说大庆殿面阔由9间改为11间，台基由二重增为三重，殿前东西廊上的左右太和门改为楼，重要殿宇屋顶由琉璃瓦剪边改为满覆琉璃瓦，表明金南迁后是按照金中都的宫殿规制扩建了北宋汴梁宫殿。其他建筑及后苑也有很多与北宋时记载不一致处。在宫前御廊（金末已有千步廊之名）之东建太庙，其正殿面阔25间，御廊之西建社稷坛，恢复了宫前"左祖右社"的传统布局。这些应都是金朝迁都于此后对北宋宫殿所做的改变。

金天兴三年（1234年）三月，蒙古军围金南京，金主自杀，城破金亡，城内宫室再一次遭到破坏。

金南京宫殿在元白珽撰《湛渊静语》引《使燕日录》中所记较详，现以注释形式摘录于下①，以供参考。

① 宫墙四角皆有楼，高数十尺。其楼中一区高，两旁各递减三层，以裹墙角。入自左掖门，向西行一二十步，横入一门，号左升龙门。入此门，即五门里大庆门外。由峻廊上五门楼，俯瞰城寺，正望丹凤楼。复下楼，望右升龙门，此两门盖通左右掖门。五门非车驾出入不开，左右掖门百官有司往来，横通左右升龙以造大庆门外。其门有三，中曰大庆，东曰日精，西曰月华，门旁亦列戟。入此门望见大庆殿，两旁有井亭，东西廊屋各数十间。殿庭有两楼对峙，东曰嘉福，西曰嘉瑞。大庆殿屋十一间，龙墀三级，旁朵殿各三间，峻廊复与西庑相接。殿壁画四龙，各长数丈，询之宦者，称金主询渡河来后所画。中间御屏亦画龙，上用小斗开成一方井，如佛宫宝盖，中有一金龙，以丝网罩之，此即正衙也。转御屏，下峻阶数步，一殿曰德仪。由德仪殿出，有三门。中榜曰隆德之门，余二门榜左右隆平。入此门，东西两井亭，望见隆德殿，即旧垂拱殿，今更此名。两廊屋各数十间。殿庭中东一楼钟楼，西一楼鼓楼。殿屋五大间，旁各朵殿三间，阶止龙墀一级。左朵殿峻廊接东上阁门，右朵殿峻廊接西上阁门，并楼屋，下有门通往来。此常朝殿也。此殿后峻阶数步，有旱船，过又一庭院，又一门榜曰仁安之门。门外东西向两门，东一门横截出东华门，西一门横截出西华门。入仁安门，望见仁安殿，殿宇、龙墀、两廊皆如隆德规模，止无东西阁门，在本朝为集英殿，进士唱名在此，新进状元以下并由东华门出。金人改为仁安，榜颜所改踪迹尚在。自此后两殿，有殿无门，皆旱船连接，两边廊屋不丹雘，止是黑漆窗户，意必宫人位次。此系内殿，想百官不到。前殿皆琉璃筒瓦，此两殿并瓦，止用琉璃楞屋脊，及用琉璃筒瓦圈屋檐。一殿曰纯和，一殿曰宁福，后又一小殿连宁福，如人家堂舍后龟头，三面皆墙壁，此即正寝。两旁有两阁，亦设榻。此殿后即内宫墙。

# 第十六章

# 元代宫殿

　　蒙古时期，窝阔台于1235年定哈拉和林城为首都，建有万安宫。忽必烈受命统领漠南汉地后，于1256年命刘秉忠在桓州东规划建造开平城及藩府，三年而毕。中统元年（1260年）忽必烈即位后，进驻燕京，居琼华岛。于1263年改开平城及藩府称上都。

　　至元三年（1266年）世祖忽必烈定都于燕，至元四年（1267年）又命刘秉忠建大都城，五年（1268年）七月宫城建成。据《元史·本纪》记载，宫中主体建筑建于至元九年至十二年间（1272—1275年），约4年建成。至此，在元世祖忽必烈之世，已建成上都和大都两所宫殿。

至元三十一年（1294 年）世祖死，成宗即位，改建皇城西侧的原太子府为隆福宫以居太后。至大一年（1308 年）武宗即位后，在太液池西侧为皇太后创建兴圣宫，同时又在今河北省张北县创建中都城及宫殿。总计元代在大都有三座宫殿，上都、中都各有一座宫殿，共有五座宫殿。对这五座宫殿的遗址和大致情况，现已有初步了解。此外还有很多离宫、行宫，目前尚未能探查知其具体情况。

# 第一节　元大都大内

## 一、大内与大都城的关系

据《南村辍耕录》记载，元大都宫城东西 480 步，南北 615 步。通过中国社会科学院考古研究所近年进行的考古勘探和重点发掘，已经基本上探明了大都外城、皇城、宫城的轮廓。用作图法在平面图上进行分析，可以发现大都城和宫城御苑的关系。设以 A 代表宫城之宽度（御苑与宫城同宽），则大都城东西之宽为 9A，即为宫城之宽的 9 倍。若设宫城、御苑总深度为 B，以 B 与大城之深比较，则大城之深为 5B，即为宫城与御苑总深的 5 倍。这就是说，大都城之面积以宫城御苑面积之合为面积模数，为其 5×9=45 倍。[1]刘秉忠在规划大都城时令大都城与宫城御苑之间的关系为九和五的

① 徐苹芳. 元大都的勘察和发掘 [ M ]// 徐苹芳. 中国历史考古学论丛. 台北：允晨文化实业有限公司版，1995：161.

倍数显然是有意附会《周易》中"九五利见大人"，以九五象征贵位的意思，以这数字象征皇宫和都城的至尊地位（图 16-1）。

考古勘察已基本查明元大内的位置，它在今明清故宫紫禁城之中北部，其东西墙与紫禁城东西墙相重，南段即压在紫禁城东西墙北段之下，其南墙及正门崇天门在今太和殿一线，北墙及北门后载门在今景山寿皇殿一线。明北京紫禁城宫殿的中轴线与元大都宫殿的规划中轴线是重合的。

因受城内太液池、海子等水系的限制，大都全城通过大内宫殿体现出的规划中轴线未能与都城的南北向几何中分线重合，而是向东移了 129 米左右，约合 41 丈。形成规划中轴线，在其上建宫城，南对南城正门丽正门，北对万宁寺中心阁（即明清鼓楼的位置）；另在都城的南北向几何中分线上建鼓楼、钟楼和贯穿它们的南北大街（明以后拆除钟鼓楼，而称其街为"旧鼓楼大街"），并使鼓楼位于全城的几何中心位置。这种在城市南半部强调以宫殿为规划中轴线的同时，又在城市北半部建鼓楼、

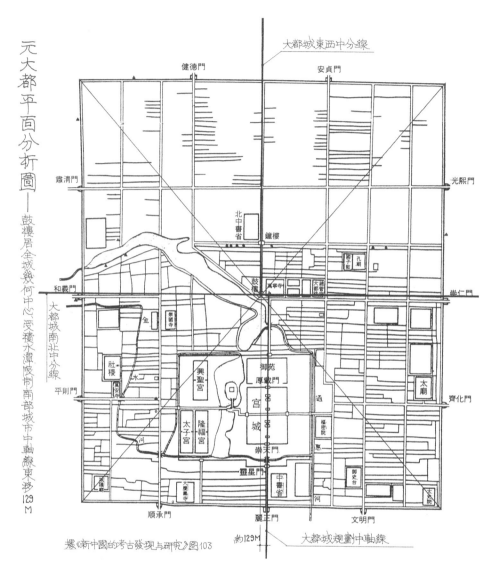

元大都平面分析圖——鼓樓居全城幾何中心受積水潭限制南部城市中軸線東移129M

大都城東西中分線

健德門　安貞門

肅清門　　　　　　　　　　　光熙門

北中書省　鐘樓

國子監

和義門　　萬寧寺　大都警巡院　崇仁門

大都城南北中分線

金　　樂善寺

興聖宮　御苑厚載門

社稷　　　　　　　　　　　宮城　　　　　　太廟

齊化門

平則門　太子宮　隆福宮　　崇天門

靈星門

順承門　　麗正門　　文明門

中書省

御史台

據《新中國的考古發現與研究》圖103

約129M　大都城規劃中軸線

图 16-1　元大都平面分析图
（《中国古代城市规划、建筑群布局及建筑设计方法研究》图Ⅰ-1-6）

钟楼以强调几何中分线的处理手法，说明在规划大都时很仔细地考虑了规划中轴线不得不东移的情况并给予巧妙的处理，对二者同时加以强调而不偏废（图 16-1）。

## 二、大内的规划布局

大内在大都城南半部，居中，《南村辍耕录》载其宫城东西 480 步（756 米），南北 615 步（968 米），高 35 尺，用砖包砌，南面开一正门二翼门，东、西、北三面各开一门，四角有角楼。但据近年考古勘察，宫之北墙在今景山寿皇殿一线，南墙在太和殿一线，总深度约在 1180 米，宫之东西墙为明紫禁城沿用，宽 760 米，则其总面积在 0.897 平方公里左右。自宫城南面正门崇天门向南有御路，穿过皇城正门棂星门，直抵大都南面正门丽正门，在丽正门与棂星门之间大道两侧建有千步廊。丽正门北并列有三座白石桥，称"周桥"。在丽正门、周桥、崇天门间的御路构成大都规划中轴线的南段。

宫中除在南门崇天门与北门厚载门之间形成全宫中轴线外，至少尚有东、西两条轴线，形成中路和东、西路。中路南部建"大内前宫"大明殿一组，北部建"大内后宫"延春阁一组，元后期又在其后增建了清宁宫一组。大明殿、延春阁之间为东华门和西华门间的东、西向大路。东路自南而北有酒人之室、庖人之室，位于大明殿宫院东侧。再向北，在东华门内向北有先朝老后妃所住的 11 所宫院，位于延春阁宫院之东侧。西路自南而北为内藏库 20 所和供佛的玉德殿和宸庆殿等，分别位于大明殿宫院和延春阁宫院之西侧。其余布置史未详载[1]（参见图 0-26）。由于元陶宗仪《南村辍耕录》卷 21 宫阙制度引自元官修《经世大典》所提供的宫阙情况，有较详细的描写和数据，虽遗址已无法探查，我们仍可据以对元宫主要建筑的形制规模进行较具体的探讨。[2]

[1] （元）陶宗仪《南村辍耕录》卷二十一·宫阙制度·元大内部分 [M]// 元明史料笔记丛刊. 北京：中华书局，1959：250-252.
[2] 傅熹年. 元大都大内宫殿的复原研究 [J]. 考古学报，1993（1）：109-151.

《南村辍耕录》载元大内宫城正门为崇天门，下开5门，其上门楼面阔11间，东西187尺，高85尺，左、右有斜廊通东西朵楼，再分别向南接凸出的两阙，形成凹字形平面。东、西城上的东、西华门面阔7间，下开3门。北城上的厚载门面阔5间，下开1门。城四角有角楼。宫城各门均红柱，红墙，朱门，绘彩画，屋顶用琉璃瓦饰屋檐、屋脊，即所谓"琉璃剪边"做法，但瓦色未标明（图16-2）。

元代帝后并尊，朝会共同升殿，且各有自己的宫殿。中路前部的大明殿一组宫院为元帝主宫，其后的延春阁一组为元后主宫。大明殿一组宫院南面开3门，北面开2门，东西面各开1门，四角有角楼，其间连以120间廊庑，围合成巨大的纵长矩形宫院。正门大明门7间重檐，其余各门皆3间单檐。殿庭正中为前殿——大明殿，面阔11间，其后有12间柱廊通至面阔5间、左右各有3间夹室的寝殿，构成工字殿。寝殿中部向后突出三间，称"香阁"，是皇帝的寝所。与前代宫殿不同处是在寝殿东、西侧还并列两座面阔3间前后出抱厦的独立殿宇，东名文思殿，西名紫檀殿，也是寝殿。它们共建在三层台基上（图16-3）。在殿后北庑正中有宝云殿，两侧东、西庑上除东、西门外，还各建有一座面阔5间二层高75尺的楼，称"文楼""武楼"。

大明殿一组是元宫主殿，是宫内尺度最大的建筑物。其中大明门宽120尺；大明殿宽200尺，深120尺，高90尺；柱廊12间深240尺，高50尺；寝殿总宽140尺，深50尺，高70尺；大明殿下为高约10尺的三重汉白玉石台基，绕以雕龙凤的石栏杆，挑出螭首。殿之装饰极为豪华：殿身台基边缘装朱漆木钩阑，望柱顶上装以上立雄鹰的鎏金铜帽；前殿外檐用红色画金色云龙方柱，下为白石雕云龙柱础；殿身四面装加金线的朱色琐纹窗，用鎏金饰件；殿内地面铺花斑石，上方天花装有用金装饰的两条盘龙的藻井。殿中设帝、后的御榻，其前方左右相对设诸王大臣的座位多重，为举行朝会大典礼之处。后部寝殿四壁裱糊画有龙凤的绢，中间设金色屏，屏后的香阁即寝室，室内并列三张龙床。大明殿左右的文思殿、紫檀殿室内装修用紫檀木及香木，镶嵌白玉片，顶部为井口天花，壁面裱以画金碧山

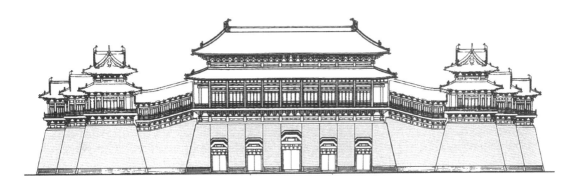

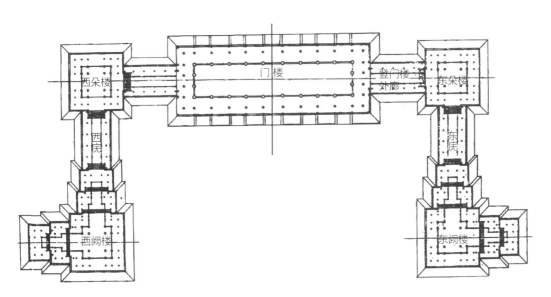

图 16-2　元大都大内崇天门复原图

第十六章　元代宫殿

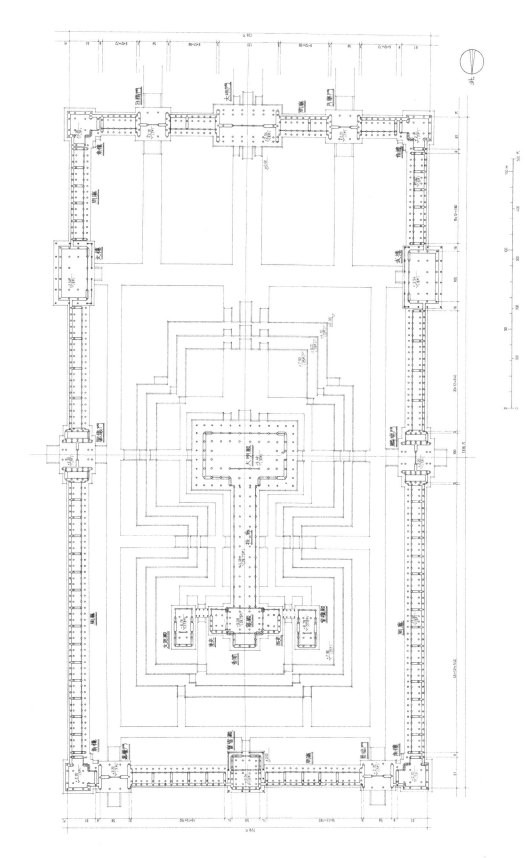

图16-3 元大都大内前殿大明殿建筑群总平面复原图
（《元大都大内宫殿的复原研究》图一五）

水的绢，并设有储衣壁柜等生活设施，地面铺染成草绿色的皮毛为地毯，极为豪华[1]（图 16-4）。

① （明）萧洵. 北平考 故宫遗录 [M]. 北京：北京古籍出版社，1963：67-68.

元后的主宫延春阁一组宫院隔着宫城东、西华门间的东西向大道与南面的大明殿一组相对。它四周也由门、角楼和廊庑围成矩形宫院，中建工字殿，布局和内部装饰、陈设基本与大明殿相同，所异处是虽工字殿的寝殿部分二者基本相同，但前部却由面阔 11 间的殿改为面阔 9 间、高二层、出三重檐的楼阁，名延春阁。延春阁一组的周庑也由 120 间增为 172 间。其东、西庑上除东、西门外，还各建有一座面阔 5 间二层高 75 尺的楼，称"文楼""武楼"（图 16-5、图 16-6）。

清宁宫在延春阁后，是元后期增建的，也是由门、庑围成的宫院，形制、规模与延春阁相近。[2]东路的庖人之室、酒人之室，参照兴圣宫有关记载都是较大的院落。其北部为老后妃宫殿，参照兴圣宫妃嫔院的记载，其形制也可以大体推知。

② （明）萧洵. 北平考 故宫遗录 [M]. 北京：北京古籍出版社，1963：67-68.
③ 《元代画塑记》载延祐七年为玉德殿正殿铸三世佛，西夹铸五方佛，东夹铸五护佛陀罗尼佛，可证是供佛殿。载《仓圣明智大学刊》"广仓学窘丛书"甲类第二集叶 17 下、18 上。

西路北部的玉德殿是一组很大的宫院，前殿玉德殿面阔 7 间，中设佛像[3]，左、右有东西香殿，是宫中做佛事处。其后的宸庆殿面阔 9 间，中设御榻，其前有东西更衣殿，可能是元帝拜佛时休息更衣之处。但元成宗曾在玉德殿大宴，以后诸帝有临时在此决大事的记载，故可能兼具临时使用的便殿的性质。玉德殿东西 100 尺，深 49 尺，《南村辍耕录》说"饰以白玉，甃以文石"。《故宫遗录》说"殿楹栱皆贴白玉云龙花片，中设白玉金花山字屏台，上置玉床"，应是宫中最豪华建筑，殿名玉德，建筑上大量用玉为饰，可能有古人所说"玉以比德"之义，但实际上是供佛之处。

元帝信佛，经常做佛事，除玉德殿外，大都各宫的大明殿、延春阁、光天殿、兴圣殿、延华阁等和上都的大安阁在《元史》中都有在其中做佛事的记载。

图16-4 元大都大内前殿大明殿一组复原示意图
（《元大都大内宫殿的复原研究》图一六）

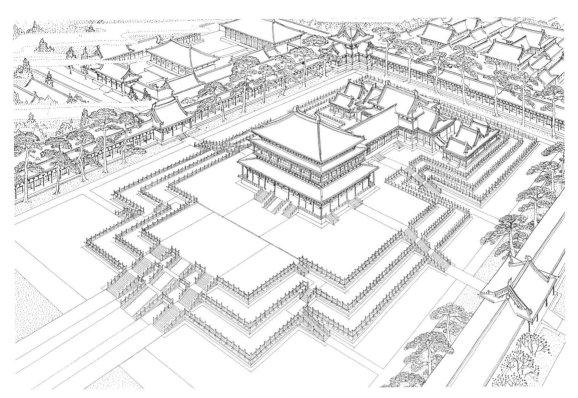

图 16-5　元大都大内延春阁一组复原示意图

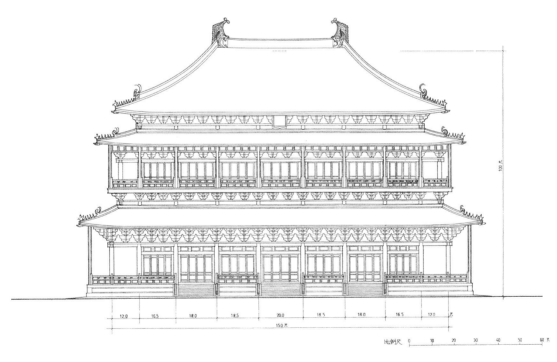

图 16-6　元大都大内延春阁立面复原示意图
（《元大都大内宫殿的复原研究》图二四）

第十六章　元代宫殿

# 三、元大内宫殿间的等级制度

元大内建筑在装饰上表现出一定级差。除屋顶为琉璃剪边，未见全用琉璃的记载外，帝后的主要殿宇均用朱色加金线琐（锁）纹格扇，彩画描金，地面用磨光花斑石。宫城各门和次要殿宇则只用红柱、红墙，门用朱漆加金，格扇和彩画不加金。廊庑等辅助建筑为红柱、红墙，但门窗不用朱、金，彩画也不用金。

元大内的皇帝、太后、妃嫔宫殿在形制、规模上存在明显的等级差异。可据《南村辍耕录》所载比较如下：

正殿：

大内大明殿（皇帝宫正殿）——11 间；

延春阁（皇后宫正殿）——9 间；

隆福宫光天殿（皇太后宫正殿）——7 间；

兴圣宫兴圣殿（皇太后宫正殿）——7 间。

殿庭正门：

大明门（皇帝宫正门）——7 间，3 门；

延春门（皇后宫正门）——5 间，3 门；

隆福宫光天门（皇太后宫正门）——5 间，3 门；

兴圣宫兴圣门（皇太后宫正门）——5 间，3 门。

从上举四组宫殿的殿、门的面阔可以看到，它们虽都是所在宫中的正殿、正门，但受皇帝为至尊和男尊女卑的限制，其相应的殿、门却在间数、门数上仍存在如下差异。

同为主殿，皇帝为面阔 11 间，皇后为面阔 9 间，太后虽贵为帝母，只能面阔 7 间。

同为主殿院正门，皇帝为面阔 7 间，皇后、皇太后为面阔 5 间。

这表明，在宫廷建筑中，存在着皇帝、皇后、皇太后三个明显的级差。至于妃嫔所居，从兴圣宫的东西盝顶殿和妃嫔院可知，一般是面阔 5 间或面阔 3 间，左右夹室各两间，规格又低很多了。故尽管元代宫殿建筑的等级规制没有流传下来，但我们可以对上述史料进行分析推知它的确是存在的。

据明洪武丙子（1396 年）吴节《故宫遗录》序所载，《故宫遗录》作者萧洵明初 "任工部郎中，奉命随大臣至北平毁元旧都"，可知在洪武初已开始拆毁元大都宫殿。而最彻底的拆毁则是在明永乐十四年（1416 年）决策以北京为首都后，把 1420 年新建的明紫禁城宫殿建在元大都宫殿基址上，表明元大内宫殿已全部拆毁。隆福宫、兴圣宫当也毁于此时。

# 第二节　元大都隆福宫

在皇城西部，中海西侧，原为太子府，至元三十一年（1294 年）成宗即位后改称 "隆福宫" 以居太后。[1][2] 宫平面纵长矩形，绕以砖砌宫墙，南面开三门，东、西、北三面各开一门。其内建筑分左、中、右三路。

① 《元史》卷十八：至元三十一年（1294 年）五月 "己巳，改皇太后所居旧太子府为隆福宫"。（明）宋濂 撰. 元史 [M]. 北京：中华书局，1976：383.
② （元）陶宗仪. 南村辍耕录·卷二十一·宫阙制度·隆福宫部分 [M]// 元明史料笔记丛刊. 北京：中华书局，1959：252-253.

中轴线上主体为由门、庑围成巨大殿庭的光天殿一组宫院。宫院南面开三门，东西各一门，其南面正门光天门面阔 5 间、开 3 门，其余各门均面阔 3 间，四角建有角楼，其间连以 172 间周庑，围成殿庭。庭中主殿光天殿为建在二层台基上的工字殿，前殿 7 间，宽 98 尺，其后柱廊 7 间，连接面阔 5 间左右各有 2 间夹室的寝殿。光天门及光天殿均为重檐建筑。另在寝殿东西侧建有寿昌、嘉禧二殿，形制与大明殿寝殿侧的文思、紫檀二殿相同。寝殿后北庑正中为针线殿。东西庑上二门之南有骞凤、骖龙二楼。在北庑之北有侍女直庐 5 所，其后及左右围以侍女室 72 间。①

中轴线两侧的东、西路布置次要和辅助建筑。东侧的东路自南向北布置酒房、内庖、沉香殿②、浴室等；西侧的西路自南而北有文宸库、牧人宿卫之室、文德殿、盝顶殿、香殿等，但其规制史未详载（图 16-7）。

① （元）陶宗仪. 南村辍耕录·卷二十一·宫阙制度·隆福宫部分 [M]// 元明史料笔记丛刊. 北京：中华书局，1959：252-253.
② （明）萧洵. 北平考 故宫遗录（据北京出版社 1963 年排印本）[M]. 北京：北京古籍出版社，1983：70.

隆福宫先后为太子宫和太后宫。其主体光天殿一组的格局、建筑形制与大内的大明殿一组基本相同，反映出元代宫室的特点。但其门殿缩小为 5 间、7 间、9 间，主殿下台基由三层减为二层，可能是反映了太后、太子与皇帝在宫室上的差异。

隆福宫西还有御苑，供前朝后妃居住，内有石假山、流杯池、棕毛殿等。

入明后，隆福宫于洪武十三年（1380 年）改为燕王朱棣之王府。

# 第三节　元大都兴圣宫

在皇城西北部，太液池（今北海）西侧，元武宗至大元年（1308 年）为皇太后创建。③④宫平面纵长矩形，四周有砖砌宫墙，南面三门，东、西、北各一门。宫墙外尚有夹垣，安置附属机构。宫内建筑也分左、中、右三路。

③ 《元史》卷一百一十六："至大元年三月，帝为太后建兴圣宫，给钞五万锭、丝二万斤。"（明）宋濂 撰. 元史 [M]. 北京：中华书局，1976：2901.
④ 《元史》卷二十三：（至大二年）"五月丁亥，以通政院使惢剌合儿知枢密院事，董建兴圣宫"（明）宋濂 撰. 元史 [M]. 北京：中华书局，1976：5.

中路前后相重建有兴圣殿、延华阁两组宫院，形成全宫的中轴线。兴圣殿是一组由门、庑围合成的宫院，南面三门，东、西各一门，只南面正门兴

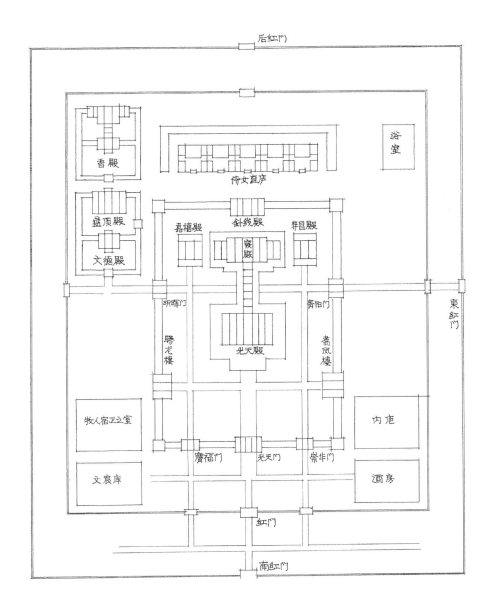

图 16-7　元大都隆福宫平面示意图
（《中国科学技术史·建筑卷》图 8-11）

圣门为5间3门，其余均3间1门。主殿兴圣殿的前殿面阔7间，东西100尺，深97尺，后为柱廊6间，连接面阔5间、深77尺、左右各有3间夹室、后出3间香阁的寝殿，组成工字殿，建在白石砌成的二层台基上。在寝殿东、西外侧也建有面阔3间的嘉德、宝慈二殿。寝殿北有宽1间左右有两夹的山字门（中间高，两侧低，轮廓如山字，因以得名），在东、西庑的侧门之南各有一面阔5间的楼，在殿前东西相对。此组宫院的布局、形制与隆福宫的主体基本相同，所异处是北庑无殿宇，只建一山字门，四角亦无角楼，除按宫殿体制用朱色琐窗，文石铺地外，最特殊处是屋顶满覆白瓷瓦，用绿琉璃瓦剪边。

自山字门向北为延华阁一组，围以木版垣。主建筑延华阁方79.2尺，二层，十字脊屋顶上满覆白琉璃瓦，用青琉璃瓦剪边。阁前东西侧各有面阔5间的东、西殿。阁后有圆亭，圆亭东、西相对有芳碧、徽青二方亭，方三间，上为十字脊屋顶，覆以青色琉璃瓦，用绿琉璃瓦剪边，其内供佛。[1]此外，在东西外侧还有浴室、盝顶房、畏吾儿殿等次要建筑。

东路自南而北为酒房、庖室、东盝顶殿、妃嫔院、侍女室。西路自南而北为藏珍库、牧人庖人宿卫之室、军器库、鞍辔库、生料库、学士院和西盝顶殿、妃嫔院、侍女室。其中东、西盝顶殿与延华阁一组东西并列，均为面阔5间的工字殿，由附属建筑围成宫院，其后附有妃嫔院、侍女室，是东西路的主体部分[2]（图16-8）。

综观兴圣宫的情况，它是元武宗专为太后建的宫殿，虽受体制限制，表面上建筑规制不得不稍低于帝后宫殿，如正门及前殿面阔为5间、7间，但寝殿为面阔5间、左右各有3间夹室，后出香阁，与大明殿的寝殿全同。它只比大明殿略有贬损，却高于隆福宫。兴圣宫在某些方面还有超过帝宫之处，如元大内各主要宫殿屋顶均覆以陶瓦，加琉璃瓦剪边，而兴圣宫的前殿、延华

① 《元代画塑记》载至治三年"敕功德使等：延华阁西徽青亭内可塑带伴绕马哈哥剌佛像，……"可证内供佛像。载仓圣明智大学刊《广仓学宭丛书》甲类第二集叶12上、下。
② （元）陶宗仪. 南村辍耕录·卷二十一·宫阙制度·兴圣宫部分 [M]// 元明史料笔记丛刊. 北京：中华书局，1959：253–255.

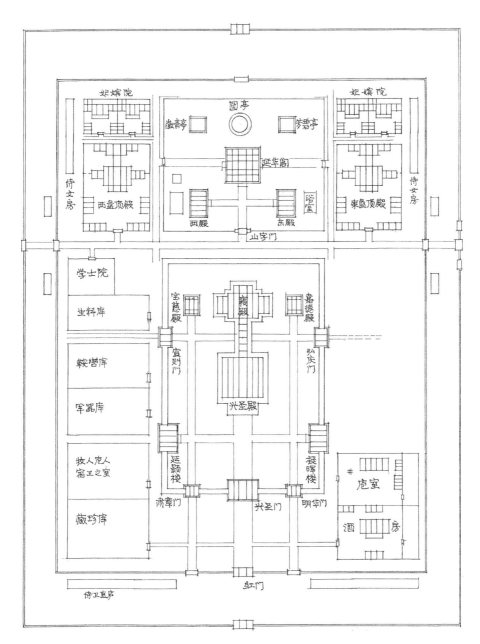

图 16-8  元大都兴圣宫平面示意图
(《中国科学技术史·建筑卷》图 8-12)

阁、芳碧徽青二亭四座建筑的屋顶却满覆白瓷瓦、白或青色琉璃瓦，用绿或青琉璃瓦剪边，超过了大内宫殿，就装饰用材论，兴圣宫属于最高规格。

# 第四节　元上都宫殿

上都及其宫殿为1256年忽必烈为藩王时命刘秉忠规划建造，三年而成。其宫城在皇城中间偏北，遗址已发现。东西宽542米，南北深605米，面积为0.328平方公里宫城基宽10米，土筑，内外用砖包砌，四角有角楼。在宫城外有宽约1.5米的石砌夹城，内有小型建筑址，可能是守卫和警戒用的铺屋等。遗址所示，宫城东、南、西三面各开一城门，北面无门，而有一巨大的阙形建筑基址。宫之南门名阳德门，门内大街和东、西面的东华门、西华门间的大街相会，形成丁字街，为宫内主要干道。在南门内大街北端，有一方60米、高3米之夯土台基，其上偏北有一长25米、宽30米、高2米之殿基，居于全宫的几何中心。其正北在北宫墙上的阙形建筑中心基址宽75米，两端突出的阙台方28米，是宫中最大的建筑基址。①这两个基址与南门相对，形成全宫的中轴线。宫中其他建筑址分别位于轴线东西侧，近于围绕湖泊自由布置的园林建筑，未再形成明显的轴线或对称关系，与正式宫殿的布置有很大差异。这些建筑遗址多为用墙围成的大小不等的矩形院落，有一进、多进和并列等多种组合形式，其主体建筑多为一正两厢，个别为工字殿。因尚无进一步的遗址勘测或发掘报告，目前尚难作更多的探讨（图16-9）。

大安阁是上都宫中最重要建筑，《元史》载至元三年（1266年）建大安阁于上都。②虞集《道园学古录》说它原为汴京宋宫的熙春阁，迁建于上都宫中后改名大安阁，以其为前殿，

① 贾洲杰. 元上都调查报告[J]. 文物，1977（5）：65-75.
② （明）宋濂撰. 元史[M]. 北京：中华书局，1976：113.
③ （元）虞集《跋大安阁图》道园学古录卷十。
④ （元）王恽《秋涧集》卷三十七·记·《熙春阁遗制记》《四库全书》电子版。

为元帝即位和举行大朝会之处，宫城之内即不再建正殿。③据元王恽《熙春阁遗制记》记载④，熙春阁广46步（23丈，约合72米），高222尺（约

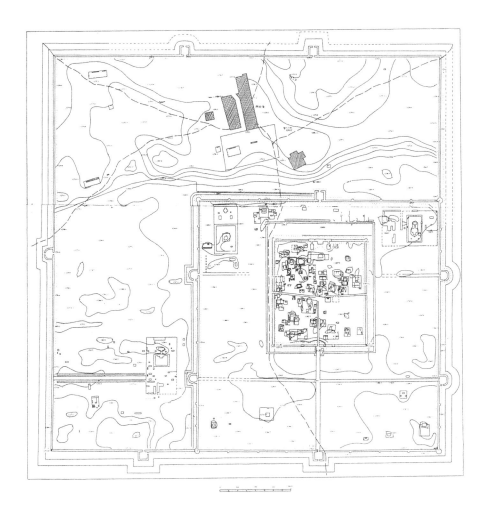

图 16-9 元上都宫殿平面图
（《中国科学技术史·建筑卷》图 8-4，引《内蒙古东南部航空摄影考古报告》图 29）

70 米），主体面阔 5 间，高 3 层，有五重檐，左右有挟楼各 2 间，比阁低一层。另据元代史料，大安阁后还有寝殿[1]，则应为前阁后殿的工字形平面，但现存几何中心处的遗址尺度小于大安阁，究竟大安阁址在何处，尚有待进一步考古工作来揭露。

[1] 《大元官制杂记》行大司农司条云："（至元三十年）四月十三日，上纬（？）大安阁后寝殿，省臣禀：……"载仓圣明智大学刊《广仓学窘丛书》甲类第二集叶 5 下。

此外，据元人记载，上都宫殿除大安阁外，尚有水晶、洪禧、睿思、清宁等殿和香殿、鹿（盝）顶殿、棕殿、宣文阁等。周伯琦《近光集》还提到上京有西内，棕殿在西内中，其位置均俟考。

尽管对上都宫殿目前只有很初步的了解，但却可以看到，它与大都的三座宫殿从布局到建筑形制都不同。它创建于 1256 年，比建大都宫殿的 1267 年早 11 年以上，其时忽必烈尚未称帝，更未决策在汉地建国，所建只是一般藩王的驻地，不能建成都城、宫殿的体制，故刘秉忠只是顺应蒙古逐水草立帐的习惯，围绕湖泊按汉族形式建具有园林性质的宫室，又特从汴梁迁来熙春阁为大安阁，以代替主殿。以后作为忽必烈发祥地而保存其原状，未做大的改建，并通过每年"时巡"（去北方避暑）以保持传统和旧俗。故《元史·刘秉忠传》说："帝命秉忠相地于桓州东滦水北，建城郭于龙冈，三年而毕，名曰开平。继升为上都，而以燕为中都。四年，又命秉忠筑中都城（即大都），始建宗庙宫室。"这就是说，只有大都建有宗庙宫室，是按帝王体制建造的，上都创建于称帝前，故二者形制不同。

元定都大都后，上都成为元帝每年夏季避暑之地，相当于行宫或离宫的性质。

# 第五节　元中都宫殿

在今河北省张北县，为元武帝即位后于元大德十一年（1307 年）创建，至大三年（1310 年）建成，《元史·武宗纪》称之为"行宫"。其遗址已发现：宫城东西 560 米，南北 620 米，基宽 15 米，面积为 0.347 平方公里。城墙基宽 15 米，残高 3 ~ 4 米，四面各开 1 门，南面正门下为开有 3 个木构城门道的砖砌门墩，上建城楼，城四角有角楼。

宫城内已发现建筑基址 27 座。最大一座为工字形殿基遗址，东西 38 ~ 59 米，南北 120 米，上建前殿，柱廊、有向北突出香阁的后殿，形成工字殿。台基面上有砖铺地面残迹、汉白玉石雕的栏杆螭首、黄色琉璃瓦当、滴水等，殿址上有成排的柱础石，表明此殿建在汉白玉石包砌、表面铺砖的台基上，是一座屋顶用黄色琉璃瓦剪边的大型工字殿，其形制和大都元宫的主体建筑大明殿、兴圣殿、先天殿基本相同，是中都宫的主殿（图16-10）。

从鸟瞰照片上分析，宫城中建筑的整体布局关系为工字殿的前殿正位于宫城的几何中心，在其后殿的左右外侧各有并列的五座矩形夯土基址，作对称布置；另在宫城的东南、西南部各有两座东西向的基址，作东西对称布置。虽其具体内涵尚有待进一步的勘探工作来揭示，但宫中主要建筑以主殿为中心作左右对称的布局则是很清楚的。①②

① 国家文物局. 全国重点文物保护单位简介汇编·元中都遗址 [M]. 北京：文物出版社 2004：473.
② 全国重点文物保护单位编辑委员会. 全国重点文物保护单位·第一卷·河北省·元中都遗址 [M]. 北京：文物出版社，2004：269.

综括上述五所元代宫殿，可以看到上都宫为一种类型，大都大内为一种类型，大都隆福宫、兴圣宫和中都宫为一种类型，共有三种类型。其中上都宫是称帝前所建，非帝宫体制，可置不论。大都大内是首都的主宫，中路前后相重建皇帝主殿和皇后主殿两所宫院，左右对称并列东、西路，可完全代表元代皇宫的体制。大都的隆福宫、兴圣宫和中都宫三座宫殿或为太后宫（后期也曾供元帝的第二皇后使用，则也用为帝宫），或为别宫，要比大内有所贬损，故虽也分中、东、西三路，但在中路只建了一座宫院。这是这三座宫殿与大都大内间的差异。

蒙古原属游牧民族，逐水草而居，迁徙不定，没有定居建城、建宫的传统。故铁木真在称"成吉思汗"后也未建都立宫，到窝阔台时始建了规模很小的和林。到忽必烈领漠南汉地后，为适应对汉地统治的需要，才开始建上都、大都，故其宫室只能采取汉族的形制，并就本民族习俗略加变通。上都、大都的规划者虽都是刘秉忠，但二座宫殿布局形制有很大的差异，这是因为二宫分别建于称帝前后，故其布局之不同应是反映了藩府和帝宫的差异。

就元大都大内宫殿布局进行分析，可以看到，中轴线上建大明殿、延春阁前后两组宫院与金中都宫殿中轴线上前后建大安殿、仁政殿两组宫院的基本格局相同。同时，首创自金中都宫殿的在大安殿和仁政殿两组宫院的东西廊上

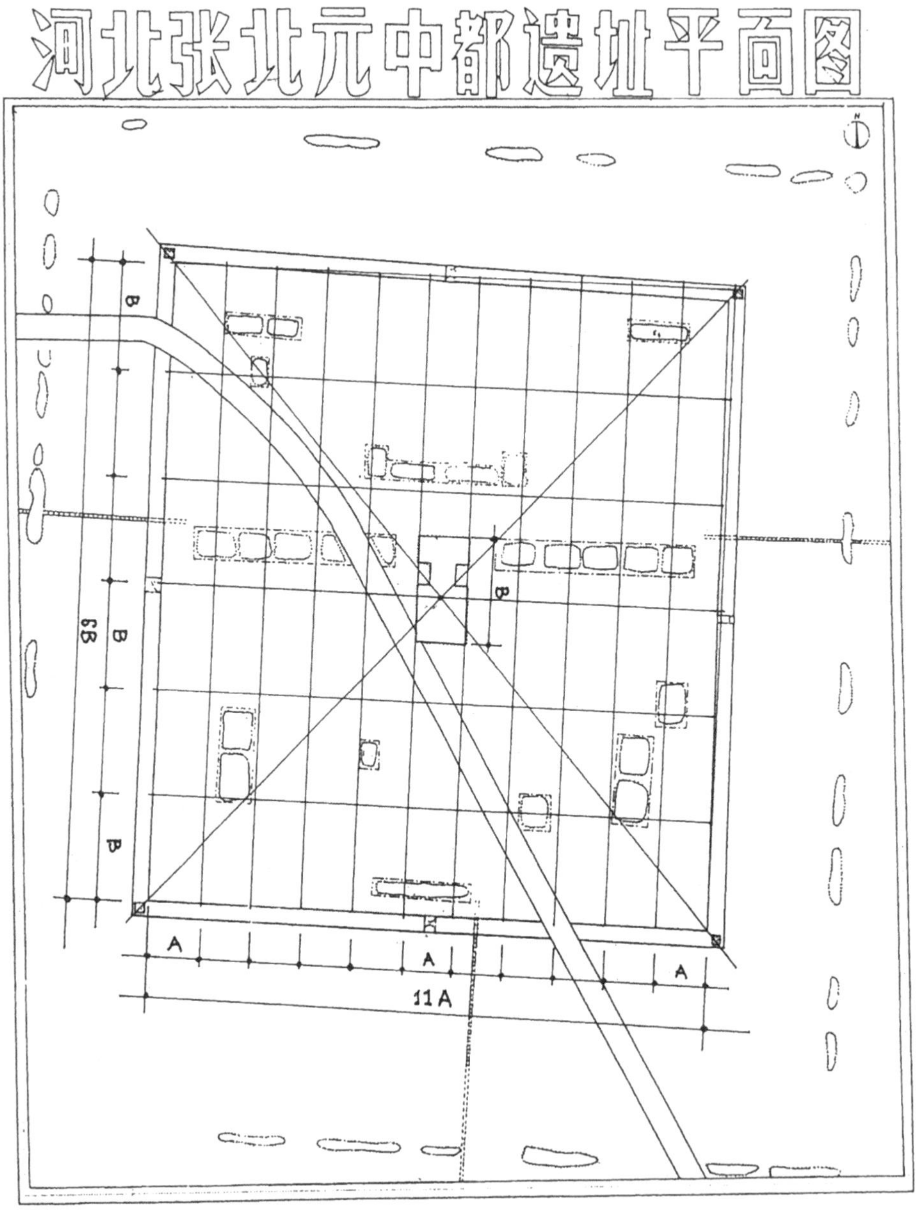

图 16-10　张北县元中都宫殿址

（《中国科学技术史·建筑卷》图 8-5）

相对建楼的做法（唐及两宋宫殿无此制）也出现在大明殿、延春阁二组宫院中，这就证明元大都大内宫殿中轴线上的主体部分是继承自金中都宫殿。大都大内、隆福宫、兴圣宫的东、西路建筑，虽性质不尽相同，却都是以若干所院落自南向北排列，和唐宋以来大型廊院建筑群在主体建筑群左右排列若干院的布置方式相同，故各宫的总体布置也属汉族传统布局形式。

大都三所宫殿和中都宫殿的主殿都是工字殿，可知这是元宫主殿的统一形式。主殿用工字殿始见于北宋汴梁宫的主殿大庆殿、文德殿等，金代的大安殿和仁政殿是继承自北宋汴梁宫殿之制，故元大内的主殿为工字殿是直接、间接继承了金中都、北宋汴京宫殿之制。综括上述，可知元朝建立后所建宫殿从总体布局到主要殿宇的形式和结构是直接继承金代的，而金又是继承自北宋而有所发展的。

但元宫也有与旧制不同之处，其一是延春阁一组工字殿把前殿建成楼阁，在宫城中轴线上建楼，除唐武则天在洛阳宫建明堂外，这可能是仅见之例。[①] 其二是大明殿、延春阁、兴圣殿、光天殿都在寝殿的东西外侧各建有面阔 3 间出前后轩的独立的小殿，装饰极为豪华，并设有储衣柜等生活设施，可知也是寝殿。在主殿后寝殿之左右侧另建二寝殿，为历朝宫殿所无，应是元宫首创的。对于此制，有人据测可能和蒙古牙帐左右附设小帐的习俗有关。《元史·祭祀志》"国俗旧礼"条载元代帝后有不死于正寝的习俗，"凡帝后有疾危殆，度不可愈，亦移居外毡帐房"[②]，从忽必烈死于紫檀殿的记载分析，这类寝殿左右侧的小寝殿可能即相当于"外毡帐房"之属，是蒙元的民族习俗。元宫的绿化也有其特点。在大都大内大明殿前殿庭月台上辟一方池，护以栏杆，其内种植从漠上移来的莎草，取不忘故乡和当年的艰辛之意。[③] 大内延春阁和兴圣宫兴圣殿前殿庭内均植青松，在清宁宫的廊庑前植花卉异石[④]，也都是前朝宫殿所无的做法。

① 虽在山西繁峙岩山寺金代壁画宫殿图有主殿工字殿的后殿作二层楼阁之例，但前殿在工字殿中为主殿，建为楼阁与建后殿为阁性质有所不同。
②《元史·祭祀志·国俗旧礼》条。（明）宋濂 撰. 元史 [M]. 北京：中华书局，1976：1925.
③（明）叶子奇《草木子》卷四，谈薮篇："元世祖皇帝思太祖创业艰难，俾取所居之地青草一株，置于大内丹墀之前，谓之誓俭草，盖欲使后世子孙知勤俭之节。至正间，大司农达不花公作宫辞十数首，其一云：墨河万里金沙漠，世祖深思创业难；却望阑干护青草，丹墀留与子孙看。"
④（明）萧洵. 北平考 故宫遗录 [M]. 北京：北京古籍出版社，1963：68，70.

总的说来，忽必烈在中原立国，建立元朝，必须采取汉人能接受或认同的统治方式和形式始能稳定，尽管在本族内部保持旧俗、旧仪，但宫室和正式朝仪还要采取汉族传统形式，即是通过观感争取汉人认同的重要内容之一。故刘秉忠在整体上继承北宋、金以来的宫殿形式，建造了大都大内，只在局部和装饰陈设上保存一些蒙古特色。以后建的隆福、兴圣二宫也基本如此。而带有蒙古和西域特色的盝顶殿、畏吾儿殿等只能作为猎奇点缀居次要地位。一些蒙古特色的内容如帐殿等，则主要设在其传统领地上都等地。

# 第十七章

# 明代
# 宫殿

明代由太祖朱元璋于洪武元年（1368年）建立。
其间太祖朱元璋于元至正二十六年（1366年）
在江苏金陵（今南京）、洪武三年（1370年）
在安徽临壕曾各建一所宫殿。后放弃临壕宫殿
而定都南京。明成祖朱棣篡立后，自永乐十八
年（1420年）在燕京建成紫禁城宫殿，明都
城遂正式北迁，以燕京为京师，又称北京，而
称金陵为南京。此后北京宫殿遂成为明之正式
宫殿，并沿用至清代。1911年清亡后保存至今，
成为数千年来近二十个王朝中唯一完整保存下
来的宫殿。南京和临壕宫殿在明后期即逐渐废
弃，遗址也遭严重破坏。

# 第一节　明南京宫殿

元至正二十六年（1366 年）朱元璋开始在金陵（今南京）建宫室时，受原有城区和当时的政治军事形势和经济实力的限制，新建宫殿只能寻觅较空旷之地而不可能在中心地区大拆大建，遂在东侧北倚钟山余脉填燕雀湖建宫，史载由无锡工师陆贤、陆祥主持营缮所，次年即建成。[①]史载陆氏上代为元朝将作大匠，可知其宫殿形制应受元朝宫殿的影响。明朝建立之初，朱元璋又曾属意于在家乡临濠另建中都，一度停止了在金陵的宫殿建设。至洪武八年（1375 年）放弃中都之后[②]，始决意定都于金陵，又开始大规模扩建宫殿、坛庙，增筑城池等，至洪武十年（1377 年）相继竣工，称为京师。其城墙规模宏壮，见称于史册。[③]

① 单士元. 明代建筑大事年表·第一编·宫殿 [M]. 北京: 中国营造学社，1937：1-2.
② 单士元. 明代建筑大事年表·第一编·宫殿 [M]. 北京: 中国营造学社，1937：8.
③ 单士元. 明代建筑大事年表·第一编·宫殿 [M]. 北京: 中国营造学社，1937：12.

据万历《明会典》记载："吴元年（1367 年）作新内。正殿奉天殿，前为奉天门，殿之后曰华盖殿，华盖殿之后曰谨身殿，皆翼以廊庑。奉天殿之左右各建楼，左曰文楼，右曰武楼。谨身殿之后为宫，前曰乾清宫，后曰坤宁宫，六宫以次序列。周以皇城，城之门南曰午门，东曰东华，西曰西华，北曰玄武。"[④]这是吴元年（1367 年）在金陵（南京）始建宫殿的情况。

④《明会典》卷一百八十一·工部·营造一·内府。（明）申时行. 明会典（影印万有文库本）[M]. 北京: 中华书局，1989：918.

在《明史·舆服志》中载有洪武八年改建金陵宫殿的情况："洪武八年（1375 年）改建大内宫殿，十年（1377 年）告成。阙门曰午门，翼以两观，中三门，东西为左右掖门。午门内曰奉天门，门内奉天殿，尝御以受朝贺者也。门左右为东西角门。奉天殿左右门左曰中左，右曰中右。两庑之间左曰文楼，右曰武楼。奉天殿之后曰华盖殿，华盖殿之后曰谨身殿，殿后则乾清宫之正门也。奉天门外两庑间有门，左日左顺，右日右顺。左顺门外有殿曰文华，为东宫视事之所。右顺门外有殿曰武英，为皇帝斋戒时所居。制度如旧，规模益宏。二十五年（1392年）改建大内金水桥，又建端门、承天门楼各五间，及长安东西二门。"

据此可知，在洪武十年（1377年）扩建金陵宫室时，午门增建了两观和左、右掖门，奉天门左、右增建了东、西角门，奉天殿左、右增建了中左门、中右门，又在奉天门外东、西庑之门外建左顺门、右顺门，门外分别建文华殿、武英殿，形成了外朝的东西路。奉天殿后为华盖殿、谨身殿，即外朝三大殿，殿后为内廷乾清宫和东西六宫。据此可知扩建后的南京宫殿的外朝、内廷均已形成中、东、西三路。从奉天殿左右增建中左门、中右门看，外朝部分殿庭的宽度也有所拓展，形成宫中最高规格的部分。金陵宫殿建成后的布局和主要门殿名称均和永乐时所建北京宫殿相同，可证北京宫殿确是在南京宫殿规制基础上扩建的。这样，通过现存北京紫禁城宫殿可以大致推知金陵宫殿的概况。但从在皇城增建的端门、承天门的门楼只有五间可推知其规模应小于北京宫殿。

据明中期黄省曾撰《建业大内记》记载，在嘉靖时他曾进入其承天门、太庙、端门、午门、东华门、文华殿、西华门、武英殿、东西六宫等处，因只是封存不用，故文中称其"多尘"。对宫殿形制间数均未记载。从万历《神宗实录》中有数次修南京宫殿的记载可知，在万历时尚较完整保存，大约毁于明末战乱。

# 第二节　明临濠中都宫殿

明洪武二年（1369年）下诏以临濠（今安徽凤阳临淮，朱元璋的家乡）为中都，"命有司建置城池宫阙如京师之制。"中都始建于洪武三年（1370年），至八年（1375年）基本建成。有皇城（文献中称"禁垣"）和宫城两重（文献中称"皇城"）。皇城平面纵长矩形，四面各开一门，为承天、东安、西安、北安门。据王剑英《明中都》分析，城周十三里半，城高二丈，内外包砖。

宫城周回六里，高三丈九尺五寸，内
外包砖。四面各开一门，为午门、东
华门、西华门、玄武门，宫城四角有
角楼<sup>①</sup>（图 17-1）。

① 诸书于城之周长、高度记载不一，此处取王剑英《明中都》中所述。王剑英. 明中都 [M]. 北京：中华书局，1992：71.

中都宫殿的情况，《明实录》仅说洪武二年（1369 年）九月"诏以临濠为中都，……命有司建置城阙，如京师之制焉。"可知应是基本按南京宫殿规制建造的。然而朱元璋建中都是因不满南京宫殿的位置和布局，故中都城市及宫殿的规划设计应能弥补南京之不足。南京宫殿建于朱元璋未称帝前，其规模气势肯定不能适应新建的大明王朝的要求，需要在此基础上扩大，因此中都宫殿应是按新建王朝需要而规划设计的。

但宫城以内的具体情况史未详载，我们只能利用相关史料推测。关于吴元年（1367 年）所建金陵新宫和洪武八年至十年（1375—1377 年）扩建南京宫城的情况已见前文南京宫殿部分。洪武八年扩建宫城是在停建中都决计定都南京后开始的，故这次扩建应是以按其意图规划的中都宫殿为蓝本来改造南京宫殿。因此，可以从南京宫殿改扩建前后的差异来推测中都宫殿的概貌。

洪武十年扩建前后南京宫殿的主要差异已见前文南京宫殿，主要是拓展了中轴线上外朝部分的宽度，并在其东西外侧建文华、武英二组宫院，在外朝部分也形成中、东、西三路，与内廷部分的中路乾清、坤宁两宫和东西六宫三路并列，南北相应。这应即是中都宫殿主要建筑格局。把它的规制和名称与现存北京宫殿相比，二者基本相合，因此可以进一步推知，按明建国后的需要规划在洪武二年建造的中都宫殿是洪武十年扩建南京宫殿的蓝本，而永乐十八年（1420 年）建成的北京宫殿又是在扩建后的南京宫殿的基础上加以增大的，故北京宫殿也应和中都宫殿大体上有间接继承关系，这对了解中都宫殿也有一定参考作用。

# 明 中 都 皇 城 遗 址 踏 测 图

1 : 5000

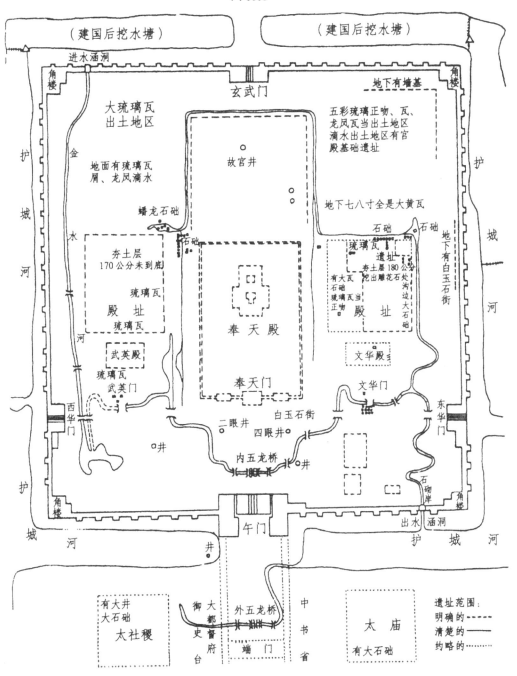

（建国后挖水塘）　　　（建国后挖水塘）

进水涵洞

角楼

玄武门

地下有墙基

大琉璃瓦
出土地区

五彩琉璃正吻、瓦、
龙凤瓦当出土地区
滴水出土地区有宫
殿基础遗址

金

故宫井

水

地面有琉璃瓦
屑、龙凤滴水

护
城
河

地下七八寸全是大黄瓦

护
城

蟠龙石础

石础

石础

河

河

琉璃瓦

夯土层
170公分未到底

遗址

夯土层180公分
处出雕花石

地下有白玉石街

琉璃瓦

有大瓦
石础
琉璃瓦当

殿址

殿址
琉璃瓦正吻

殿址

武英殿

文华殿

琉璃瓦

武英门

文华门

西华门

白玉石街

东华门

二眼井

四眼井

井

井

内五龙桥

井

石砌岸

角楼

午门

角楼

出水

护城河

涵洞

护　城　河

井

有大井
大石础

御
史
台

大
都
督
府

外五龙桥

中
书
省

遗址范围：
　明确的 -----
　清楚的 ——
　约略的 ……

太社稷

端门

太　庙

有大石础

王剑英测绘　刘思祥清绘

图 17-1　明中都宫城平面踏测图　（王剑英测绘　刘思祥清绘）

由于明中都和宫殿是明代建国之初在平地上创建的，体现了它的实际需要、规划意图和具体的规划设计方法，是研究明代初期都城宫殿的较重要资料。但中都城市和宫殿均已被毁，遗址尚未经发掘和测量，我们目前还无法具体探讨它的规划设计方法和特点。

中都宫殿目前只存在少量基址和残损的石刻，除城墙、城门洞尚有少量较完整者，殿基经多次改建，已较难了解其具体状貌。在午门基址的须弥坐上保存有很多石雕纹饰，远较南京明孝陵及北京长陵等为精美繁复，与宫城正门的庄重要求颇不适应。已发现宫殿的雕龙石柱础方 270 厘米，合 7.29 平方米，而北京太和殿的金銮柱础也仅方 160 厘米，合 2.56 平方米，仅相当于中都柱础 1/3 左右，可知中都宫殿之规模和装饰有些超过未来的北京紫禁城宫殿。这些现象表明，在洪武初年建造皇室工程时还不免有初得政权、意满而骄、忘乎所以、极力铺张的暴发户心理。至洪武末、永乐初建明孝陵、北京宫室及长陵时才开始注意加以节制并考虑装饰有度的问题。

史载洪武十六年（1383 年）下令撤（中都）大内宫材修龙兴寺，天顺三年（1459 年）又撤皇城内中书省等五百余间重建龙兴寺，至此中都宫内大部分殿宇已被拆除。所余部分永乐时曾用来禁锢被废的皇子等。至明中后期即很少有记载，当已逐渐废毁。

# 第三节　明北京紫禁城宫殿

## 一、北京紫禁城宫殿概况

明永乐帝夺得帝位之初，往来于金陵、燕京，而以金陵为京师（首都），称燕京为"行在"。至永乐十四年（1416 年）决策以燕京为首都，开始在元大都城基础上改建都城并修建新的宫殿，十八年（1420 年）建成后自金陵迁都于此，称"京师"，亦称"北京"，而称金陵为"南京"（图 17–2）。

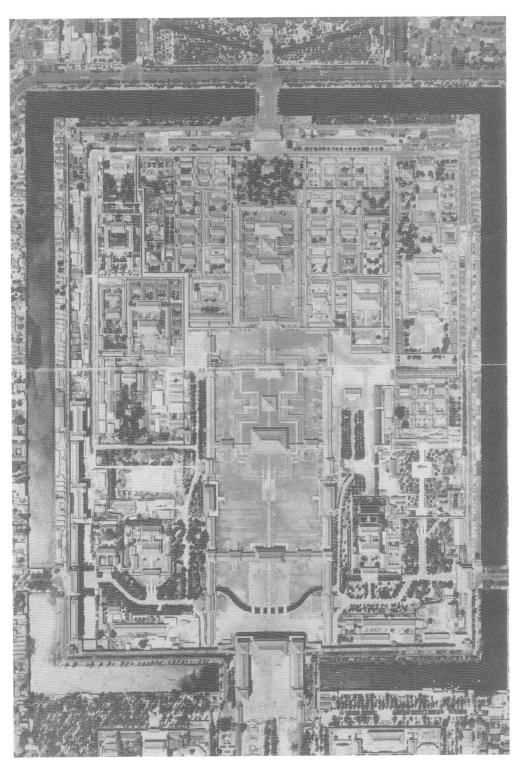

图 17-2　北京明清紫禁城宫殿航拍照片

（1943 年美国陈纳德飞虎队拍摄，1987 年纽约大都会博物馆为作者提供）

中国古代自项羽起，已逐渐形成一种恶俗，即新兴王朝必须毁去前朝宫室，甚至掘坑灌水，湮灭其迹。这在初期是表示 "与天下共弃之"，到后期则还受迷信影响，含有魇胜镇压之意，认为只有这样做才能除旧立新，永绝旧政权复辟之望。历史上只有南朝宋齐梁陈继东晋建康之都城宫殿、唐继隋之都城宫殿和清继明之都城宫殿三例，其余各朝都是拆旧建新。元灭南宋后对南宋临安宫城掘坑灌水为湖，在殿基上建喇嘛塔以示镇压，加以彻底破坏。故以"驱逐胡虏，恢复中华"为口号的明朝，从政治上讲，绝不可能沿用蒙元旧宫，必须彻底加以摧毁，以示 "恢复中华"。在这种双重历史背景下，明代新建北京宫殿也是先彻底拆毁元大内，在其后宫正殿延春阁遗址上堆积拆元宫的渣土，形成巨大的土山，以示对元政权的永久镇压，称为"镇山"（入清后改称"景山"）。然后在其中部并稍向南拓展建造新宫。对元大都城也加以改变，向南推移，以适应新宫的建造。

明北京宫城又称"紫禁城"，东西 753 米，南北 961 米，占地面积约 0.723 平方公里①城高约 10 米，四面各开一门。

南门为午门，北门为玄武门（入清改称"神武门"），东、西门为东、西华门。在宫城外围以护城河。

① 在北京市 1/500 地形图上量出，以城墙外皮计。

在午门至玄武门间形成全宫中轴线，中轴线上前部为外朝主殿奉天殿（今太和殿）、华盖殿（今中和殿）、谨身殿（今保和殿），通称"前三殿"，后部为内廷主殿乾清宫、坤宁宫，通称"后两宫"。三殿、两宫各自有殿门，四周有廊庑环绕，形成两组巨大的殿庭。在外朝前三殿的东、西侧建有文华殿、武英殿两组宫院，与前三殿共同形成外朝的中、东、西三条轴线。在内廷后两宫的左、右为东西六宫，也形成内廷的中、东、西三路。这是始建时的情况，以后虽在外围陆续有所增建，出现外东路、西路等，但基本格局未变（图 17-3）。

把这种基本格局与前述明中都宫殿和洪武十年（1377 年）改建后的南京宫殿相比较，可以看到其间一脉相承之处，但它的规模和建筑尺度要

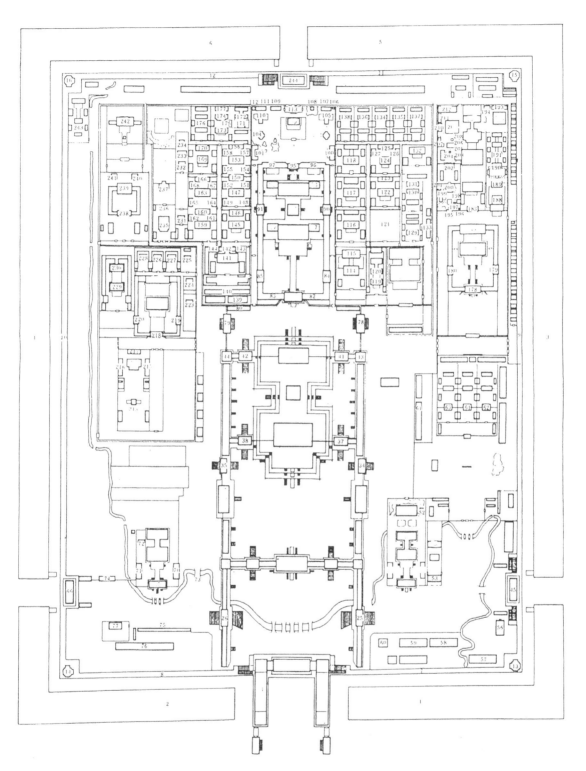

图 17-3 明北京紫禁城宫殿平面图

（据《中国科学技术史·建筑卷》图 9-16）

超过南京宫殿，这从《明实录》永乐十八年（1420 年）十二月癸丑的记载中也可得到证明。[①]

## 1. 外朝前三殿

① "永乐十八年十二月癸丑，初营建北京，凡庙社、郊祀、坛场、宫殿、门阙规制悉如南京，而高敞壮丽过之。" 赵其昌. 明实录北京史料 [M]. 北京：北京古籍出版社版，1995：356.
② 太和殿一般称为宽十一间，但在江藻《太和殿纪事》"规制第四"中称其"计九间，东西二边各一间"，可知是以殿身间数计算的。

外朝是宫中代表国家政权的部分，其主体称前三殿。前殿奉天殿（清改称"太和殿"）是外朝正殿，为皇帝举行大朝会和其他重要国事活动之处，面阔 9 间，四周各增出半间为下檐，构成重檐庑殿顶，是宫中规格最高、体量最大的殿宇。[②]奉天殿后为华盖殿（清中和殿）和谨身殿（清保和殿），三殿共建在一座面积为 25000 平方米、高三层的工字形大台基上，前有奉天门（清太和门）及左右侧门，东西面廊庑中部建有文楼（清体仁阁）、武楼（清宏义阁），围合成巨大的殿庭（图 17-4）。

前三殿东侧的文华殿是太子听讲学之处（嘉靖后改为皇帝讲学之处）。皇帝左右的行政办事和顾问机构多设在午门内东庑及东侧文华殿南的内阁等地。前三殿西侧的武英殿是皇帝斋戒之处。其南为贮存历代帝后像的南薰殿，其北为宫内服务机构内务府（清末已毁去）。

## 2. 内廷后两宫和东西六宫

内廷是皇帝的家宅，代表家族皇权，其主体为后两宫和东西六宫。

"后两宫"在紫禁城中轴线上"前三殿"之后，为纵长矩形院落，是帝后的正式住宅，家族皇权的象征。它在中轴线上最南为正门乾清门，其内为皇帝起居之正殿乾清宫，相当于第宅之前堂，其后为后殿坤宁宫，是帝后的寝宫。二者共建在一工字形大台基上。到明中叶，又在乾清宫、坤宁宫之间增建一方殿，名交泰殿，最后形成与"前三殿"相似的在工字形台基上建三殿的格局。坤宁宫后即后门坤宁门。四周被门和廊庑围成殿庭。在后两宫后为后苑，其北即宫城北门玄武门。清前中期，清帝常在乾清门办公，

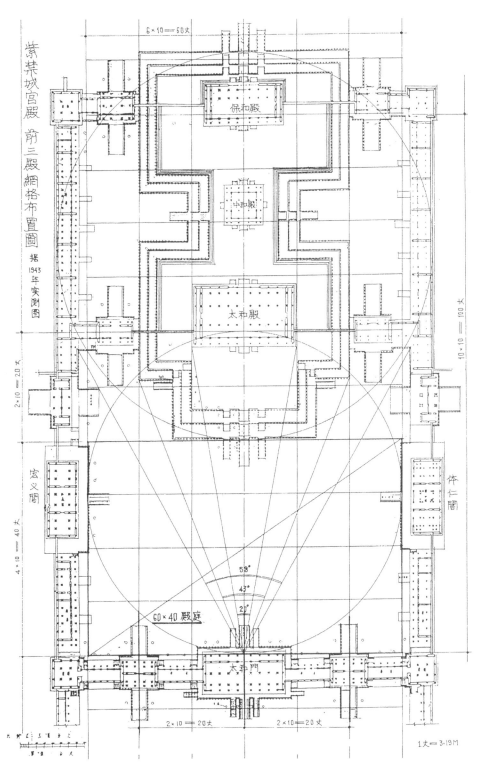

图 17-4　紫禁城前三殿平面布置图（用方 10 丈网格为布置基准）
（据《中国科学技术史·建筑卷》图 9-45）

称"御门听政"，乾清门近于"常朝"的作用。

东西六宫在后两宫东西侧，中间隔着永巷，每面各二行，每行各三个方形院落，共12个院落。这种布置是古代廊院制度的遗制，用为妃嫔的住所。它创建于明永乐十八年（1420年），现状为清顺治康熙间重建。在平面图上进行分析，如自各宫墙之四角画对角线，除了西侧的永寿宫外，各主殿都位于院落的中心。在东六宫之南有清康熙、雍正时建的斋宫和毓庆宫，在西六宫之南嘉靖时建有养心殿（至清雍正后用为皇帝日常居住听政之地），其主殿也基本位于各该院之中心，可知这是明清时通用的布置手法（图17-5）。

这是始建时的主要建筑群，至明后期，紫禁城内已逐渐布满了建筑。

## 3. 太后宫——慈宁宫

在紫禁城西部，是明嘉靖帝在嘉靖十五年（1536年）为其母创建的太后宫。清顺治十年（1653年）重修，乾隆三十六年（1771年）加以拓建，改主殿为重檐歇山屋顶，仍为皇太后宫。它的中部为主院，中轴线上建殿门、正殿慈宁宫、后殿大佛堂、周以廊庑，围成两进的矩形院落。在前院东西庑上开东西门。殿前庭院开东西门是宫殿最高规格，在紫禁城内也只有前三殿、后两宫和太上皇、皇太后居住的宁寿宫、慈宁宫是这样，其余如文华殿、武英殿、东西六宫都不如此，王府等更不允许这样。在主院的东、西、北三外侧都建有小院，北面并列三院，称中宫院、东宫院、西宫院，东西侧相重各建三院，称头号院、二号院、三号院，各院与主院间隔以巷道。整组建筑由主院和九个小院组成纵长矩形的大宫院。慈宁宫西侧的三院已为建寿康宫时所毁，但从布局上还可推出其原状。在主院左、右、后三面环以小院的布置是唐以来大型建筑群的常用布局，包括宫殿、贵邸、官署、寺庙等都可这样布置。这种布局沿用至明代，除慈宁宫外，北京明代所建六部官署和智化寺、卧佛寺，山西太原明初所建崇善寺等也是这样。在平面图上分析，如自主院四角画对角线，则交点落在正殿内稍偏南，虽不居

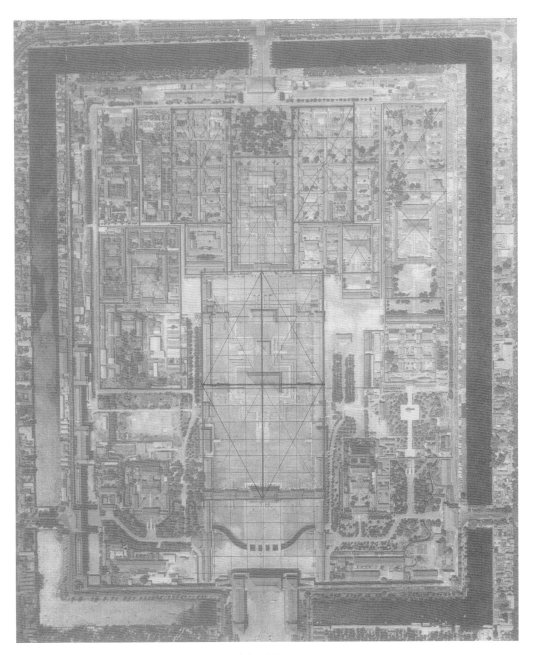

图 17-5　紫禁城后两宫及东西六宫布置分析图
（底图为 1943 年美国陈纳德飞虎队拍摄，1987 年纽约大都会博物馆为作者提供）

殿之中，却与殿东西外侧之小门相平，与皇极殿乐寿堂一组的情况相同。如用方三丈的网格在平面图上核验，可以看到其总宽东西占13格，为39丈，南北深占17格，为51丈。其最南之横街长13格，宽2格，即长39丈，宽6丈。主院深10格，后院及巷共分5格。前院殿庭东西宽6格，南北深（自南庑北阶计至正殿东西外侧小门南阶）4格，即宽18丈，深12丈。北院东西二院中轴线相距5格，为15丈。这些现象表明在规划慈宁宫时，以方三丈的网格为基准（图17-6）。

紫禁城内有一条内金水河，从玄武门西水闸引水穿城入宫，沿西城向南，绕过武英殿门前，经涵洞进入奉天门前广庭，穿过内金水桥，再由涵洞穿出，绕文华殿北后东行南转，过东华门内侧，由涵洞穿出南城，注入城外护城河中。宫内大量地面雨水通过明暗沟渠注入内金水河后排出宫外。河两岸用石砌成，两边有砖砌护栏，行经武英门和奉天门前两侧和跨河之桥均用白石雕栏版。紫禁城外的护城河俗称"筒子河"，其内岸距城墙约20米，河宽52米，周长3840米。河岸用宽0.7米的花岗石条石灌白灰浆砌成，背倚厚1.5米的城砖砌成的金刚墙，非常稳固，数百年来无倾侧之弊。[①]

紫禁城内建有完整的排水系统。各主要殿宇散水外多有石槽和集水口，引雨水注入支渠或干渠，共计长约8000米。干渠、支渠有明沟，有暗沟，通过涵洞穿越宫院，连为一体。宫内地势北高南低，高差约2米，排水沟总的走向是将中间的雨水排向两侧，逐步汇集到南北干渠，向南分别注入内金水河中。其中玄武门南广场有东西向砖砌干渠，宽0.35米，深1.8～2.9米，上盖石板，留有泄水孔。前三殿殿庭北高南低，四周散水外有石槽、集水口，引雨水进入干渠。最后注入内金水河，可以基本做到无雨水淤积。[②]

① 石志敏、陈英华. 紫禁城护城河及围房沿革考[M]// 于倬云. 紫禁城建筑研究与保护——故宫博物院建院70周年回顾. 北京：紫禁城出版社，1995：229-230.
② 蒋博光. 紫禁城排水与北京城沟渠略述[M]// 中国紫禁城学会，编. 中国紫禁城学会论文集·第一辑. 北京：紫禁城出版社，1996：153-159.

明宫的冬季采暖，据惜薪司供应大量木柴情况，可能仍主要以火盆烧木炭取暖，但《芜史》记乾清宫懋勤殿时称"先帝创造地炕，恒临御之"。所

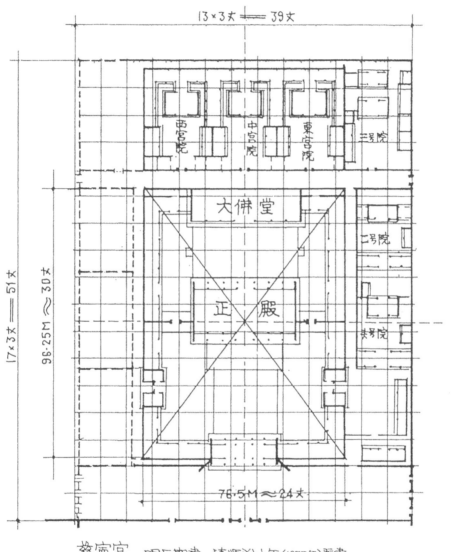

图 17-6　紫禁城明嘉靖增建之慈宁宫规划分析图

指先帝为天启帝，则天启时（1621—1627 年）宫中已开始在殿内地下砌烟道造地炕采暖了。地炕渊源甚古，《水经注》卷 14 鲍丘水条已载观鸡寺大堂下造地炕采暖事，这种做法在北方民间流传甚广，不过此时传入宫中而已。至清代宫中造地炕已较多。造地炕关键在烟道通顺但不能通过太快，又要防止向室内漏烟，其上的砖地面至少要两层，并以油灰勾缝。

明北京宫殿工程量巨大，质量要求高。即以基础工程为例，宫内重要殿宇都建在高大的台基上，最重要的前三殿下有三层石台基，面积约 25000 平方米，基高 7.12 米，基座以下基础深约 7 米。[①]初步核算，挖基础的土方量约 17.5 万立方米，夯筑基础和台基的土方量为 35.3 万立方米，挖和筑的总土方量约 53 万立方米。仅前三殿台基的挖、筑土方工程量如此巨大，其余可以想见。因此有专家从建宫殿时挖去元宫旧基另筑新的基础和台基的土方工程量之巨大，怀疑能否在永乐十五至十八年（1417—1420 年）的四年间建成宫殿。[②]

① 李燮平. 永乐营建北京宫殿探实 [M]// 于倬云. 紫禁城建筑研究与保护——故宫博物院建院 70 周年回顾. 北京：紫禁城出版社，1995：44.

② 李燮平. 永乐营建北京宫殿探实 [M]// 于倬云. 紫禁城建筑研究与保护——故宫博物院建院 70 周年回顾. 北京：紫禁城出版社，1995：43-45. 引单士元先生文："以工程量计之，亦非永乐十五到十八年仅三年时间即能完成"。

明初建北京宫殿时主要殿宇的木构部分均使用从四川、湖广等地采伐的楠木，石用房山产汉白玉石，砌墙、铺地分别用山东临清和江苏苏州定制的砖，重要殿宇铺地用花斑石，除辅助用房外，屋顶均满铺黄琉璃瓦，材料的采集、制作、长距离的运输耗费了大量的人力、时间和金钱。（明）贺仲轼在《两宫鼎建记》中记其父贺盛瑞取自工部档案的记载："嘉靖三十六年重修三殿时三殿中道阶级大石长三丈，阔一丈，厚五尺，派顺天等八府民夫二万，造旱船拽运，……每里掘一井以浇旱船、资渴饮，计二十八日到京，官民之费总计银十一万两有奇"。[③]

③ 贺仲轼. 两宫鼎建记（卷上）.《丛书集成初编》本 No1499 商务印书馆 P.2（在线版）

近在房山的一石之费即如此，其他取自四川、湖广山区的木材之费当更巨于此。可惜建造档案不存，目前无法知其具体情况。

综观明代所建三座宫殿，初创于南京，定型于中都，再据以扩建于南京，最后拓展完善于北京，其布局可谓一脉相承，踵事增华。但细审其布局，实在很大程度上受到元大都宫殿的影响。如明南、北两京大内中轴线上都建有外朝前三殿和内廷后两宫，北京宫殿且建在殿庭中的高三层工字形大台基上，这和元大内的大明殿、延春阁前后两组工字殿的布局极为相似。奉天、谨身二殿相当于工字殿的前后殿，而刘若愚《明宫史》说"南北连属穿堂，上有渗金圆顶者，曰中极殿，即华盖殿也"，可证华盖殿是由穿堂（柱廊）演化而来的。后两宫也是这样，只前殿未建为阁而已。前三殿中，奉先殿东西庑上建有文楼、武楼，也和元宫大明殿前相同。此制为六朝、唐、宋以来宫殿所无，创自金中都宫殿，而元宫则继承自金中都宫殿，故明宫在主殿前方左右建有文楼、武楼也是其继承元宫的重要证据。

但由于政治体制和民族习俗不同，明宫也有所改变。如元代因帝后并尊，故皇帝宫大明殿与皇后宫延春阁两组宫殿的占地面积和体量基本相同，只在前殿的规模、形制上有差异。而明代因以后两宫代表家族皇权，以前三殿代表国家政权，故将象征家族皇权的后两宫面积拓展四倍为象征国家政权的前三殿，以在体量和形象上体现国家政权是由一姓为君的家族皇权拓展而来。

明北京紫禁城宫殿建成以后经多次修缮。其中最重要的是重修三大殿。史载有明一代外朝三大殿经过三次火焚重建。

第一次在永乐十九年（1421年）四月，在永乐十八年（1420年）建成后不到一年即遭火焚。据实录，所焚主要是三殿，基本未涉及周庑。但在永乐二十年（1421年）闰十二月乾清宫又发生火灾，直至十九年后的正统五年（1440年）三月才重建三大殿和乾清、坤宁两宫。

第二次在嘉靖三十六年（1557年），史载"三殿两楼十五门俱灾，"包括三大殿、文楼、武楼、奉天门、左顺门、右顺门、午门及门外左右廊均烧毁，实际外朝中轴线部分全毁。在五年后的嘉靖四十一年（1562年）始全部完成复建。

第三次在万历二十五年（1597年）六月，三殿、二楼、周围廊庑俱毁。其后修复工作经几次停顿，在三十年后的天启七年（1627年）始重建完成。

现太和殿为清康熙间重建。中和殿、保和殿分别为明天启七年（1627年）和万历四十三年（1615年）重建，后经清代大修。但三殿下的工字形大台基和四周围成宫院的太和门、体仁弘义二阁、角库、侧门和廊庑的房基则仍是明代之旧，不会有大的改变，尚可据以探讨始建时的设计意图和手法。

据故宫专家研究，三次重建三殿形式构造都可能有些变化，但因目前的太和殿又经清代重建，其具体情况目前尚无法考知。

三殿火焚主要源于雷击，或本身受雷击起火，或廊庑、殿门受雷击，起火后延烧至三殿，这又和宫殿为木构建筑和采取廊庑环绕的院落式布置有关。这个问题在清代重修太和殿时才初步得到解决，清康熙十八年（1679年）三殿火灾后，在重建时把太和、保和二殿东西侧与四周廊庑连通的平廊、斜廊改为墙。其结果虽造成三大殿的面貌发生了一定的改变，但如三大殿或其周庑和殿门再发生火灾就不会互相延烧难以控制了。

## 二、北京紫禁城宫殿的规划布局和建筑设计特点

北京紫禁城宫殿是完整保存下来的唯一古代宫殿，大量宫院布置于其间而又主次分明、井然有序，且近代经过测量，有完整的实测图和数据，可据以对其规划设计意图和方法进行分析研究，探索其特点。

### 1. 宫城与都城的关系

明北京城的东西宽以外皮计约为6672米，紫禁城东西宽为753米，二者之比为：6672 ： 753 = 8.86 ： 1 ≈ 9 ： 1

明紫禁城之南北深为 961 米。在 1/500 地形图上可量出，紫禁城北墙北距明北京北城墙为 2904 米，紫禁城南墙南距明北京南城墙为 1449 米，以这组数字和紫禁城南北之深相比，则：

2904 ： 961 = 3.02 ： 1
1449 ： 961 = 1.5 ： 1

考虑到古代施工定线时的测量误差，这两数字可以认为是 3 ： 1 和 1.5 ： 1。

因此可以推测其规划过程：首先是建都北京时即确定东西城墙即沿用元大都东西城墙位置，明紫禁城东西宫墙亦沿用元宫东西墙位置，这样城与宫的宽度之比仍沿用元代 9 ： 1 之比。当时元宫北墙已在徐达占大都时南移，须要移动的是南城墙以确定紫禁城的南北墙位置。因拆元宫时以其渣土堆在元宫延春阁基址上为"镇山"，故紫禁城的南北墙必须南移。现状是在确定紫禁城宽深后，把紫禁城北墙位置定在距北城墙三倍于紫禁城南北深处，然后把北京城南墙确定在北距紫禁城南墙为紫禁城南北深的 1.5 倍之处。这样，就使北京城东西宽为紫禁城宽的 9 倍，南北深为紫禁城深的 5.5 倍。如果以面积核算，则北京城之面积为紫禁城的 9×5.5 = 49.5 倍。如扣除西北角内斜所缺的部分，可视为 49 倍。如按紫禁城面积 0.723 平方公里计，则北京城面积约为 35.43 平方公里。

《周易·系辞上》云："大衍之数五十，其用四十有九。"古人建设都城宫室，讲求"上合天地阴阳之数，以成万世基业。"这里比附大衍之数就是此义。明北京就是在都城宫城关系上，以面积差为 49 倍来比附大衍之数的（图 17–7）。

新建的紫禁城在元宫基础上南移，所以仍位于元大都的规划中轴线上。同时，又拆毁了作为元人都几何中分线标识的元建鼓楼、钟楼和其东的中心阁，在元中心阁一线建成新的鼓楼、钟楼，南对景山及紫禁城。这样，全城就只有这一条穿过紫禁城基本上纵贯南北的规划中轴线，改变了元大都

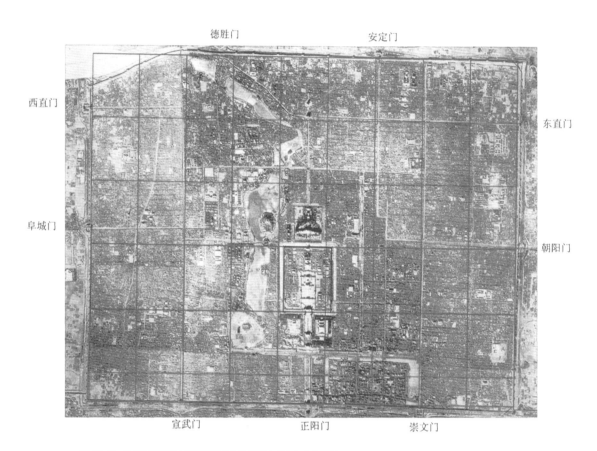

图 17-7　明北京城平面布置沿袭元大都方法以宫城之长宽为模数

（宽为其 9 倍，深为其 5.5 倍，面积为其 49 倍）（底图为 1943 年美国陈纳德飞虎队拍摄，1987 年纽约大都会博物馆为作者提供）

以旧鼓楼大道为几何中分线与以宫城为规划中轴线，二线并存的现象。

这是明永乐时把元大都改建为北京所采取的主要措施。

2. 等级制度控制下反映在单体建筑形制上的特点

宫内单体建筑面阔有9间（重檐建筑包括副阶为11间）、7间、5间、3间的差异，在间数和屋顶形式上都表现出明显级差。只有皇帝、皇后、太上皇（退位皇帝）所用的主要殿宇为9间，皇太后虽贵为帝母，正殿也只能为7间，妃嫔所住东西六宫的正殿为5间。

在屋顶形式方面，依次为庑殿顶、攒尖顶、歇山顶、悬山顶、硬山顶五个级差。在紫禁城始建时的重要建筑中，仅四面的宫门午门、神武门、东华门、西华门和中轴线上的主殿太和殿、乾清宫、坤宁宫等七座建筑用庑殿顶。此外，在稍后增建的宫中太庙奉先殿前后二殿和太上皇所居的宁寿宫正殿和西北角后妃拜佛之殿等四座为庑殿顶，全宫共计只有十一座庑殿顶的门和殿，其余均为歇山顶、悬山顶。由此可知庑殿顶属最高等级，在皇宫中也是严格控制使用的。

在一所宫院中可利用建筑的间数和屋顶形式表现其主次关系。如前三殿的前殿奉天殿（太和殿）为重檐庑殿顶，中殿华盖殿（中和殿）为四角攒尖顶，后殿谨身殿（保和殿）为重檐歇山顶，主次关系分明。只有外朝正殿太和殿及帝、后所居的乾清、坤宁两宫和宫中太庙奉先殿可用重檐庑殿顶（入清后，乾隆帝为太上皇时所建宁寿宫正殿也是重檐庑殿顶）。妃嫔住的东西六宫的正殿为单檐歇山顶，配殿为悬山顶（清中后期改硬山顶）。通过屋顶形式的不同表现出明显的等级差别。此外，在彩画装饰、门窗装修上也有明显级差。宫内大量宫院建筑群在总体规划安排下，通过各座建筑在间数、屋顶形式的级差及有规律的安排，使全宫建筑在具有多样性的同时形成和谐和井然有序的整体。

## 3. 宫殿的总体规划和建筑布局特点

明代所建三宫只有北京紫禁城宫殿保存下来，可根据实测数据和利用作图分析的方法进行探讨。发现紫禁城宫殿的总体规划和建筑群布局主要运用以下几种手法。

（1）突出中轴线并在其左右对称布置宫院

这是汉、唐以来大型建筑群组布局中最具特色的传统手法。它在现存最巨大、等级最高的古代建筑群组北京紫禁城宫殿中得到充分的体现。

①突出强调中轴线上的主要宫院及其主体建筑

在午门至玄武门间中轴线上布置外朝、内廷两组主要宫院。自午门起，居中依次建有太和门、前三殿、乾清门、后两宫、坤宁门至玄武门共 10 重主要的门、殿，其中除乾清门、坤宁门、玄武门外，都是面阔 9 间的最高等级建筑，建在高度不等的城墩或台基上，形成一条南北长 961 米起伏有节奏的中轴线，并成为长 4.6 公里的北京城市中轴线的主干。

②在中轴线两侧对称布置次要宫院

在主要宫院前三殿东西侧对称布置文华、武英两组宫院，在后两宫的东西侧对称布置东西六宫和乾东、西五所，以它们较小的规模体量、较低的建筑等级衬托出中轴线上主要建筑群组及其巍峨壮伟的主体建筑的重要性。在宫中最核心部分采取了严格的中轴对称布局，外侧续建的少许宫院不甚严格对称也就无伤大局了。

（2）主要宫院的规划以"后两宫"的地盘面积为面积模数

根据北京市 1/500 地形图可知宫内主体建筑群的轮廓尺寸。内廷主体"后两宫"的东西宽如以东西庑的后檐墙间计为 118 米，南北之深如以前门乾清门之前檐柱列至后门坤宁门后檐柱列计，为 218 米。外朝主体"前三殿"的东西宽如以东西角库的东西外墙间计为 234 米，其南北之深如以太和门前檐柱列至乾清门之前檐柱列间计为 437 米。据此可推算出"前三殿"之宽、深分别为"后两宫"的 1.98 倍和 1.99 倍。如考虑到当时的测量精度和它们均经过二次以上重建，可认为是其 2 倍，即原规划设计设定"前三殿"之长、宽为"后两宫"之长、宽的 2 倍，亦即把象征家族皇权的内廷主体宫院"后两宫"的面积扩大 4 倍即为象征国家政权的外朝主体宫院"前三殿"（参见图 0-28）。

内廷"东西六宫"的宽度如以"后两宫"东西庑的外墙至"东西六宫"的东西外侧墙之间计为 119 米，其深度如以南墙至北端乾东、西五所后墙计为 216 米，考虑到可能的误差，也可认为与"后两宫"的面积相等。根据这两点，可知以"后两宫"面积为模数形成宫内主要建筑群间在面积上的关系（图 17-8）。

再在总图上分析，还可发现"后两宫"与皇城间也有着相似的关系。自天安门向南经千步廊至大明门（后称"大清门""中华门"，1976 年拆去），东西方向包括东、西长安门（即东西三座门）的凸形部分，称为皇城之"外郛"，是进入皇城的前奏部分。在 1/500 图上可量得，自天安门墩台南壁至大明门北面之距为 672 米，比"后两宫"南北深 216 米的 3 倍 654 米多18 米，如计至千步廊南端则为其 3 倍。东西长安门间之宽为 356 米，比"后两宫"之宽 118 米的 3 倍 354 米多 2 米，可视为 3 倍。据此可知，在规划设计皇城"外郛"部分时，令其宽、深均为"后两宫"之宽、深的 3 倍，也以代表家族皇权的"后两宫"为面积模数。

从上面的分析可知，在规划紫禁城内宫院布置和皇城时，均以"后两宫"为面积模数，把它扩大 4 倍即为"前三殿"，把它沿纵横方向各扩大三倍即为皇城之"外郛"，而"东、西六宫"的面积之和又与它相等。这样做是有特定含义的。古代当一姓的皇权建立后，它即代表国家，故对这一家

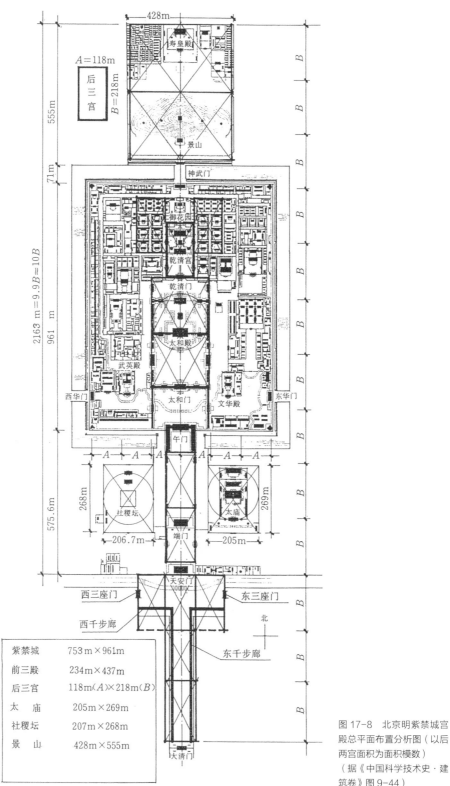

图 17-8 北京明紫禁城宫殿总平面布置分析图（以后两宫面积为面积模数）（据《中国科学技术史·建筑卷》图 9-44）

而言是"化家为国"。"后两宫"是帝后寝宫，为皇帝的家宅，象征一姓为君的家族皇权。"前三殿"代表国家政权[①]，令"后两宫"扩大4倍为"前三殿"，实际在宫殿规划中体现"化家为国"。令宫城、皇城的一些部分以"后两宫"的长、宽或面积为模数，又

①唐代集中中央官署和太庙、社稷坛于皇城，故在该章分析中以皇城代表国家政权而以宫城代表家族皇权。至元明时，中央官署迁出皇城，故分析时认为宫城中外朝主殿代表国家政权而内廷主殿代表家族皇权。

有体现皇权无所不在、皇权涵盖一切的意思。这和在都城规划中以皇城、宫城为面积模数的含义是相似的。

（3）使用模数网格为建筑群布置基准

在有实测图和数据的唐代宫殿、祠庙布局中已发现使用方格网为布置基准的方法，循此线索，利用1940—1944年在张镈先生主持下完成的紫禁城宫殿实测图和实测数据进行探索，发现紫禁城宫殿继承和发展了这个传统，在宫院布置中使用了方10丈、5丈、3丈三种网格。

首先在"前三殿"总图上分析。因其在明中后期二次重建，故以明中期尺长0.3187米折算，绘制网格，在画方10丈网格时发现：在南北向如以太和殿两侧横墙为界，向北至乾清门前檐柱列为7格，向南至太和门后檐柱列为6格，而其向南第二格恰在太和殿大台基前檐，南北共深13格，即130丈；在东西方向，如以体仁、弘义二阁正面台基边缘间计，恰为6格，即60丈（参阅图17-4）。如自太和门后檐柱列向南再画5格，可至午门正楼北面下檐柱列，且其第三格的网线恰通过太和门外东西庑上协和门、熙和门的中轴线，而太和门前的内金水桥又恰位于第四格的中间二格之内。网格与殿门柱列、台基、内金水桥之间的这种准确对应关系，是"前三殿"及其前后部分在规划布局中使用了方10丈网格的有力证明（图17-9）。

自午门正楼南壁再向南排方10丈网格，南至端门下墩台南壁，恰为12格。自此再向南排，至外金水桥之中心又可排7格，二者共深19格，即也是190丈。午门墩台东西外壁及御道两侧街门的后檐间距占4格，即宽40丈。

这就是说，在紫禁城规划中，以午门正楼下墩台南壁为界，自此向北到乾清门前，包括整个外朝部分，共深190丈；自此向南至外金水桥中心，包括皇城正门天安门至紫禁城正门间御道的全部，总深也是190丈，二者深度完全相等（图17-10）。

上述现象说明，紫禁城内的外朝部分和宫前御道，全部是以10丈网格为基准安排的。

在"后两宫"平面图上探索，发现宽、深尾数均近于5丈，画方5丈网格后，计到宫院外缘，其东西宽为7格（如计至东、西庑前檐柱列，则为6格），南北深为13格。其布置网格的情况和"前三殿"近似，只是因宽深各缩小一半，其网格也由方10丈缩小至方5丈。

"东、西六宫"尺度更小，每面的六所小宫院分别加上北面东侧之东五所和西面的重华宫总面积都各与"后两宫"相等。用作图法在平面图上分析，可见各宫东西宽均为15丈，而南北深包括横巷在内为45丈。经反复探索，其网格可以是5丈，也可以是3丈。而如从可用为布置基准的需要看，似以用小一些的3丈网格更能起作用（参见图17-5）。

此外，对宁寿宫、慈福宫、文华殿、武英殿等宫院进行分析，也证明它们分别使用了方5丈、3丈的网格。

使用方格网为宫院的布置基准，可便于控制同一宫院中主、次建筑间的体量、尺度和空间关系，以达到尊卑和主次分明、比例适当、互相衬托的效果，形成统一协调的整体。而在更大型的多院落建筑群体组合中，在尺度和重要性不同的宫院使用大小不同的网格，其作用略近于选用大小不同的比例尺。由于网格大小不同，建筑的尺度也不同，处理手法即有异，其建筑的空间关系也有开阔、紧凑的差别，故可以从尺度和空间关系上把大小宫院拉开档次，从更大的范围内突出主体并保持大小宫院间的协调和有序。这在明紫禁城宫殿的布局中反映得很突出（参见图0-28）。

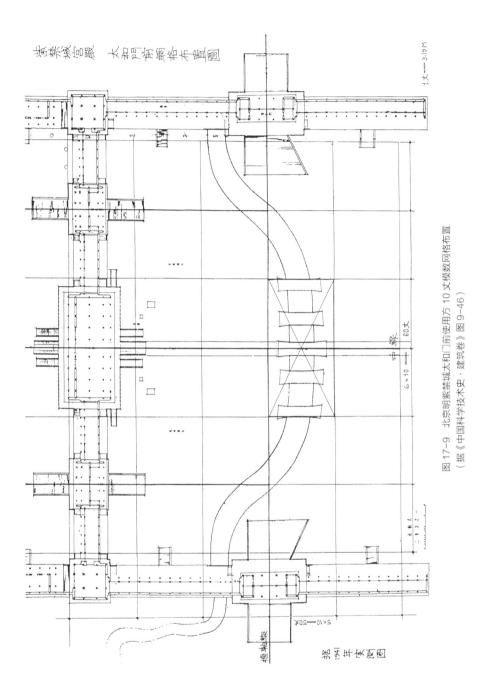

图 17-9　北京明紫禁城太和门前使用方 10 丈模数网格布置
（据《中国科学技术史·建筑卷》图 9-46）

293

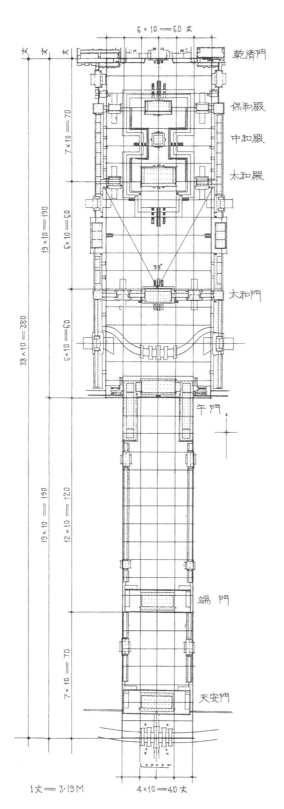

6×10＝60 丈

丈 丈 丈

乾清門

7×10＝70

保和殿

中和殿

太和殿

19×10＝190

6×10＝60

6×10

太和門

38×10＝380

6×10＝60

55°

午門

19×10＝190

12×10＝120

端門

7×10＝70

天安門

1丈＝3·19M

4×10＝40 丈

紫禁城 外朝前三殿及皇城天安門至午門間總平面分析圖——用方十丈網格為布置基準

图 17-10 北京紫禁城外朝前
三殿至皇城天安门间规划分析图
（据《中国古代城市规划、建筑
群布局及建筑设计方法研究》图
II-1-12）

中国古代宫殿

（4）实行"择中"原则

把主建筑置于建筑群地盘几何中心的"择中"原则，是自战国、秦汉以来建筑群布局的传统手法，它在明紫禁城宫殿中得到很集中的体现。从紫禁城平面图中可以看到，太和殿、乾清宫、奉先殿、斋宫、雨花阁、武英殿、文华殿以及东、西六宫等二十几所大小规模不同的宫院都把正殿建于所在宫院地盘的几何中心位置，可视为较重要宫院布局的基本规律。这一特点还在紫禁城航拍照片中得到验证，并发现宫前的左祖右社部分的太庙前殿和社稷坛也都位于各该区的几何中心位置（图 17–11）。

4.建筑立面设计以檐柱高或斗栱攒档（中距）为模数

在唐、宋、元建筑中已出现建筑的立面比例多与其檐柱高度有关的特点，在明代建筑中仍保持这个特点（明代无建筑设计规范保存下来，在清代工部工程做法中也表现出这个传统特点），但在一些体量巨大、体型复杂的建筑也有一些新的发展。

（1）北京天安门

创建于明永乐十八年（1420年），经明成化元年（1465年）、清顺治八年（1651年）二次重建。顺治八年当清立国之初，应是基本延续明代旧制，故仍可视为保存了明代的特点。

门为重檐歇山顶建筑，下檐面阔 9 间，进深 3 间加前后廊，建在下开 5 门的墩台上。就实测图所示，门楼通面阔 57.1 米，其中明间面阔 8.52 米，左右各 4 间面阔相同，平均每间面阔为 6.07 米，下檐柱高为 6.04 米。下檐左右四间的平均面阔与下檐柱高之比为 6.07：6.04=1.005：1，考虑误差，可视为二者相等。即左右四间面阔均与下檐柱高相同，开间为正方形。

把数据按明中期尺长 0.3184 米折算后分析，发现它是将门楼与墩台统一考

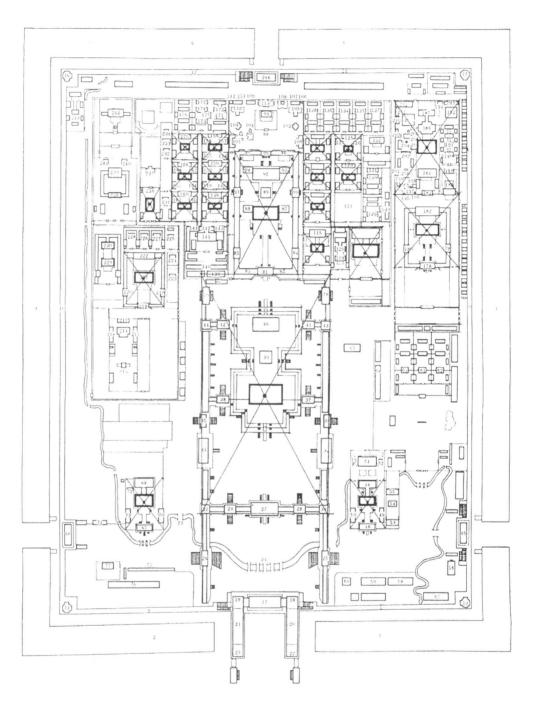

图 17-11  紫禁城各宫院布置使用"择中"手法置主建筑于院落几何中心的情况

虑的。门楼的明间宽 8.52 米为 27 尺，左右各四间平均宽 6.07 米为 19 尺，下檐柱高 6.04 米也是 19 尺。墩台的高度 12.13 米合 38 尺，即 2×19 尺。就此在立面图上画方 19 尺的网格，可以看到门楼及墩台都以 19 尺为模数，门楼以一层柱高计，至左右山墙各宽 4 格，墩台高为 2 格，自门楼东、西山墙向外至门墩的东西边缘各宽 30.26 米，为 95.4 尺，合 5 格。这样，除明间外，门楼、墩台之高宽均以 19 尺为模数，在方 19 尺的方格网笼罩之下。这些现象表明，天安门及其墩台在设计时是以门楼的下檐柱高为模数的。可以推测，设计时先全按 19 尺网格制图，然后把明间面阔按需要增大至 27 尺即成现状（图 17-12）。

（2）紫禁城午门

创建于明永乐十八年（1420 年），经明嘉靖三十七年（1558 年）、清顺治四年（1647 年）二次重建。顺治四年当清立国之初，且墩台不可能改动，故应基本保持明代特点。

午门主体为正楼、钟亭、鼓亭、东观、西观五部分，用廊庑连成凹字形平面，建在同形的墩台上。就实测图分析，墩台高 40 尺，即以其为模数（自底座计），高 1 格，东西总宽 10 格，突出的两观各宽 2 格，南北总深 9 格。其正楼面阔 9 间，通面阔 60.05 米，下檐柱高 6.05 米，通面阔与下檐柱高之比为 60.05：6.05=9.93：1。考虑施工及测量误差，可以认为原设计是 10：1，即下檐通面阔为下檐柱高的 10 倍（图 17-13）。

由于墩台上有 5 座建筑，故午门不可能像天安门那样门楼与墩台用统一模数，而是各有其模数。但各以其高度（墩台为台高，正楼为下檐柱高）为模数的原则是一致的。

（3）紫禁城角楼

创建于明永乐十八年（1420 年），只有修缮而无重修的记载，应基本是明代原构。它的主体为一三重檐十字脊的方亭，四面分别出长短不同的重檐抱厦，平面呈兼有长肢、短肢的十字形。在实测图上分析，它的平面和立面都以斗栱的攒档（中距）为模数。在平面上，方亭方 11 个攒档，突出的抱厦宽 7 个攒档，长短肢之长分别为 2 个和 5 个攒档。在立面上，抱厦及亭之下檐柱高为 5 个攒档，抱厦及亭下檐与抱厦上檐及亭之中檐间高差为 3 个攒档，抱厦上檐及亭之中檐与亭上檐间之高差为 4 个攒档（图 17-14）。经核算，它的攒档为 2.5 明尺。

紫禁城角楼是一座由多部分聚合成的体形复杂的建筑，为求各部分协调，最好的方法是使用一个共同的模数。选用斗栱的攒档为模数，就使各部分有一个共同的尺度单位。角楼的形体复杂，由于斗栱同时又是醒目的装饰，极易使人通过它感觉到各部分之间的比例关系和相似之处，使整个建筑繁而不乱，取得整体和谐的效果。

紫禁城角楼属于建筑组合体，因尺度太小，其主体和附属部分使用同一等材，其斗栱的攒档亦相等，与大型的楼阁组合体不同，但通过其相互关系，仍可供了解复杂的组合体的设计方法和技巧。

（4）紫禁城保和殿

始建于永乐十八年，天启七年（1627 年）重建。原名谨身殿，为殿身面阔 7 间、进深 3 间、四周有一圈回廊的重檐歇山顶殿宇。据实测图，下檐正面总宽 46.41 米，下檐柱高为 6.68 米，其面阔与下檐柱高之比为 46.41：6.68=6.95：1，考虑施工及测量误差，原设计可能为 7：1。即此殿之立面以下檐柱高为模数，下檐通面阔为下檐柱高的 7 倍（图 17-15）。

通过上述，可知明代仍沿用唐宋以来在立面上以檐柱高为模数的做法，尽可能使立面由若干以檐柱高为边宽的正方形组成，在形式上更为灵活。天安门则进一步使墩台与门楼统一于一个模数网格之下，取得更为和谐统一的效果。紫禁城角楼因尺度小，体形复杂，很多部分宽度不足一间，不能

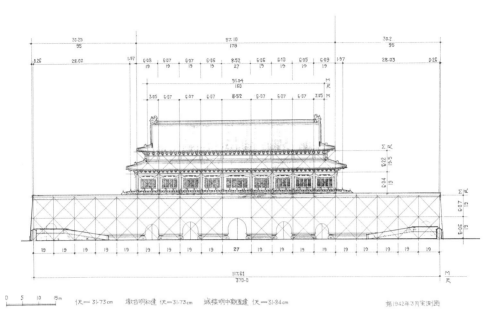

图 17-12　北京皇城正门天安门立面设计以门楼下檐柱高为模数
（据《中国古代城市规划、建筑群布局及建筑设计方法研究》图 III-1-7·23）

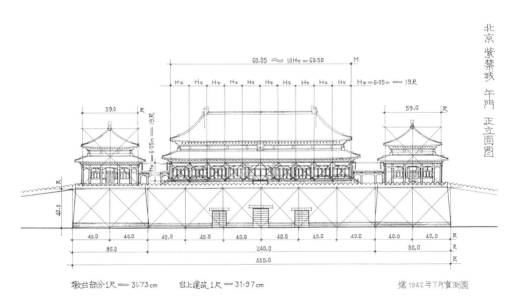

图 17-13　紫禁城午门正立面设计中墩台以其高度、正殿以其下檐柱高为模数
（据《中国古代城市规划、建筑群布局及建筑设计方法研究》图 III-1-7·25）

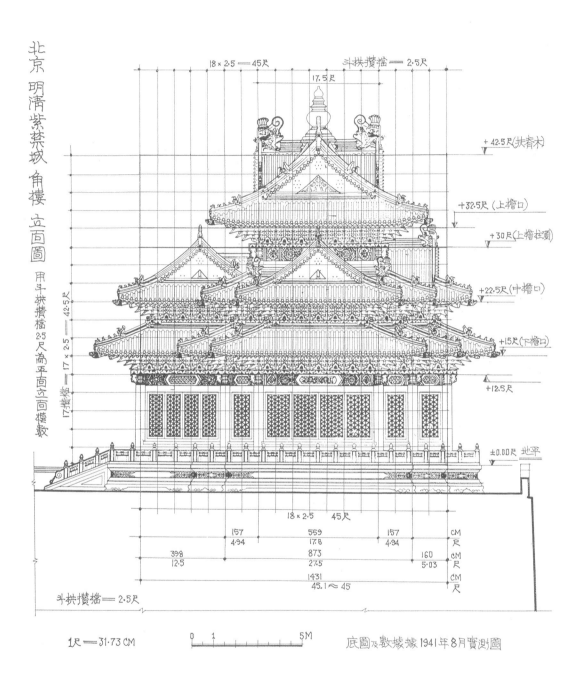

北京 明清紫禁城 角楼 立面圖 用斗拱攒档2.5尺為平面立面模数

18×2.5＝45尺　　斗拱攒档＝2.5尺

17.5尺

+42.5尺(扶脊木)

+32.5尺（上檐口）

+30尺(上檐柱頂)

+22.5尺(中檐口)

+15尺(下檐口)

+12.5尺

±0.00尺 地平

18×2.5　45尺

| | 157 4·94 | 559 17·8 | 157 4·94 | | CM 尺 |
| 398 12·5 | | 873 27·5 | | 160 5·03 | CM 尺 |
| | | 1431 45.1～45 | | | CM 尺 |

斗拱攒档＝2.5尺

1尺＝31·73 CM

0　1　　　5M

底圖及數據據1941年8月實測圖

图 17-14　紫禁城角楼以斗栱攒档为平面、立面设计模数
（据《中国古代城市规划、建筑群布局及建筑设计方法研究》图 III-1-7·8）

300
中国古代宫殿

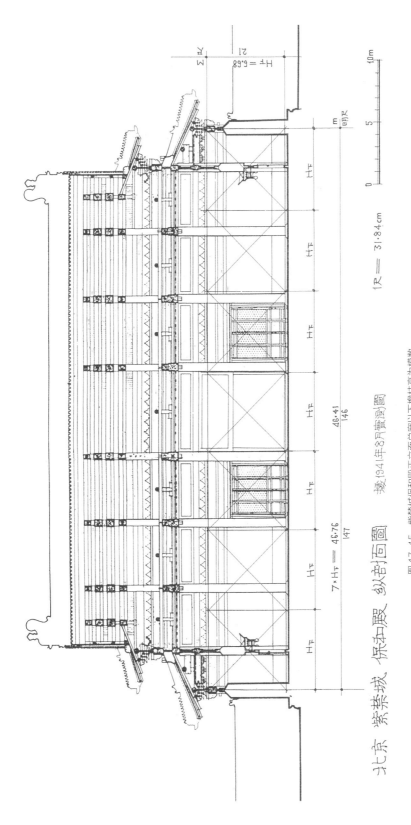

北京 紫禁城 保和殿 纵剖面图

据1941年8月实测图

图17-15 紫禁城保和殿正立面总宽以下檐柱高为模数

（据《中国古代城市规划、建筑群布局及建筑设计方法研究》图Ⅲ-1-7·42）

1尺＝31·84cm

以柱高为模数，只能以各部位均有的斗栱攒档为模数，却又定其下檐柱高为 5 个攒档，使攒档又具有柱高的分模数的性质。这表明在设计技巧上明代比前代又有所发展。

北京明清紫禁城宫殿是中国数千年历史中唯一完整保存下来的一座宫殿，对我们具体分析研究古代宫殿的特点、发展演变和规划设计方法有极重要的助益。20 世纪 40 年代初为防日军战败后破坏紫禁城，在朱启钤先生主导下，由基泰工程司承包，请张镈先生率领天津工商学院师生，对外朝主要殿宇进行了精测，同期还实测了 1/1000 的总平面图，利用这些实测图，再利用北京市 1/500 地形图所反映的大轮廓的数据，并参考近年的航拍总图，可以对它进行较详细的分析。通过分析，可以了解到除了悉知的中轴线对称布局等外，还有几个主要特点。

其一是各建筑群组，视其大小规模和所属等级（重要性）选用大小不同的方格网为布置基准。外朝前三殿代表国家，体量也最大，选用方 10 丈网格；内廷后两宫为皇帝的主宅，代表家族皇权，选用方 5 丈网格；宁寿宫为太上皇所居，规格不能低于皇帝，也用方 5 丈网格；慈宁宫虽为皇太后所居，出于男尊女卑，只能低于皇帝，与后妃、皇子居住的东西六宫和大量次要宫殿相同，用方 3 丈网格。不同大小的网格既控制建筑群内部各建筑之间的尺度关系，也控制不同建筑群之间的关系。方格网的运用，对于紫禁城宫殿中大量建筑物规整有序、各安其分，共同形成一个统一的整体起极其重要的作用。

这种视宫殿规模、等级、重要性使用大小不同的模数网格的方法目前始见于唐大明宫和渤海国上京宫殿，以后历代延续，至明代更为成熟完善，是中国古代宫殿规划设计方法中的重要特点和成就。

其二是加强古代"择中"方法的运用。每所宫院其主体建筑一般都布置在所在院落地盘的几何中心以强调主次关系，突出主建筑的重要性。

"择中"的方法之例始见于汉未央宫，其前殿居全宫中心。以后又见于隋洛阳宫，其主殿乾德殿居全宫中心。晚唐时渤海国上京宫殿址各宫殿也都位于所在宫院的几何中心。故主殿位于所在宫院的几何中心，已成为此期间的通用手法。其余南北朝及宋金元宫殿因目前无遗址发掘平面图，故尚不能确认是否使用了这种方法。只有明代宫殿基本完整保存，对"择中"手法在规划设计中的作用有全面完整的反映。

其三是在主要建筑群之间保持模数关系。它以内廷主建筑群后两宫之长宽（面积）为模数，外朝前三殿面积为它的四倍，内廷东（或西）六宫和乾东（或西）五所面积之和也和它相等。从更大范围看，在皇城中轴线上，北起景山南至大明门（中华门）之距为后两宫深的 13 倍，天安门前东西三座门间之距为后两宫宽的 3 倍，都以后两宫之深、宽为模数。

这种保持模数关系的方法仅见于明代宫殿，明以前各代宫殿即有发掘遗址存在，但限于精度和完整程度，虽不能完全否定其存在，但目前尚难做进一步探讨。

使用这些规划设计方法除保持其统一协调、控制相互关系、突出主体外，还有一定政治含义，特别是以后两宫为模数这一点。后两宫是皇帝的家宅，代表家族皇权，前三殿代表国家政权，使前三殿为后两宫的 4 倍实际以规划手法表现一姓为君、"化家为国"的家天下的思想，其他建筑群以它为模数则有表示皇权涵盖一切、化生一切的意思。根据在紫禁城宫殿中所表现出的种种规划设计方法上溯前代宫殿遗址，发现在隋唐洛阳宫、唐长安大明宫、晚唐渤海国上京宫殿中都已出现使用模数方格网的现象，可知至迟到隋唐时已出现这种规划方法，不过在明清时表现得更完备、更成熟而已。

# 第四节　明北京的离宫

明永乐帝定都北京建立紫禁城宫殿后，他为燕王时在北京的王府也保留下来，永乐帝有时也在其中居住，近于离宫的性质。

在明武宗朱厚照和明世宗朱厚熜时曾先后建过离宫。

据《明武宗实录》记载，武宗正德二年（1507年）在太液池（今北海）西北隅原豹房处建前后厅房和左离宫右厢房数重。七年（1512年）又添修二百余间。武宗朝夕处此，不复入大内，形成一较简易的离宫。正德十六年（1521年）三月武宗南巡归后发病，即死于豹房。

据《金鳌退食笔记》记载，明嘉靖初改扩建永乐帝为燕王时的王府，嘉靖十年（1531年）建成，称"万寿宫"，亦称"西内"或"西苑"，是一座规模颇大的离宫（其位置在今西安门内大街中部路南）。至嘉靖二十一年（1542年）发生嘉靖帝因虐待宫女遭到报复几乎被缢死的事件后，嘉靖帝遂不愿再居宫中而移居西内。至嘉靖四十五年（1566年）嘉靖帝病危始移入大内，当日即去世。可知嘉靖一朝几乎有近一半时间不居大内而居离宫西苑。嘉靖帝以后各帝均未居此，宫殿也曾被局部拆毁或移改，至明末已基本毁去。

这是有记载的明代较大的离宫。但在豹房和西苑这两座宫苑的遗址上曾经过多次改建增建，抗战时期日寇也在西苑遗址上进行过大规模建设，其遗址损毁严重，故如不进行深入的考古发掘工作，目前尚无法了解其具体布置情况。

第
十
八
章

清代
宮殿

# 第一节　清盛京宫殿

清太祖努尔哈赤于天命十年（明天启五年，1625 年）定都沈阳，改称"盛京"，并建立宫殿，最先在东侧建供议政用的大政殿和十王亭一组。大政殿在北端，为八角形重檐攒尖顶的亭子，其前方左右侧各建五座矩形单檐歇山顶的建筑，略作八字分开，称"十王亭"。它实际是以亭代表帐幕，反映的是当时努尔哈赤建牙帐，各旗建小帐分列左右，共同议事的情况。

天聪六年（明崇祯五年，1632 年）清太宗皇太极在西侧建主宫，形成中路，其前为前朝主殿崇政殿和其前的大清门，后为居中为后寝主殿清宁宫和其前的凤凰楼，左右为分列两座妃住的宫殿，都建在高 3.8 米的高台上。寝殿清宁宫内建有凹字形火炕，设煮牲大锅，表现出满族的特点，也是清入关后改造紫禁城坤宁宫的蓝本。崇政殿和清宁宫都面阔 5 间，上覆硬山屋顶，仅相当于州府级衙署的规格，清入关初期未加改动，至乾隆十年（1745 年）始在中路的东西侧各建几个小殿阁，以象征主宫两侧有东西宫的格局。

《四库全书》编成后，又于乾隆四十六年（1781 年）在中路西侧建文溯阁及其前后的戏楼等，至此，盛京宫殿始形成中、东、西三路的格局。其早期建筑属当地的地方风格，乾隆时添建的始近于清官式建筑。据《大清会典则例》卷 127 "府第"条所载，崇德年间（1636—1643 年）定制，亲王、郡王、贝勒府之正屋、厢房应分别建在高 10 尺、8 尺、6 尺的基台上，可知像清宁宫那样把宫殿之后寝建在高台上是满族习俗，为清入关以前的定制。

清入关定都北京后，改称盛京为"留都"，宫殿称"留都宫殿"或"奉天行宫"。现通称"沈阳清故宫"（图 18-1）。

对实测图进行分析，发现东路十王亭部分各亭之南北间距及最北二亭中轴线与大政殿中心之距均相等，可以 A 表示，而最北二亭之中距及大政殿后

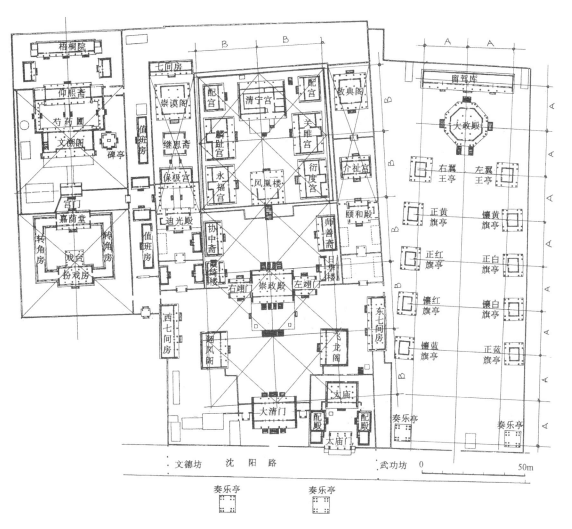

图 18-1 清盛京宫殿平面分析

留驾库之宽均为 2A，可知此部分之布置是在以方 A 为模数网格控制下的。十王亭布置略呈八字形，可能是为了凸显大政殿，也可能表示诸旗与满廷的亲疏差异。

其中路部分后寝建在一方形高台上，如将其等分为 4 分，每分宽以 B 表示，则其宽、深均为 2B。其前朝部分如自大清门量至后寝高台南沿恰为 3B，即前朝后寝均宽 2B，总深 5B。其前朝部分如自崇政殿后檐墙为界，进深也是 2B。可知中路是在以 2B 为网格控制下布置的。

在西路的文溯阁和戏楼两组院落分别画对角线，则可看到，文溯阁和戏楼都居于所在院落的几何中心处，即按 "择中" 原则布置。此外，如把中路后寝左、右侧的宫院视为一体，在四角画对角线，则左侧的门和右侧的继思斋都位于几何中心处；就左侧而言表示前后两院面积相等，就右侧而言则是继思斋居中，也表示出一定的规划布置特点。

东路和中路的主体部分是清入关以前所建，故使用的手法相同，都按模数网格布置（限于资料数据，目前尚无法推知其模数的具体数值）。西路和中路两侧小宫院是乾隆时所建，故手法与官式相近，重视使用传统的"择中"手法。


# 第二节　清北京紫禁城宫殿


明朝末年政治腐败，引发大规模农民起义。1644 年春，李自成的起义军攻入北京，明政权瓦解，明残余力量在南京成立南明政权。起义军进北京后迅速腐化，被乘虚入关的满族军队击溃。满族军队进占北京后，建立清政权，它是以满族为主体建立的王朝，也是中国历史上最后一个王朝。

清朝建立后，至康熙初年，即逐步消灭了各股农民起义军及南明和三藩等割据势力，收复台湾，巩固了在全国的统治地位。在康熙至乾隆间人口增加，耕地扩大，农业生产恢复并有巨大发展，商业、手工业繁荣，达到清之极盛期，在这基础上，清王朝逐步解决了蒙古、新疆、西藏问题，正式确立了统一国家的版图。这期间也是清代建筑活动取得巨大发展的时期，除完善宫殿外，在北京建离宫圆明园和清漪、静明、静宜三园，在承德建离宫避暑山庄、外八庙等大型皇家工程均在此时，南方扬州、苏州、杭州及广州、福州等省会城市的发展和繁荣也都在此阶段。

自乾隆末年起，政权日渐腐化，经济衰退，社会矛盾聚集，清朝进入衰落期。19世纪初，英国开始侵入并进行掠夺性鸦片贸易，引发鸦片战争，清王朝战败后，割地赔款。在国力大衰、内外矛盾加剧的情况下引发了"太平天国"等一系列起义，加以西方诸国和日本又相继多次乘虚入侵，最终在1911年暴发"武昌起义"，迫使清帝宣布"逊位"。同时也就结束了自秦汉以来在中国延续两千多年的中央集权王朝统治的历史。

1644年清入关定都北京后，仍沿用明紫禁城宫殿。但从《大清会典则例》卷126所载清顺治间修天安门、午门、前三殿、后两宫及东西六宫靠内侧各三宫的一部分等记载可知，这些部分在李自成兵败逃离北京时都遭到一定程度的破坏，必须加以修复才能使用。[①]大约到康熙中期（17世纪末），端门、文华殿、奉先殿和东西六宫的其余部分也陆续修复，基本恢复了明末紫禁城宫殿的格局。

①在三大殿中，太和殿在康熙八年重建，三十四年再建，是清代重修者，而中和殿、保和殿在近年修缮时发现很多构件为楠木，且部分有明代墨书"中极殿""建极殿"等明代殿名，可证是经清代修缮过的明代建筑，由此也可以推知，李自成败逃时并未能彻底破坏或烧毁明宫的主要殿宇。

中国古代有新朝要毁去前朝的都城、宫殿的恶劣传统，在历史上只有南朝继东晋、唐继隋和清继明三次没有循此恶例，使前朝都城、宫殿得以完整保存下来，在新朝继续使用。清代之所以如此，是因为它是少数民族建立的王朝，沿用中国正统王朝明朝的都城、宫殿，有助于确立自己的正统王朝地位，还可以减弱汉族的抵制、抗拒心理。所以在顺、康、雍三朝对宫殿只是修复、维护，未做重大变动。

清入关后，皇帝贵族生活习俗较快地汉化，宫室布置、使用器物也基本接受了汉族传统，只是为了不忘旧俗，才把正式寝宫坤宁宫按满族习俗加以改造，把窗由格扇改为方格槛窗，把窗纸按关外习俗糊在外侧，并在室内设凹形火炕及祭祀煮牲用的大锅等。为了祭神，还在坤宁宫前大台基上树立了神杆。但实际上清代帝后很快就放弃满族生活习俗，康熙以后，除举行"大婚"时按传统礼仪短暂居坤宁宫外，其余时间都住在养心殿。坤宁宫在清代只是一座形式上的寝殿。

到乾隆时期，始在宫内有较大规模的建设。最重要者有二，其一为乾隆初改建乾隆帝为皇子时所居的乾西五所的东部为重华宫，西部为建福宫及建福宫西的延春阁、敬胜斋一组（此部分 20 世纪初被宦官放火焚毁，以消灭其盗窃宫中财物罪证，至 21 世纪初始完成复建）。又在延春阁之南建供佛的二层佛阁——雨华阁。其二是乾隆三十六年（1771 年）为自己退位后做太上皇时预建住所，在紫禁城东北角参照后两宫的形式建造宁寿宫、乐寿堂两组宫殿，乾隆四十一年（1776 年）建成。宁寿宫一组门、殿规制全仿乾清宫、坤宁宫，其后殿宁寿宫也把窗纸糊在外侧，相当于太上皇宫殿之外朝。其后有东西横街，街北分三路，中路前为养性门，门内依次为养性殿、乐寿堂、颐和轩、景祺阁。东路前为保泰门，门内为畅音阁、阅是楼、景福门、景福宫、梵华楼等。西路前为蹈和门、衍祺门、古华轩、遂初堂、符望阁、倦勤斋等。此三路相当太上皇宫殿之内廷，其中养性殿规制全仿养心殿，实是寝宫。东路畅音阁是戏楼，西路为园林，即著名的乾隆花园。

## 宁寿宫在规划设计上的特点

宁寿宫一组是清代在紫禁城新建的重要宫殿，前名"宁寿宫"，后名"乐寿堂"。乐寿堂西为花园，即著名的"乾隆花园"。清乾隆三十六年（1771年）又改建成供乾隆帝退位后为太上皇时的宫殿，乾隆四十一年（1776 年）建成，统称"宁寿宫"。它是清代自建的宫殿，可据以探讨清代宫殿在规划设计上的特点。

现宁寿宫四周绕以宫墙，呈纵长矩形，形成独立的一区。在中轴线上自南面外门皇极门至最北端的景祺阁，共建有门、殿九座，隐喻皇居九重之意。具体可分前后四部分，自南而北，依次为：

（1）皇极门外横街，东西端各有门，西门为主门。

（2）宁寿门前广庭。

（3）宁寿门内，以皇极殿、宁寿宫为主殿，周以廊庑、东西开侧门的朝区。

（4）养性门内，以养性殿、乐寿堂、颐和轩为主体的寝区。寝区中轴线上主体的东西侧尚有东西路，东路为戏楼畅音阁，西路为宁寿宫花园。

朝区的宁寿门、皇极殿、宁寿宫之形制仿"后两宫"的乾清门、乾清宫和坤宁宫，但殿由 9 间减为 7 间，中间省去交泰殿，规格比"后两宫"降低。寝区的前殿养性殿全仿清帝听政的养心殿，其后的乐寿堂是全宫最豪华的寝殿，但屋顶用灰瓦，卷棚屋顶，兼具豪宅特色。这些情况说明宁寿宫一区是改变了明朝和清初的旧规，按乾隆帝的要求重新建造的，它的规划、布局反映了乾隆时的特点和水平。

对宁寿宫、乐寿堂两组现状平面图进行分析，可以看到其规划布置所用方法（参见图 0-30）。

（1）从全宫整体来看，如以皇极门一线及北宫墙为南北界，从四角画对角线，其交点恰在宁寿宫北、养性门南的东西横街的中分线处，则从用地看，朝区、寝区各占一半。

（2）朝区如依"前三殿"之例，以宁寿门前檐柱列为南界，以养性门前檐柱列为北界，画对角线，则其交点在皇极殿之中部。表明皇极殿为朝区主殿，与太和殿居"前三殿"一区之中心的情况全同。

（3）寝区如以养性门前檐柱列为南界，以北宫墙为北界，画对角线，其交点落在乐寿堂之正中，表明乐寿堂为寝区主殿。这种以主殿置于全区几何中心的手法继承了明以来的布置手法。

（4）在平面图上用10丈和5丈网格核验，发现它使用的是5丈方格网。自南而北，横街南北深占2格，即10丈；宁寿门前广庭深4格，即20丈；外朝部分深8格，即40丈；内廷部分深10格，即50丈。这样排的网格，四个部分的分界线都与网线重合，且皇极殿左右小门也在分界线上，与太和殿两侧横墙在网线上的情况全同，乐寿堂的南北中分线也基本与网线相重。这些现象证明，在规划宁寿宫时，确实是以方5丈网格为基准的。它的南北总深为24格，即120丈。其中外朝深40丈，内廷深50丈，合之为90丈，这里又出现了9这个数字，可能与中轴线上建九重建筑有同一用意。

这两组前后相重，南起皇极门，北至景祺阁北宫墙，共建在一纵长矩形地盘上，中间隔以横街。如在南北四个墙角间画对角线，其交点恰在横街中分线上，可知这两部分深度相同，亦即面积相等。

在宁寿宫部分，如南起宁寿门左右墙一线，北至养性门左右墙一线，画对角线，其交点恰在皇极殿中心。这情形和中路三大殿一组南起太和门左右墙一线，北至乾清门左右墙一线画对角线，其交点恰在太和殿中心相同。这表明，因宁寿宫是太上皇宫的外朝，故其布置手法要和皇宫外朝一致。

在乐寿堂部分，如画对角线，其交点也恰在乐寿堂中心，和乾清宫的情形一致，即也和皇宫内廷一致。

这表明，乾隆建宁寿宫、乐寿堂时，虽规制较前三殿后两宫略有缩减，但却严格沿用了它的规划布置手法，其中外朝北端都计至内廷前墙，表现出惊人的相似。

在平面图上进行数字核验，发现按清代尺长 32 厘米折算，皇极门前横街深 10 丈，皇极门内广庭深 20 丈，宁寿门至养性门前深 40 丈，养性门至后墙深 50 丈，整个地盘南北深 120 丈，东西宽 35 丈。其中皇极殿一组殿宽 15 丈，如计至东西庑外墙，宫院宽为 25 丈。据此，它们也是以方 5 丈的网格为布置基准的。

这种总体布局中使用模数网格和主殿居宫院中心的"择中"手法，表明清代继承了明紫禁城宫殿的规划传统。

# 第三节　北京圆明三园

清代在康熙前中期起，在北京的西北郊陆续建有畅春园、圆明园、长春园三园，为清代离宫。康熙后期起，历代清帝一般于正月以后即出城园居，至临近举行冬至大朝会时始还宫，实际一年内清帝居园中听政在九个月以上，故圆明三园实为清代前中期统治中心，为适应此情况，各主要衙门均在圆明园附近各设值房办公。

## 一、畅春园

在海淀，原为明武清侯李伟别墅，康熙二十三年（1684 年）在其旧址上建避暑离宫，称"畅春园"。至乾隆时因已建成圆明园，遂为皇太后所居。其主要门、殿在南部，外门大宫门外为朝房，门内为正殿九经三事殿，殿东、西各有配殿，此部相当于外朝。其后的二宫门内为主殿春晖堂，堂后垂花门内为内殿，左右有耳房，东西有配殿，后有后照楼，此部相当于内廷。外朝、内廷前后相对，形成中轴线。但从内廷部分有后楼看，其规格实近于太后宫，不是帝宫体制。可能是乾隆时太后入居后改建的结果。其后随大、小湖泊布置景物，主景为瑞景轩、延爽楼一组，也位于前部门殿形成的中轴线的延长线上。

大约在同治重修圆明园时期在工部文件中改称畅春园为"万春园"，但最终未能实现重建。

## 二、圆明园

在畅春园北，原是雍正帝为亲王时康熙帝所赐之园，建于康熙四十八年（1709 年），雍正帝即位后，于雍正三年（1725 年）加以扩建。至乾隆时更大加扩建，成为清代主要离宫。园前部有二重宫门、朝房及各官署临时办事处，门内为正殿——正大光明殿，相当于外朝。殿后有小湖，湖北岸建有九洲清晏建筑群，为清帝起居生活之所，相当于内廷。两部分前后相重，形成园中主轴。九洲清晏之北为后湖。后湖沿岸被小型溪流划分成九个近似小岛的景区（当时通称"座落"，一般指一组建筑群），布置缕月云开、茹古涵今、杏花春馆、上下天光、天然图画等座落，为园中主景。其北、东、西部分则依小溪和丘陵随宜布置景点。以后又向东拓展至一较大湖区，称"福海"，沿湖被小溪流分割为十余区，各建不同景点，湖心建蓬岛瑶台等三小岛，是园中景物最开阔之处。至乾隆九年（1744 年）已形成 40 个主景，其中雍正时已有者为 15 处。[①]

① 雍正时已建者：正大光明、勤政亲贤、九洲清晏、天然图画、碧桐书院、慈云普护、上下天光、杏花春馆、武陵春色、鱼跃鸢飞、西峰秀色、四宜书屋、平湖秋月、接秀山房、同乐园，共 15 处。

## 三、长春园

在圆明园东，始建于乾隆十年（1745 年），拟用作退位后的居所，与在紫禁城内所修宁寿宫的性质相同。它也是前为宫门、朝房、正殿。其内主景为湖泊中的岛和岛上的含经堂、淳化轩一组。最北为乾隆二十四年（1760 年）所建仿法国洛可可风格的西洋楼。园中有数处仿江南名园之景，如仿杭州南屏汪氏之小有天园和按元代画家倪瓒所绘《狮子林图》中景物仿建的狮子林八景等（图 18-2）。

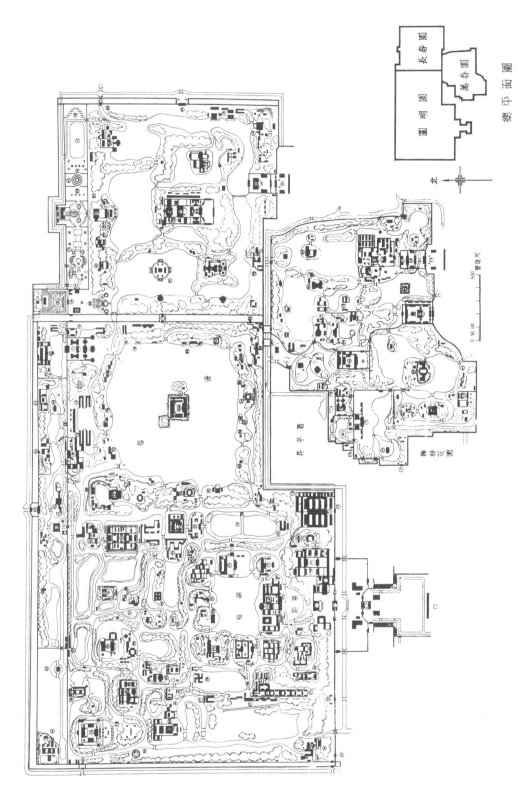

图18-2 畅（万）春园、圆明园、长春园平面图

圆明三园是清帝居住、听政的园林式离宫，其建筑外观较正式宫殿简朴，除个别主殿、祭殿外不用琉璃瓦，不建重檐屋顶，油饰彩画亦简素。但因其为清帝主要居住地，故室内装修使用大量高级木装修，雕刻精美，珠玉嵌饰，局部地面使用青花瓷砖，其豪华及舒适程度远过前代各朝，反映了中国古代室内装修所达到的最高水平，在紫禁城宫中也只有乐寿堂等乾隆中后期建筑与之相近。圆明三园在 1860 年被英法侵略军抢掠后焚毁。

因园建于湖泊湿地地区，其建筑的基础工程颇为艰巨。现存大量临湖基础下用柏木桩，桩上加园木排或石，其上再夯筑多层灰土，间以糯米白灰浆灌注，形成台基，故虽暴露在外百年以上，其基本轮廓尚较完整。园中叠石的基础做法亦相近，沿湖岸突入水中之叠石，其下均有成行的木桩支持，木桩因全部浸入水中，可保持较长期不腐。

圆明三园已遭严重破坏，其总体布置和重要建筑的形制和基本数据尚不能完整准确掌握，故对其规划布置和建筑设计特点目前尚难作进一步探讨。

# 第四节　河北承德避暑山庄

清康熙四十二年（1703 年）选定在承德武烈河西岸建行宫，至康熙四十七年（1708 年）初具规模，以如意洲上建筑群为康熙帝在园内的住所。康熙四十八年（1709 年）开始建正宫，为行宫主建筑群，康熙五十年（1711 年）建成，于宫门题额为"避暑山庄"。康熙五十二年（1713 年）建成宫墙，正式确定行宫范围。

正宫在避暑山庄最南部，是由多重宫院组成的纵长矩形建筑群，分前朝和后寝两部分。前朝部分在中轴线上自南而北依次为午门（5 间）、宫门（又称"内午门"五间）、正殿澹泊敬诚殿（7 间加四周回廊）、后殿依清旷殿（5

间）和后照房（19 间，又称"十九间殿"），共五重建筑，在各殿门的前方左右侧各建有配殿、耳房、回廊，形成四进院落。后寝部分为中、东、西三路，中路中轴线上自南而北依次为门殿（3 间）、寝殿烟波致爽殿（7 间）、后楼云山胜地楼（5 间）和后门岫云门（3 间），共四座建筑，左右有回廊连接，形成三进院落。另在前朝后寝之间（即 19 间殿与门殿之间）有东西向横巷，两端开门，近于宫中永巷之制（图 18-3）。

在行宫总图上分析，发现后寝部分如自宫墙四角画对角线，交点正在寝殿烟波致爽殿的中心，可知此部分仍按传统手法布置，但前朝的正殿澹泊敬诚殿却既不居前朝的中心，也不居全正宫的中心，其原因俟考。

在平面图上进一步分析，发现它也是利用方 3 丈的网格布置的。行宫后寝部分之宽恰占 8 格，其深占 7 格，即宽 24 丈，深 21 丈。循此继续向南排网格，发现至宫门（内午门）左右横墙止，可排 12 格，为 36 丈；再向南至午门左右墙，又可排 5 格，为 15 丈；二者相加为 17 格，即 51 丈，此即正宫外朝部分之深。再向南排网格，自午门左右横墙至山庄丽正门门墩南墙恰占 7 格，为 21 丈。通计正宫南北之深占 24 格，东西宽以后寝计，占 8 格，即其占地面积为宽 24 丈，深 72 丈，宽深之比为 1：3。此外，在宫院内部，其外朝正殿、后殿之宽分别占 4 格和 2 格，即宽 12 丈和 6 丈；午门左右二角门中距为 4 格，即 12 丈；外朝正殿前檐、后寝正殿前檐和午门、内午门及外朝正殿左右配殿之后墙都在网格线上。这些现象表明正宫内重要建筑之布置多与网格相应，证明正宫的平面是以方 3 丈的网格为基准布置的（图 18-3）。

但从总平面图上还可以看到，正宫之东西宽只有后寝部分占 8 格，宽 24 丈，南面的外朝部分东西宽比后寝内收少许，其原因俟考。但用作图法分析，发现一个现象，即外朝部分之东西宽恰为后寝主殿烟波致爽殿东西宽的三倍。可能后寝部分因要分东、中、西三路，宽度增大，而外朝部分只一路，即以后寝主殿之宽为模数，以其三倍定其宽，这样还可保持前代以内廷寝殿宽、深为模数的传统，体现"化家为国"的思想。此外，

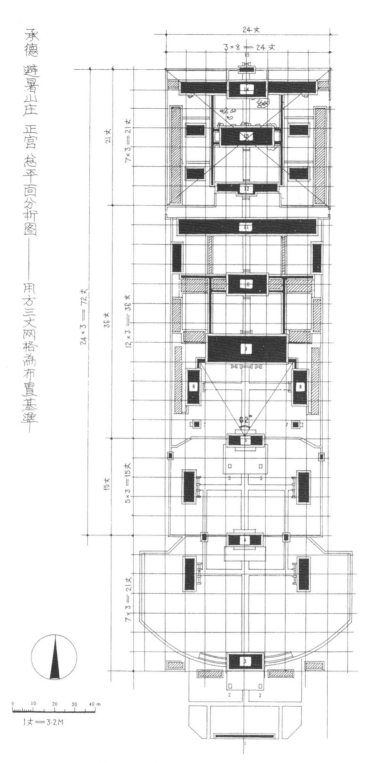

承德 避暑山庄 正宫 总平面分析图 ——用方三丈网格为布置基准

1丈＝3.2M

图 18-3　承德避暑山庄正宫总平面分析图
（转绘自《承德古建筑》图 87）

中国古代宫殿

在平面上于中轴线上安排九座建筑的手法，也有以"九重"表示皇居的意思。

正宫的轮廓宽 24 丈，深 72 丈，与北京雍和宫的尺寸相同。雍和宫自雍王府改建而成，其原型为最高规格的王府。避暑山庄正宫在已用其他方式表示属皇宫规格之后，轮廓采用亲王府的尺寸，也可算作是表示行宫应比正式宫殿贬损和俭朴之意。

附 录：

有关中国古代宫殿的几个问题

# 一、宫殿之等级制度的形成和发展

一国之宫殿是代表该国的国家政权和控御国家政权的家族皇权的集中地，是一国中最重要、最巨大、最豪华、反映最高建筑水平的建筑群。宫殿建筑除满足具体使用要求外，其建筑规格要高于国内其他建筑，以体现皇帝的无上权威和王朝的巩固。为保持宫殿在形式规格方面高于其他建筑，历代都对宫殿建筑制定了超越其他建筑的等级制度，形成其他建筑不可逾越的差异，以强调天子的"尊不可及"和保持皇权统治的稳定和巩固。据现有资料，可以从周代开始进行探讨。

据《礼记》："天子之堂九尺，诸侯七尺，大夫五尺，士三尺"的说法，西周宫室遗址尚有待发现，但参考陕西岐山县凤雏村早周宗庙遗址的布局，可知周时在前代廊庑围合成封闭式矩形院落中居中建宫殿的基础上又有发展，已出现前后两进殿宇的布置，且其正门已正对正殿，形成明显的中轴线（参见图3-1）。正门正对正殿是古代宫室的重要制度之一，延续两千余年，直到明清时还规定除亲王外，其他人的住宅均不可令其宅门正对正厅形成中轴线（此制度只限贵族、重臣及各级人氏的住宅。除宫殿外，大型祠庙和佛道寺观也可使正门直对正殿）。

《春秋谷梁传注疏》卷六云："礼：天子之桷斫之砻之，加密石焉。诸侯之桷斫之砻之，大夫斫之，士斫本，刻桷非正也。"同卷注又云："礼：楹，天子诸侯黝垩，大夫苍，士黈，丹楹非礼也。"可知在建筑构件装饰上也有等级差异。

《汉书·董贤传》中记载董贤起大第于北阙下，"重殿洞门"。注云："重殿谓有前后殿，洞门谓门门相当也。皆僭天子之制度者也。"可知两殿前后相重和门及门前后相对都是帝王宫室的规制，虽贵族、重臣也不可效仿。《汉书·霍光传》又载汉代重臣霍光死后因在墓上建三出阙而家属获罪。三出阙指一母阙外侧加二子阙，可知只有皇宫门外可建三出阙。贵族和重臣只能建加一子阙的两出阙，这是目前所见汉代宫殿等级制度的史料。

皇帝号称"九五之尊"……"九五"指帝位。……古人认为，九在阳数（奇数）中最大，有最尊贵之意，而五在阳数中处于居中的位置，有调和之意。这两个数位组合在一起，既尊贵又调和，无比吉祥，实在是帝王最恰当的象征，故这两个数字是帝王专用的。

一般官民住宅正堂均不得超过5间。此时在皇宫中前朝后寝之间已用横墙或永巷加间隔，但在其他贵族、贵官宅第中的前堂后寝间绝不许加永巷，显示出明显的等级差异。

当时在围墙上宫殿和官民第宅也有等级差异。《洛阳伽蓝记》记载，北魏洛阳永宁寺"寺院墙皆施短椽，若今宫墙也"。可知当时墙顶上加短椽出檐，然后覆瓦，是宫墙的规制，一般第宅不可加椽，只能在墙顶覆瓦。

宫城的门与一般的州府县城的城门间也有明确的等级制度。一般州县城门只能下开一门，宋以后州府级城市的衙城正门可开二门道。但至迟在东晋中期，其建康宫的南面正门大司马门已建为下开三门、左右建阙的城门。此后，北魏的洛阳宫的正门阊阖门、北齐邺南城宫城的外门端门和阊阖门均如此。至隋唐时，新建的隋大兴城（即唐长安城）的南面正门明德门建为下开五门的城门，东面南侧之门延兴门为三门道城门，则其皇城正门承天门虽尚未经考古发掘，但也应是下开三门或五门的城门。（图0-19）至宋代，汴京宫殿的正门宣德门始建时也是下开三门，但至末年被蔡京改建为下开五门的城门。此后，金中都、元大都、明清北京的宫殿南面正门都依此建为下开五门的宫门（图17-12）。这是历代宫殿在城门上反映出的等级差异。

宫殿在屋顶形式上也有严格的等级差异。至迟在南北朝时，已逐步确定屋顶的等级，依次为庑殿顶（四阿）、攒尖顶、

附录：有关中国古代宫殿的几个问题

歇山顶（厦两头）、悬山顶（两下）。庑殿顶为帝王宫殿专用，歇山顶用于宫中次要宫殿。但宋元以后有一定变化，宋代的《天圣令》中规定五品以上官可用厦两头（歇山）屋顶。明代《明会典·工部》虽未明确记屋顶形式，但从明初所建蜀王陵的门、殿均为歇山顶可知，至少明前期王府的主要宫殿也可用歇山顶（但不得为重檐）。悬山顶在宫中只用为次要宫院的配殿和辅助建筑，而一般官署、府邸、民宅则主体建筑也只能用悬山顶。

严格限用庑殿顶的情况在明清紫禁城宫殿中有明确的反映。俯览明清紫禁城照片（图 17-2）可以看到，全宫只有帝、后、太上皇的主殿太和殿、乾清宫、坤宁宫、宁寿宫和宫中太庙奉先殿、宫中后妃供佛的英华殿及南门午门、北门神武门、东门东华门、西门西华门等 11 座建筑为庑殿顶，其余依次降低为歇山顶、悬山顶、硬山顶，级差极为明显。

宫殿台基的层数也有规定，自南北朝以来，已规定宫殿下建二层台基，称为"阶和陛"。金代建中都宫殿时开始将重要宫殿下台基增为三重，一直延续至元、明、清宫殿均如此。一般士庶房屋则只能建一重台基。

殿前登殿的台阶也有特定制度。左右两阶之制可能在西汉已有。据《汉书·王莽传下》记载，地皇四年（23 年）王莽立皇后，"莽亲迎于前殿两阶间，成同牢之礼于上西堂"，可知西汉宫殿之殿前已设两阶。目前最早的经考古发掘的宫殿史料在南北朝时北魏洛阳，其大朝正殿太极殿面阔 13 间，正面明间处设门，但其前台基处却无台阶，只在明间两侧各相隔 3 间处设东西侧门，其前台基上设台阶，即殿前只设东西两阶而无中阶（图 9-1）。南朝陈徐陵撰《太极殿铭》云："太极殿者法氏象亢，王者之位以尊，左平右城，天子之堂为贵。"可知南朝正殿太极殿前也是"左平右城"的两阶之制。在唐代宫殿中，已发掘的大明宫含元殿、麟德殿也都只设东西两阶（图 11-2）。

宫中主殿设左右两阶，则其明间前无阶，需用钩阑封闭。但此明间中间一段的钩阑依古制不设寻杖。《营造法式》卷二"钩阑"条引《汉书》云："朱云忠谏，攀槛，槛折。及治槛，上曰勿易，因而辑之，以旌直臣。"其后注云："今殿钩阑当中两棋不施寻杖，谓之折槛，亦谓之龙池。"此地为皇帝临轩受贺时站立之处，设此"折槛"有表示皇帝纳谏之意，是正殿之特殊设置（图 14-1）。此制延续至南宋止。

宫殿建筑在装饰上也有差异。目前所知，在《唐六典》中已有"凡宫室之制，自天子至于士庶，各有等差。天子之宫殿皆施重棋、藻井。"和"准《营缮令》为王公以下舍屋不得施重棋、藻井。"的规定。在日本所录唐代文献中也有"宫殿皆四阿，施鸱尾"的记载。可知至迟在唐代已规定只有宫殿可用庑殿顶，脊端用鸱尾，檐下斗棋可用出两跳的重棋，殿内可用藻井。

在油漆彩画方面，从《吴都赋》中有"青琐丹楹"之句可知三国时期建筑已使用朱、青等色。目前所见唐代建筑及影像资料，以朱柱白壁为主。在宋《营造法式》中已有较成熟的彩画制度，《营造法式》中虽未规定专用于宫殿的彩画规制，但其最高等级的"五彩遍装"应是宫殿专用。金元以来，史料及实物遗存较多，可知主殿可用朱柱，点金彩画，次要宫殿和附属建筑用红柱，青绿彩画。也有宫殿内部的等级差异。

在屋顶用瓦方面，唐代宫殿用黑色青掍瓦，北宋宫殿用黑色青掍瓦加琉璃瓦剪边。金代据南宋楼钥《北行日录》和范成大《揽辔录》记载，金中都宫殿大多用青色琉璃瓦，廊庑用黑瓦加琉璃瓦剪边，只有中宫的殿宇纯用黄琉璃瓦顶。据元陶九成《南村辍耕录》记载，元代宫殿中包括正门丽正门、皇帝正殿大明殿、皇后正殿延春阁及其殿门、四周廊庑都不满复琉璃瓦，而用"琉璃瓦饰檐脊"的剪边作法，但瓦色未注明。仅在元后期为太后所建兴圣宫的前殿后阁满覆白磁瓦或青色琉璃，其规格超过元大内。明代宫殿中琉璃瓦使用较普遍，可用黄琉璃瓦满覆殿顶，这在北京明清紫禁城宫殿航拍照片中可以看到。《明史·舆服志》规定贵为亲王，也仅正门和正殿许用青色琉璃瓦。

在非宫殿建筑中，仅有个别敕建供有释迦的佛寺中正殿可用黄琉璃瓦，但面阔只限5～7间，其余只能用绿色琉璃瓦，或琉璃瓦剪边。较高级官署可用灰色筒瓦，一般官民则只能用灰色板瓦，与宫殿有明显的等级差异。

宫殿建筑实行等级制度主要目的是区分君民差异，表现皇权至高无上的地位。但从现存元明宫殿中也有等级差异可知，在宫中区分帝、后、太后、妃嫔、皇子等宫殿之间的级差，也含有表现皇室内部的等级差异之目的。

## 二、宫殿按使用功能分为"三朝"

宫殿是一国之君施政和居住之处，是国家政权和家族皇权在建筑上的体现，按使用功能分为两部分。代表国家政权部分是帝王对外正式施政之所，是宫殿对外部分，称为"外朝"，位于宫殿的前部。代表家族皇权的部分是帝王的居住区，包括帝王在内部的办公区和寝宫，在宫殿的后部。一般称内部的办公区为"治朝"，称寝宫为"燕朝"。这内外两部分合称"三朝"。到金代以后，又把代表家族皇权的"治朝""燕朝"部分合称为"内廷"，简化为"外朝""内廷"两部分，合称为"朝廷"。

### 西周

综合《尚书·周书》《逸周书》和《考工记·匠人》的记载，西周王宫已分为"三朝"。最前为"外朝"，其南门称"皋门"，门内正中主殿即"外朝",其左右建宗庙、社稷,即"左祖右社"。"外朝"是举行大朝会等国家重要典礼之处。其内的"治朝"和"燕朝"是宫之主体。"治朝"是宫内的办公区,其正门称"应门",为周王日常治事之处;再内为"燕朝",是宫内的生活区,其正门称"路门",为周王和其家属的寝宫;宫前的"外朝"和宫中的"治朝""燕朝"合称"三朝"。三朝各自围合成宫院,其正门、正殿前后相重,形成宫中的中轴线(图0-4)。

## 秦代

秦毁灭六国都城宫殿,在其首都咸阳大建宫室,但史料中没有关于"三朝"的记载。公元前212年,秦始皇在渭水南新建主殿阿房宫前殿,其作用应相当于"外朝"。自此向北建长达13公里的复道桥梁,抵渭河北岸的咸阳宫,可能相当其听政的"治朝"区和居住的"燕朝"区。但具体情况尚有待进一步考古工作来揭示。

## 西汉

主殿称前殿,分前、中、后三殿,建在未央宫中心称为龙首山的丘陵上,是汉帝施政之处,相当于"治朝"。其北的主体为皇后所居椒房殿,是汉帝家宅,相当于"燕朝"。二者共同形成全宫中轴线。可知此时汉宫已划分出听政的"治朝"区和居住的"燕朝"区(图0-8)。但皇帝举行大朝会却沿袭秦代传统,不在宫中,而在其东南方的司徒府中专门设置的百官朝会殿,以其为"外朝"正殿。这是西汉时三朝的特点。

# 东汉

　　东汉的北宫已出现在中轴线上自南而北建正宫门、朱雀门和德阳殿、章德殿两组主殿的布局。德阳殿曾有在其中举行大朝会的记载，应即其"外朝"正殿。关于"治朝"的情况史未详载，但从其后继宫殿曹魏洛阳宫在外朝正殿太极殿东西侧并列建东堂、西堂为治朝的情况看，在北宫正殿德阳殿东西并列而建的崇德殿、崇政殿似也有可能是北宫的治朝。其北的章德殿为寝殿，应为其"燕朝"主殿（图6-5）。在宫殿布局中基本体现《考工记》的记载，同时包含外朝、治朝和燕朝可能始于东汉时期。

# 曹魏西晋

　　曹魏放弃东汉南宫，拓建北宫为主宫。洛阳北宫有三重宫墙，第三重墙内为新建宫殿的主体部分，前为举行大朝会的太极殿，相当于"外朝"，其东西并列建皇帝日常听政的东堂和日常活动的西堂。其中皇帝日常听政的东堂即相当于"治朝"。太极殿北的式乾殿和昭阳殿为帝、后的寝殿，即其家宅，相当于"燕朝"。"外朝"象征国家政权，"治朝"和"燕朝"象征家族皇权。三朝在宫中的明显划分始于此时，应是较完整体现了《考工记》中对宫室布局的规定。

# 南北朝

　　此期多国分立，南北各政权为表示自己为正统王朝，其宫殿都延续曹魏西晋洛阳宫的规制并加以发展（因西晋是继汉以后统一全国的王朝）。

　　东晋建康宫有三重宫墙，经大司马门、止车门、端门三重门始到"外朝"面阔 12 间的正殿太极殿前。太极殿两侧并列建东堂、西堂各 7 间，相当于"治朝"。帝寝式乾殿和后寝显阳殿在太极殿以北的中轴线上，左右侧各有二殿，也形成三组宫院并列形式，相当于"燕朝"（图 8-1）。北魏洛阳宫殿也采取这种布置，但规模增大。这种布置都是基本继承自曹魏和西晋洛阳宫的旧制而有一定发展。

## 隋代

隋放弃汉魏长安城，在其西南龙首原创建新都城大兴城和新宫大兴宫，改变了魏晋以来的宫殿体制。其一是在宫城之南建有集中中央官署和各种附属机构的皇城。其二是魏晋以来在宫中太极殿举行的大朝会改在大兴宫之正门承天门举行，即以承天门为"外朝"。原在东西堂举行的"日朝""常朝"和皇帝日常起居活动改在主殿大兴殿和其后的中华殿举行，宫中象征"外朝""日朝"的建筑由魏晋以来太极殿与东堂、西堂三殿东西并列改为承天门、大兴殿、中华殿（此为唐改之名，隋代原名不详）。一门二殿南北相重。中华殿以北的甘露殿是寝殿，相当于"燕朝"。这些不同表明中国宫殿布局在隋唐时发生了巨大的变化，"外朝""日朝""燕朝"间有明确的区分，共建在宫廷中轴线上，南北相重，更多地反映了《考工记》的影响（图 0-12）。

## 唐代

唐高宗以后唐之主宫为大明宫，建在长安城北。基本按隋大兴宫——唐太极宫的规制建造，但其相当于太极宫正门承天门的宫城正门恰位于高岗上，不便建为宫城门楼形式，而建为大殿，称"含元殿"，经坡道登上。虽其作用仍为举行大朝会的"外朝"，但形式由城门改为大殿，原夹门而建的三出阙改建为门左右的翔鸾阁和栖凤阁，这是大明宫与太极宫间的最大差异。其后中轴线上依次为"日朝"宣政殿、"燕朝"紫宸殿、蓬莱殿等，布置则和太极宫接近（图11-7）。

## 北宋

汴州旧城整体尺度远小于唐长安，受其他规模的限制，建都后，原衙城的基址上只能建宫城而无地建皇城。且受地域限制，其宫城之"大朝""日朝"只能采取东西并列的布局。其中举行大朝会的"外朝"主殿大庆殿居中，朔望视朝的"日朝"正殿文德殿在其西，二者东西并列，其后有一条东西向横街。在大庆殿之北隔横街为垂拱殿，文德殿正北隔横街为紫宸殿，都是皇帝日常视朝之殿，相当于"常朝"。这四座殿都是工字殿，当是受五代时洛阳宫主殿为工字殿的影响。在垂拱殿之北为正寝福宁殿和皇后所居的坤宁殿，相当于"燕朝"。北宋宫殿比前朝实际上降低了规格（图0-18）。

## 金代

前期，金宫中不称"三朝"或"前朝""后寝"，而称"皇帝正位""皇后正位"。这表现出帝后并尊，应属其女真族的民族传统。以后汉化日深，才改称"外朝""内廷"，"内廷"即相当于"后寝"，使符合中原宫殿的传统体制，以利于与南宋争王朝正统地位。因其为平地创建，都城、宫殿规模均大于北宋宫殿，故其"前朝""后寝"的主殿都建在中轴线上，前后相重，恢复了北宋时放弃了的隋唐以来宫城建在都城主轴线上、宫城中轴线与都城主轴线重合的传统。自金起，传统的"三朝"

（"外朝""日朝""燕朝"）简化为"外朝""内廷"两部分，其尺度也大体相近，反映了少数民族帝后并尊，近于男女平等的特点（图0-24）。

## 元代

元大都宫殿基本延续了金中都宫殿的传统，宫中主体为"前朝""后寝"。前朝为皇帝主宫，为重檐工字殿，后寝为皇后主宫，是前为二重楼阁的工字殿。这两座工字殿的前殿大明殿是帝后的主殿，后殿延春阁是帝、后寝殿，二者体量大体相近，保持了一些本民族帝后并尊的习俗（图0-26）。

## 明代

其建在北京的宫城称"紫禁城"，是在拆毁的元大都大内基址上稍向南移而创建的，其中轴线上主体前为"外朝"的奉天殿、华盖殿、谨身殿三殿，后为"内廷"的乾清宫、交泰殿、坤宁宫三殿，都建在工字形大台基上，实是由元大内的大明殿、延春阁两组巨大的工字殿发展而来。金、元均为少数民族建立的王朝，按其民族习俗，帝后并尊，故其代表帝权和后权的"外朝""内廷"两组宫院体量大体相等。而明是汉族重新统一后建立的王朝，恢复了汉族以"外朝"代表国家政权，以"内廷"代表家族皇权的传统，故以"内廷"后两宫的面积为基础，把它拓展四倍为"外朝"前三殿，以反映家族皇权拓展为国家政权的关系（图0-28）。

## 清代

1644年满军入关，击败李自成，统一全国，建立清王朝。

中国古代传统，新王朝建立后大都要毁去前朝都城宫殿，表示"与天下共弃之"，认为只有这样做才能除旧立新，永绝旧政权复辟之望。但因为清是少数民族满族建立的王朝，沿用中国正统王朝明朝的都城、宫殿，有助于确立自己的正统王朝地位，还可以减弱汉族的抵制、抗拒心理。所以没有沿袭历来新朝建立后毁去前朝都城宫殿的旧传统，仍定都北京，以明紫禁城宫殿为宫殿。清建国之初陆续修复被李自成破坏部分，恢复原状。仍沿用明代"外朝""内廷"的名称，但把外朝前三殿改名为太和殿、中和殿、保和殿，把后两宫改名为乾清宫、坤宁宫。

概括而言，周代开始的"三朝"（外朝、日朝、燕朝）自金代起简化为"外朝""内廷"，延续至元、明、清，而"朝廷"也就成为宫殿和皇权的代称。

## 三、历代宫殿在规划设计方法上的特点和创新

历代宫殿在发展过程中，在规划设计方法上都不断改进和创新：

中国古代实行井田制，把方一里（三百步）的方形农田三等分其宽深，划分为九个方格，一格方一百步，称一"夫"。把四周八格分给八个农家耕种，中间一格为公田，八户共同为公家耕种，以为赋税。史称"九夫为井"，是实行井田制时期的农田基本面积单位。即以方一里（三百步）为基本面积模数，以方一百步（一夫）为分模数。

这种耕地上的模数关系也逐渐影响到城市建设和宫殿等大型建筑群在其规划中对模数的应用。

在属于夏代末年的偃师二里头宫殿出现了主殿在殿庭后部居中，南、东、西三面有廊庑环拥，围成矩形殿庭、南面廊庑上开门的院落式布局。随后，在建于商初的偃师商代宫殿和建

于商代中期的洹北商城都继承此式并有所发展，出现了多所宫殿在宫墙围合下形成的整体院落，使宫殿规模增大，体制也更为完善（图1-2）。因此，我们可以说，在此时或稍后，中国宫殿建筑采用在平面上展开的、多所封闭式的矩形宫院组合布置的特点已初具雏形并逐渐形成传统。这种布局规模气势远超过此前的大型建筑群，表现出作为"万国"之首的夏、商王朝的威势和实力，是国家形成和王权强化在规划布局和建筑规模形制上的标志。

宫殿主要包括实行统治的行政区和帝王家族的居住区两部分，帝王家族的居住区后来称为"内廷"，象征着一姓为君统治天下的家族皇权；实行统治的行政区后来称为"外朝"，象征国家政权。合为一体的宫殿则象征着家族皇权掌握国家政权的情况。

对商周秦汉至南北朝期间的宫殿的形式目前在大体上已有一定了解，基本都是由矩形轮廓的南北向宫院组合而成，各主殿间大都有南北向轴线关系，但因目前尚缺乏精确的总平面实测图，对其具体的规划布局手法特点尚无法做较准确的分析和归纳。

隋唐以后各朝宫殿的遗址大多已经过一定程度的勘探发掘，可以对其规划布置进行较具体的探讨。

## 隋规划建洛阳宫的情况

隋在规划东京洛阳时，以居住区的单元"坊"作为最小面积单位，大内宫城面积为四坊，子城面积为十六坊，即大内面积扩大四倍为皇城、宫城面积之和，这实即在都城宫殿关系上象征杨隋一姓"化家为国"。隋洛阳布置实具有一姓皇权控御一切，"率土之滨，莫非王臣"和"民为邦本"的双重象征意义。宇文恺后期规划的隋东京城在简化模数关系、扩大象征意义上都比他前期规划隋大兴城时有更大的发展。在大内及子城规划中使用方50丈即方100步的格是一创造。如果东京之坊原规划确为方一里，则相当于方150丈，正是9个网格。则大内、子城、坊间又有一层共同的模数关系了。

在隋建洛阳大内平面图上画50丈方格网，东西、南北各可得7格，大轮廓为方形。乾元殿东西庑外墙基本与南北向中心一行网格同宽，乾阳殿恰居大内之几何中心，而武周时改建的明堂之中心又恰落在东西向网线上。在大内南墙上还可看到正门应天门及东西的明德、长乐二门之中轴线又恰居南北向网格中心，相距各为2格，即100丈。从这些现象看，隋建洛阳大内时，极可能是利用方50丈的网格为模数作为规划布置基准的（图10-2）。

## 唐中后期渤海国规划上京宫殿的情况

渤海国上京宫殿中各主要部分据发掘实况，其位置、轮廓、轴线等都和10丈网格和5丈网格有对应关系，可证渤海上京宫城中部的主要建筑是以10丈网格为主、以5丈网格为辅作为基准进行规划布置的。

渤海国的宫殿在中轴线上建有五进宫殿，形成四所院落。前二进院落用10丈网格，第三进用5丈网格，面积分别为50丈×60丈、30丈×40丈、20丈×25丈，两侧小宫院为20丈×20丈，用大小不同的网格控制不同规模的院落和其中的建筑，实际是采用了一种允许有一定变通的面积模数（图11-18）。

宋、金、元三朝的宫殿遗址尚未经考古勘察，无较精确的平面图，故目前尚无法具体分析其规划布置方法。

# 明紫禁城宫殿使用模数网格为建筑群布置基准的情况

在隋代和唐代有实测图和数据的宫殿、祠庙布局中已发现使用方格网为布置基准的方法，利用明紫禁城实测图和数据进行探索，发现它继承和发展了这个传统，在宫院布置中使用了方 10 丈、5 丈、3 丈三种网格。

首先在"前三殿"总图上分析。因其在明中后期二次重建，故以明中期尺长 0.3187 米折算，绘制网格，在画方 10 丈网格时发现：在南北向如以太和殿两侧横墙为界，向北至乾清门前檐柱列为 7 格，向南至太和门后檐柱列为 6 格，而其向南第二格恰在太和殿大台基前沿，南北共深 13 格，即 130 丈；在东西方向，如以体仁、弘义二阁正面台基边缘间计，恰为 6 格，即 60 丈（图 17-4）。如自此向南再画 5 格，可至午门正楼北面下檐柱列，且其第 3 格的网线恰通过太和门外东西庑上协和门、熙和门的中轴线，而太和门前的内金水桥又恰位于第 4 格的中间二格之内（图 17-9）。网格与殿门柱列、台基、内金水桥之间的这种准确对应关系，是"前三殿"及其前后部分在规划布局中使用了方 10 丈网格的有力证明。

代表国家政权的前三殿面积恰为代表家族皇权的后两宫的四倍，是用建筑手法表现家族皇权扩大即为"君临天下"的国家政权的政治含义；而后两宫面积恰为东六宫加乾东五所或西六宫加永寿宫的面积之和，则表示它们都在皇权涵盖之下，也被赋予一定政治含义。

前三殿下的工字形大台基，其东西宽为 129 米，南北长（计工字形本身，不计南面突出的月台）为 195 米。129∶195 ＝ 1∶1.51 ≈ 1∶1.5，与宫院之比例相同。这就是说，宫院和工字形台基之长宽比都为 3∶2，它们是相似形（参阅图 17-4）。

又从宫院与台基的长宽比来推算，宫院东西宽 234 米，工字形台宽129米,二者之比为: 234∶129＝1.81∶1＝9.05∶5≈9∶5考虑到当时施工和测量放线的误差,可以认为即是 9 与 5 之比。

在古代,九与五两个数字相连,只能是皇帝专用。在《周易》履卦有"刚中正、履帝位而不疚,光明也"句,其后《疏》曰:"以刚处中,得其正位,居九五之尊。"《周易·系辞》下,"崇高莫大乎富贵"句后《疏》曰:"王者居九五富贵之位。"这就是古代以"九五"象征帝位的来源,后世遂以"九五之尊"称皇帝。在前三殿殿庭和工字形大台基之间采用九与五的比值正是用数字比例关系来隐喻前三殿是"九五富贵之位"的帝王之宫的意思。

把主建筑置于建筑群地盘几何中心的"择中"原则,是自战国、秦汉以来建筑群布局的传统手法,它在明紫禁城宫殿中得到最集中的体现。从紫禁城平面图中可以看到,太和殿、乾清宫、皇极殿、乐寿堂、慈宁宫、奉先殿、斋宫、雨花阁、武英殿、文华殿以及东、西六宫等二十几所大小规模不同的宫院都把正殿建于所在宫院地盘的几何中心位置,可视为是较重要宫院布局的基本规律(图17-11)。

综合上面分析可以看到,从规划上看,历代宫殿的逐步发展、演进,都是在《周礼·考工记》和古代的井田制所体现的方格网模数制的影响下进行的。《考工记》初步确立了"三朝""五门""左祖右社"等宫殿的基本体制。而井田制所形成的运用模数的方法则一直影响到古代的城市规划、宫殿布局。从后期明清宫殿的布局可以看到其完全是在模数制控制下进行的。首先确定以代表家族皇权的帝后居所(在明清宫殿为后两宫)为全宫的基本模数,再以其四倍为代表国家政权的外朝主殿(在明清宫殿为前三殿),以在宫殿规划上凸出家族皇权拓展为国家政权的政治含意。

这种使用基本面积单位为模数和置主体建筑于院落几何中心的手法是中国古代城市规划和建筑群布局上的最大特点,形成中国古代都城、宫殿的最突出特色和基本风貌，为他国、他地所无，是我国古代在这方面的突出创造。

## 四、"宫室壮丽以立威"和"卑宫室以惜民力"的两种不同观点

在春秋战国时，由于历史上已出现过度役使民力建造宫殿，造成民不聊生、被迫起义，导致王国衰落乃至灭亡的事例，在统治阶级间就出现宫室壮丽以"立威"和卑宫室以"惜民力"的两种不同观点。但一般情况下，在各王朝的前期，大多鉴于前朝覆亡的教训，还有可能在一定程度上考虑适当的建造宫室以"节民力"。但至其后期，在权力集中、经济发展的背景下，则大多会得意忘形，出现开展大规模建设，大建宫室和离宫别馆的情况。当其超越国力，滥用民力，造成民不聊生后，又多会引发动乱和农民起义，成为其衰落或亡国的重要原因。此外，也有少数王朝在立国之初即大建宫室，以彰显自己的强大，则更易造成危亡。秦和隋两个强大王朝都二代而亡就是典型的例子。过度建造豪华宫室，滥用民力，几乎成为很多王朝最后走向衰落终致覆亡的规律。

### 宫室壮丽以立威

这方面典型的例子是秦始皇灭六国后在咸阳建巨大的阿房宫以彰显其国威，其子二世续建，前后历时6年，役使刑徒70万人。加之同时还在关中建离宫300座，并进行巨大的秦始皇陵的兴建，终因过度使用民力，尚未完工，即发生陈胜、吴广起义，项羽、刘邦继起，最终导致秦朝建国后二世而亡。

在西汉初刚取得政权时，意满而骄，也曾出现扩大都城宫室

建设的趋势。

据《汉书》记载："汉八年（前199年），萧丞相营作未央宫，立东阙、北阙（苍龙，玄虎，二阙）、前殿、武库、太仓。高祖还，见宫阙壮丽，甚怒，曰：天下方未定，何治宫室过度也！何曰：非壮非丽，无以威四夷，且令后世无以加也。"

司马光在《资治通鉴》中记此事处批云："臣光曰：王者以仁义为丽，道德为威，未闻其以宫室填服天下也。天下未定，当克己节用以趋民之急，而顾以宫室为先，岂可谓之知所务哉。昔禹卑宫室而桀为倾宫，创业垂统之君躬行节俭以示子孙，其末流犹入于淫靡，况示之以侈乎！乃云无令后世有以加，岂不谬哉！至于孝武卒以宫室罢敝天下，未必不由酂侯（萧何）启之也。"

可知当时已出现以壮丽的宫殿表现新建国的西汉政权的强大、巩固的意图。在此影响下，到汉武帝中后期，即自恃国力强盛，开始大建宫室，导致国势由盛转衰。

据《资治通鉴》记载："太初元年（前104年）……（汉武帝）作建章宫。度为千门万户。其东则凤阙，高二十余丈。其西则唐中数十里虎圈。其北治大池，渐台高二十余丈，命曰太液池。中有蓬莱、方丈、瀛洲、壶梁，象海中神山龟鱼之属。其南有玉堂、璧门、大鸟之属。立神明台、井干楼，度五十丈。辇道相属焉。"

建章宫之规模和豪华程度远超过汉初诸宫，故司马光对此痛加批判，说："孝武穷奢极欲，繁刑重敛，内侈宫室，外事四夷，信惑神怪，巡游无度，使百姓疲敝，起为盗贼，其所以异于秦始皇者无几矣。"此后，西汉王朝即逐渐进入停滞和衰亡期。

王莽篡汉后于地皇元年（20年）建九庙，殿皆重屋，太初祖庙方四十丈，高十七丈，余庙半之，为铜薄栌，穷极百工之巧，历时三年建成，功费数百巨万，卒徒死者万数。是当时最大的扰民工程，终于引发动乱，而王莽亦于一年后被起义军民杀死。

曹魏代东汉后，在三国并立的情况下，魏明帝不考虑国势，欲扩建宫室。大臣王朗在其《谏明帝营修宫室疏》中谏曰："昔大禹将拯天下之大患，故乃先卑其宫室，俭其衣食，用能尽有九州，弼成五服。勾践欲广其御儿之疆，敧夫差于姑苏，故亦约其身以及家，俭其家以施国，用能囊括五湖，席卷三江，取威中国，定霸华夏。"劝其不要大建宫室，保存国力，以争取统一全国。

在南朝梁武帝盛时，也倚其国力，以超过已有宫殿的规格建造建康宫城正门和正殿，意图压倒北魏新建的都城洛阳及其宫殿，以彰显国威。加以崇信佛教，起同泰寺、光宅寺、大爱敬寺等巨刹，皆穷极工巧，用竭财力民力，百姓苦之，最终导致国势日衰，宫殿毁于侯景之乱，政权也最终为陈朝所取代。

在隋文帝建国后，全国统一，国力日盛，建造了新都大兴城和主宫大兴宫。但隋炀帝杨广继位后，自诩国力强盛，不满足于此，又在河南创建新都洛阳城及宫殿。其宫殿正门则天门及正殿乾阳殿之规模和豪华程度都远远超过大兴宫殿。此后又在全国大建离宫、别馆。此举除享乐外，也有彰显其本人威信和表示国势远超前代的意图。此后又为游历巡视所需扩建江都城及宫室和运河、驰道，最终导致民不聊生，暴发大规模农民起义，炀帝被杀于江都宫，成为继秦之后第二个虽建国之初国势强盛却又二世而亡的王朝。

在隋亡后，唐立国之初不得不拆毁隋建则天门和乾阳殿以示警诫，并在相当长时间内避免在洛阳建宫室，以示反对炀帝之弊政。

综合近两千年来各朝情况，历代宫室建设工程要适应国力，避免滥用民力，造成民不聊生。一般宫室建设在二至三年间建成尚可，超过五年即易影响经济发展和民生稳定，较易引发动乱，这近于历史规律。

# 卑宫室以惜民力

自春秋战国时起，由于各国竞筑宫殿台榭，厚敛百姓，造成社会不安定，政权失稳，已出现卑宫室以惜民力的主张。较早者见《墨子》中的《辞过篇》。

"子墨子曰：古之民未知为宫时，就陵阜而居，穴而处，下润湿伤民，故圣人作为宫室。为宫室之法曰，高足以避润湿，边足以圉风寒，上足以待霜雪雨露，墙之高足以别男女之礼，谨此则止。……是故圣王作为宫室，便于生，不以为观乐也。当今之主，其为宫室，则与此异矣，必厚作敛于百姓，暴夺民衣食之财，以为宫室台榭曲直之望，青黄刻镂之饰。为宫室若此，……故国贫而民难治也。君实欲天下之治而恶其乱也，当为宫室不可不节。"

在汉以后各代在王朝过度扩建宫室时，也有这种议论出现：

史载，汉文帝欲建露台，当他知道其费用要抵一个中等人家之产后，就下令停建，一时传为佳话。

曹魏时杨阜在《谏营洛阳宫殿观阁疏》就对魏明帝大建宫室提出过警示。疏中说："尧尚茅茨而万国安其居，禹卑宫室而天下乐其业；及至殷、周，或堂崇三尺，度以九筵耳。古之圣帝明王，未有极宫室之高丽，以凋敝百姓之财力者也。桀作璇室、象廊，纣为倾宫、鹿台以丧其社稷，楚灵以筑章华而身受其祸；秦始皇作阿房而殃及其子，天下叛之，二世而灭。夫不度万民之力，以从耳目之欲，未有不亡者也。"

《贞观政要》中记载唐太宗批评隋炀帝大建宫室为亡国之因。在卷十中说："贞观初太宗谓侍臣曰：隋炀帝广造宫室，以肆行幸，自西京至东都，离宫别馆相望道次，乃至并州、涿郡无不悉然。驰道皆广数百步，种树以饰其傍，人力不堪，相聚为贼，逮至末年，尺土一人非复己有。以此观之，广宫室、好行幸竟有何益？"

受亡隋影响和建国之初经济尚待恢复，唐太宗时所改建的离宫九成宫，新建的玉华宫等，始建时除正殿外，其余建筑大多采用覆草屋顶。但至其子高宗时，因政权稳定，经济发展，已事过境迁，开始大加扩建，并在长安、洛阳大建远远超过前代规模和尺度的豪华宫殿。至唐玄宗时扩建宫殿无度，滥用民力，导致社会不稳定，安史乘机发动叛乱，使唐朝进入衰落期。

综合上述可知，提倡"卑宫室"的目的实是防止滥用民力破坏社会稳定导致政权崩溃。这在一个朝代新建之初，目睹前朝滥用民力导致灭亡的情况下，有可能对其起一定约束作用。但在其国力有较大发展后，在那些自以为国力强盛、无事不可为的狂惑君王面前，大多不再考虑，转而大建宫室，往往最终导致国势衰落，发生民变、起义，甚至导致亡国丧身，这也近于历史规律。

## 五、历代宫殿建造用时、用工的大致情况

在史书中有少量各代建宫室用时、用工的记载，可供参考当时建造宫室的规模和人力物力耗费情况（所载均为创建所用时间，不包括以后陆续改建所用工用时）。通过它也可大致了解所建宫殿规模是否适当或已超越民力。

西汉初建长乐宫、未央宫：约各用 2 年即基本建成。

西汉建章宫：约用 7 年

据《资治通鉴》，建于（武帝）太初元年（前 104 年）十二月至天汉四年（前 97 年）五月。前后近七年始建成。史载其前殿可俯览未央宫前殿，建有高 50 丈的井干楼，是西汉最宏大壮丽的宫殿。终因过度滥用民力，导致西汉国势逐渐由盛转衰。

西汉末王莽造明堂：约用 1 年

据《资治通鉴》，（平帝）元始四年（4年）始建，五年（5年）正月袷祭明堂。约用1年建成。

王莽九庙：约用3年

据《资治通鉴》，（新莽）地皇元年（20年）九月起，三年（22年）正月建成。其太初祖庙是当时体量最巨大的建筑，而九庙是规模最大的建筑群组。过度使用民力和物力大建明堂辟雍和九庙，导致经济衰落，是王莽丧失民心终致亡国丧生的重要原因之一。约用3年时间，建成后两年王莽即被起义者杀死，新莽覆亡。

曹魏洛阳宫：约用2年

据《资治通鉴》，（明帝）青龙三年（235年）建，景初元年（237年）五月还宫大赦。约用2年建成。在建宫时，大臣王朗曾上谏书，劝其保存国力，争取统一全国。

东晋成帝建康宫：约用3年

据《资治通鉴》：咸和五年（330年）建，七年（332年）十二月迁入。约3年内建成。

东晋孝武帝建康宫：约用5月

据《资治通鉴》："（东晋）太元三年（378年）春正月，尚书仆射谢安石以宫室朽坏，启作新宫，帝权出居会稽王邸。二月始工，内外日役六千人，……秋七月，新宫成，内外殿宇大小三千五百间。"

按：日役6000人，用5个月建成。

北魏洛阳宫：约用两年半

据《资治通鉴》：（孝文帝）太和十七年（493年）始建，十九年（495年）九月，六宫迁入。

按：用两年半建成主体部分。

北齐邺南城宫殿：约用5年

《北齐书》载高欢于天平二年（535年）征发七万六千人创建邺南城及宫殿，于兴和元年（539年）建成迁入。

按：征发七万六千人，历时五年建成。

北周复建已毁之北魏洛阳宫殿：历时二年，未完成

据《周书》："大象元年（579年）二月癸亥诏曰：昨驻跸金墉，备尝游览，百王制度，基址尚存。今若因修，为功易立。宜命邦事修复旧都，奢俭取文质之间，功役依子来之义，……于是发山东诸州兵，增一月功为四十五日，役起洛阳宫，常役四万人，以迄于晏驾。"……"虽未成毕，其规模壮丽，踰于汉魏远矣。"

按：此役用工四万，历时2年，因北周为隋所取代而未完成。

隋大兴宫：约用2年

据《隋书》本纪：（文帝）开皇二年（582年）六月，造新都于龙首山，开皇三年（583年）三月丙辰，隋主常服入新都。（文帝）开皇四年（584年）夏四月丁未，宴突厥、高丽、吐谷浑使者于大兴殿。

按：约用2年建成。

隋仁寿宫：用时2年

《资治通鉴·隋纪二》载："开皇十三年（593年）二月丙午诏营仁寿宫于岐州之北，使杨素监之。素奏前莱州刺史宇文恺检校将作大匠，记室封德彝为土木监。于是夷山堙谷以立宫殿，崇台累榭宛转相属。役使严急，丁夫多死，疲顿颠仆，推填坑坎，覆以土石，因而筑为平地，死者以万数。十五年（595年）……三月……仁寿宫成。"入唐后加以修缮，改名为"九成宫"。

按：建此宫历时2年，工人死者以万计，实隋初之弊政。

隋洛阳宫：用时1年，用工200万人

据《隋书》本纪：（炀帝）大业元年（605年）三月丁未，诏杨素、宇文恺营建东京。每月役丁二百万人。大业二年（606年）正月辛酉，东京成。大业二年（606年）夏四月庚戌，自伊阙陈法驾，备千乘万骑，入于东京。辛亥，御端门，大赦。

按：役丁二百万人，约用1年余建成。隋炀帝易地建新洛阳

城，每月役丁二百万人，一年余即建成巨大豪侈洛阳宫，实是其大失民心、诱发动乱、走向衰亡的开始。

唐武则天明堂：用时 11 月，用工数万人

据《唐会要》记载，垂拱三年（687 年）武则天毁洛阳宫乾元殿，就其地建明堂。明堂基方三百尺，高二百九十四尺，凡三层，是当时体量最高大的建筑，垂拱四年（688 年）正月五日毕功，用时仅十一个月。《资治通鉴》称其"凡役数万人"。如此巨大的工程仅用如此短的时间建成，当会对国力和人力造成巨大的伤害。

北宋汴梁宫殿：用时 5 年

《宋会要辑稿》载北宋建隆三年（962 年）命有司画洛阳宫殿，按图以修之。从所载乾德六年（968 年）赐门名并改元开宝推测，此时当已建成主体部分。大约用时 5 年。

南宋临安宫殿：用时 6 年

南宋政权在与金议和后，于绍兴十二年（1142 年）开始在临安建造宫室。从绍兴十八年（1148 年）定宫室南北门的记载可推知主体部分已基本形成，大约用时六年。

北宋、南宋受国力限制，其宫殿规模均小于前代，建时较长是受财力和人力限制，并非建大体量豪华宫殿所致。

金中都宫殿：用时 3 年

据范成大《揽辔录》载："炀王亮始营此都，规模出于孔彦舟，役民夫八十万，兵夫四十万，作治数年，死者不可胜计。"其宫殿规模超过北宋，使用汉白玉石及琉璃瓦，是当时最巨大豪华的宫殿。

按：完颜亮建中都所役民夫八十万当是其新占领的北宋故地的原北宋民夫，以金之"兵夫"四十万控制之。当地民夫工役虽极繁重，大量伤亡，但在女真族军队高压控制下，未能生变。据《建炎以来系年要录》记载，"凡三年乃成"。

元大都宫殿：主体约用4年

据《元史·本纪》：（世祖）至元四年（1267年）四月甲子，城宫城。五年（1268年）十月，宫城成。至元九年（1272年）五月，宫城初建东西华门、左右掖门。至元十年（1273年）十月，初建正殿、寝殿、香阁、周庑、两翼室。至元十一年（1274年）正月，宫阙告成，帝始御正殿受朝贺。至元十一年（1274年）十一月，起阁，南直大殿及东西殿（指延春阁）。

按：宫殿主体当建于至元九至十二年，约用4年，以后陆续完善。

北京紫禁城宫殿：用三年半建成主体

据《明实录》：（成祖）永乐十五年（1417年）六月建，永乐十八年（1420年）末建成。

按：用三年半建成主体，以后陆续完善。

综合上述情况，一般建宫室不超过4年，动员民夫不超过50万尚可控，超过即易影响经济和民生，引发动乱。

# 六、历代宫殿的实际规划建造者

古代各王朝创建宫殿大都由重臣主持，先组织著名匠师按帝王及朝廷所提要求进行规划，在得到批准后，开始任命大臣监工，在工官和匠师主持下按所定规划方案进行建设。古代工官机构最高为内阁的工部，其主持者为行政官。建设国家级工程的机构为将作监，其主持人称将作大匠，是有设计和施工经验的技术专家或匠师。故这方面取得的重大成就主要属于工官和匠师。但其择地是否有利于控制辖区，规划方案是否符合国情，是优劣成败的关键，则是由工部甚至更高层掌握的，匠师只是持行者。历代史书上所载这方面的史料详略不均，大量缺失，很不完整，现只能尽力搜求，以供参考。

# 春秋战国

## 齐国工师翰　齐桓公时宫殿工匠

"翰，齐桓公时工师，尝为桓公新路寝，嘉木以为桯，文磶以荐址，……越五月而路寝成。"

按：翰是"工师"，其成就是以优质木料和石材为齐桓公建"路寝"，即寝宫，它是单项工程，故五月即建成。

# 西汉

## 阳城延　主持建西汉长乐、未央宫及筑长安城

《汉书》卷十六载："阳城延汉少府，董建长乐、未央宫及筑长安城。"

按：此即在萧何领导下创建西汉长安都城宫室的主持者，曾因宫室过于壮丽，遭到汉高祖刘邦的不满和指责（图6-4）。

# 东晋南朝

## 毛安之　主持建东晋建康宫

《历代帝王宅京记》引《徐广晋纪》曰："孝武宁康二年（374年），尚书令王彪之等启改作新宫。太元三年（378年）二月，内外军六千人始营筑，至七月而成。太极殿高八丈，长二十七丈，广十丈。尚书谢万监视，赐爵关内侯。大匠毛安之关中侯。"

东晋初期所建之宫室曾于咸和三年（328年）毁于战乱，稍后重建。近50年后，至太元三年（378年），尚书仆射谢安石以宫室朽坏，启作新宫，由将作大匠毛安之主持。其规模皆仰模玄象，体合辰极，并新制置省阁堂宇官署。日役6000人，历时5月毕工。据《景定建康志》记载："太极殿以十二间象

十二月。高八丈，长二十七丈，广十丈，次东有太极东堂七间，次西有太极西堂七间，更有东西二上阁在堂殿之间，方庭阔六十亩。"

按：这是东晋、南朝宫殿继承魏晋规制并加以拓展的情况。毛安之应为主要规划设计和工程主持人。所建长27丈，广18丈，高8丈的正殿太极殿在当时是体量最大的建筑（图8-2）。

**蔡俦　南朝陈朝主持修复建康宫太极殿**

548年梁遭侯景之乱，梁武帝被拘禁后饿死，建康宫的宫室遭到巨大破坏。552年，在平侯景之役中，太极殿被毁。陈代梁后，于永定二年（588年）"以少府卿蔡俦兼将作大匠，修复太极殿"，历时4月而成，其他殿宇也陆续修复。

# 北魏

**李冲　北魏主持改建平城宫殿及创建洛阳城及宫殿者**

《魏书·李冲传》："诏曰：……因往岁之丰资，藉民情之安逸，以今春营改正殿，违犯时令，行之惕然！但朔土多寒，事殊南夏，自非裁度经春，兴役徂暑，则广制崇基莫由克就，成功立事非委贤莫可，改制规模非任能莫济。尚书冲器用渊博，经度明远，可领将作大匠。司空长乐公亮可与大匠共监兴缮。其去故崇新之宜，修复太极之制，朕当别加指授。"

按：此为北魏帝命尚书李冲兼任将作大匠改建北魏平城宫太极殿之命令。本传中又记载李冲："机敏有巧思，北京明堂、圜丘、太庙及洛都初基，安处郊兆，新起堂寝，皆资于冲。……旦理文簿，兼营匠制，几案盈积，剖厥在手，终不劳厌也。"剖厥指雕刻制作，可知是一可以制作模型的工官。史载其太和二十二年（498年）卒，终年49岁。

《魏书·高祖纪下》载北魏孝文帝元宏于"太和十有七年（493

年）……九月……庚午，幸洛阳，……十月戊寅朔，幸金墉城。诏征司空亮与尚书李冲、将作大匠董爵经始洛京。"

按：此指由尚书李冲、将作大匠董爵共同主持创建洛阳城及宫室。最终建成当时北朝最巨大的都城和最壮丽的宫殿（图9-7）。

蒋少游　主持重建北魏平城太极殿及太庙者

《魏书·蒋少游传》载："蒋少游乐安博昌人也，……性机巧，颇能画刻……后于平城将营太庙、太极殿，遣少游乘传诣洛，量准魏晋基址。后为散骑侍郎，副李彪使江南。高祖修船乘，以其多有思力，除都水使者，迁前将军兼将作大匠，仍领水池湖泛戏舟楫之具。……少游又为太极立模范，与董尔、王遇等参建之，皆未成而卒。"

按：此指蒋少游为建平城太极殿曾赴洛阳调查魏晋宫室基址，又曾出使江南，调查研究南朝宫殿，故命他与董尔、王遇共同改建北魏平城之太极殿。蒋少游是有技术经验和水平的建筑工官。"立模范"当指为太极殿确定方案，也可能指制作木模型，表明当时工程管理又有发展。史称蒋少游也参加北魏洛阳城和宫殿的规划建造，华林园及金墉门楼都出于他之手。景明二年（501年）卒。《魏书·蒋少游传》称他："虽有文藻而不得申其才用，恒以剞劂绳尺，碎剧忽忽，徒倚园湖城殿之侧，识者为之慨叹。而乃坦尔为己任，不告疲耻。"说明他是一个潜心于建造和规划专业的专家。

郭安兴　北魏洛阳永宁寺塔的建造者

《魏书·蒋少游传》末载有郭安兴，说他是北魏洛阳永宁寺塔的建造者，但无进一步的阐述。永宁寺塔为北魏所建高九层的木构方塔，连塔刹共高100丈，《洛阳伽蓝记》称其为"殚土木之功，穷造形之巧"，是有历史记载的最高木塔。可知郭安兴是当时最高级的建造专家。

张熠　主持拆北魏洛阳宫殿以其材瓦建北齐邺城宫殿者

《魏书·张熠传》载 "天平初（534年……）迁邺草创，右仆射高隆之、吏部尚书元世隽奏曰：南京（指北魏洛阳）宫殿毁撤送都（指邺城），连筏竟河，首尾大至，自非贤明一人专委受纳，则恐材木耗损，有阙经构。熠清贞素着，有一称一时，臣等辄举为大将。诏从之。熠勤于其事，寻转营构左都将、兴和初卫大将军。宫殿成，以本将军除东徐州刺史。"

按：据此，张熠是负责转运所拆北魏洛阳宫殿材木至邺城重建宫室的负责工官。

# 北齐

李业兴　主持北齐迁都邺城并制定规划绘制图样者

《魏书·李业兴传》载："迁邺之始，起部郎中辛术奏曰：今皇居徙御，百度创始，营构一兴，必宜中制，上则宪章前代，下则模写洛京。今邺都虽旧，基址毁灭，又图记参差，事宜审定。臣虽曰职司，学不稽古，国家大事非敢专之。通直散骑常侍李业兴，硕学通儒，博闻多识，万门千户，所宜访询，今求就之披图案记，考定是非，参古杂今，折中为制。召画工并所须调度，具造新图，申奏取定，庶经始之日执事无疑。诏从之。……"

按：此为史书中最早记载建造宫殿先要"召画工，具造新图，申奏取定"者。实即需先绘图申报，待批准后施工，是当时重要工程的工作程序。李业兴是兴建邺南城及其宫室的主持者之一。此条是反映当时营缮制度发展、渐趋完善的记载（参阅图9-9）。

高隆之　主持北齐建邺城南城及宫殿

《北齐书·辛术传》载："解褐司空胄曹参军，与仆射高隆之共典营构邺都宫室。术有思理，百工克济。高隆之传曰：为尚书令右仆射，领营构京邑，制度莫不由之，增筑南城周回二十五里。”

按：据此，高隆之应是增筑邺南城及宫室的主持者之一。

# 隋朝

刘龙　主持隋创建新都大兴城及宫殿者

《隋书·何稠传》载：“开皇时有刘龙者，河间人也，性强明有巧思。齐后主知之，令修三爵台，甚称旨，因而历职通显。及高祖践阼，大见亲委，拜右卫将军兼将作大匠，迁都之始与高颎参掌制度，代号为能。”

《隋书·高祖本纪》载：“此城从汉雕残日久，屡为战场，旧经丧乱。今之宫室，事近权宜，又非谋筮从龟，瞻星揆日，不足建皇王之邑。……龙首山川原秀丽，卉物滋阜，卜食相土，宜建都邑。定鼎之基永固，无穷之业在斯。公私府宅，规模远近，营构资费，随事条奏。乃诏左仆射高颎、将作大匠刘龙、巨鹿公贺娄子干、太府少卿高龙义等创造新都。”

按：此条表明隋因刘龙在北齐时曾修邺城三爵台，有设计施工经验，故在建新都大兴城及大兴宫时任命他为将作大匠，与高颎、贺娄子干、高龙义共同制定新都、新宫制度。即同为新都、新宫的规划设计者。所规划建造的大兴城和大兴宫反映了当时在都城和宫殿规划上的新发展和新成就（图0-12）。

封德彝　主持隋建仁寿宫

《资治通鉴·隋纪二》载：“开皇十三年（593年）二月丙午诏营仁寿宫于岐州之北，使杨素监之。素奏前莱州刺史宇文恺检校将作大匠，记室封德彝为土木监，于是夷山堙谷以立宫殿，崇台累榭宛转相属。役使严急，丁夫多死，疲顿颠仆，推填坑坎，覆以土石，因而筑为平地，死者以万数。……十五年（595年）……三月……仁寿宫成。丁亥，上幸仁寿宫，时天暑，役夫死者相次于道，杨素悉焚除之。上闻之不悦，及至，见制度壮丽，大怒曰：杨素殚民力为离宫，为吾结怨天下。"

按：此为一反面记载，记检校将作大匠宇文恺，记室封德彝在杨素监督下建离宫仁寿宫，规模过度，督役严急，工人死者万人以上，遭到隋文帝责备。是隋之弊政。

宇文恺　辅助建隋大兴城及仁寿宫，主持建隋东都及宫殿

《隋书·宇文恺传》载："宇文恺字安乐，杞国公忻之弟也。……后拜营宗庙副监，太子左庶子。庙成，别封甄山县公，邑千户。及迁都，上以恺有巧思，诏领营新都副监，高颎虽总大纲，凡所规画皆出于恺。……即而上建仁寿宫，访可任者。右仆射杨素言，恺有巧思，上然之，于是检校将作大匠，岁余拜仁寿宫监，授仪同三司，寻为将作少监。文献皇后崩，恺与杨素营山陵事，上善之，复爵安平郡公，邑千户。炀帝即位，迁都洛阳，以恺为营东都副监，寻迁将作大匠。恺揣帝心在宏侈，于是东京制度穷极壮丽，帝大悦之，进位开府，拜工部尚书。"

《资治通鉴·隋纪四》载："大业元年（605 年）……三月丁未，诏杨素与纳言杨达、将作大匠宇文恺营建东京。每月役丁二百万人。徙洛州郭内居民及诸州富商大贾数万户以实之。"

按：宇文恺是隋代最卓越的规划设计者。由他规划设计的大兴、东都二城，其平面已基本探明；在他所规划设计的太极宫、仁寿宫和东都宫三宫中，东都宫的平面已大体探明。这些都已在都城、宫殿部分中加以探讨（图 0-12、图 0-13）。

探讨中发现，宇文恺在规划大兴城时，以子城之长宽为模数，分全城为若干区块，在区块中布置横长矩形的里坊，形成全城的居住区和矩形格街道网。23 年以后，他在规划东京洛阳时，改以方形的"大内"之长宽为模数，分洛水以南居住区为若干区块，区块中布置方形里坊，形成整齐排列的里坊和方格网街道；他又把"大内"面积扩展四倍形成子城（皇城）。在大兴、东都两

城规划中都定一标准面积为模数，说明当时在城市规划上已有一套先进的方法，而在规划东京时，改以"大内"为模数，使坊、大内、子城各以四倍面积递增，说明他这套方法仍在发展改进之中。在洛阳"大内"还发现其主殿位于"大内"的几何中心，而"大内"的面积，又可划分为方50丈的网格纵横各7格，在其上布置宫殿。这些特点中，除主殿居全宫几何中心的布置已于西汉未央宫出现外，其余大多是始见。其中以50丈网格为控制线布置大建筑群的手法以后又在唐大明宫及渤海国上京宫殿中出现，表明已成为唐以后的通用规划手法。这些很可能是宇文恺的首创或是他在前人基础上的发展，可以证明他在做规划、设计时有一套原则和具体的处理手法，代表了那个时代在规划和建筑设计上的最高成就，极值得我们深入地发掘阐扬（图10-1）。

但从当时形势看，满足隋炀帝过度建宏大的洛阳新城及壮丽宫殿的要求，浪费大量财力人力，对国家发展是不利的，开启了隋代二世而亡的途径。从《隋书·宇文恺传》所说"恺揣帝心在宏侈，于是东京制度穷极壮丽"之句可知，宇文恺此举在规划设计水平上虽有巨大进步，但对当时社会发展却起了不利的作用。

除具体建造规划外，宇文恺还熟悉历代典章制度，他曾撰有《明堂议》，把历代明堂制度的沿革、得失、优劣逐一排比，近于形成一部明堂史，在此基础上形成自己的明堂方案，并制作了百分之一比例的明堂模型，表明他的渊博学识和设计水平。

综合史籍所载，宇文恺在隋开皇二年（582年）实际主持大兴城、大兴宫的规划建造时，年仅28岁，营仁寿宫时39岁，营东都时51岁，死于隋大业八年（612年），年58岁。这仅是他从青年到中年的时刻，却能作出如此重大的成就，应位于史籍所载最卓越的古代规划设计专家的前列。

# 唐朝

**窦琎　唐初主持修复洛阳宫**

《新唐书·太宗本纪》载："贞观四年（630年）夏六月乙卯，发卒治洛阳宫。"

"《窦琎传》载：为将作大匠，修葺洛阳宫。于宫中凿池起山，崇饰雕丽。太宗令遽毁之。"太宗此举反映了对亡隋大建宫室弊政的警惕。

**阎立德　阎立本**

《新唐书》卷一百载："阎让字立德，以字行，京兆万年人。父毗为隋殿内少监，本以工艺进，故立德与弟立本皆机巧有思。……贞观初历将作少匠。……护治献陵，拜大匠。文德皇后崩，摄司空营昭陵，坐弛职免。……太宗幸洛阳，诏立德按爽垲建离宫清暑，乃度地汝州西山……号襄城宫，役凡百余万。宫成烦燠不可居，帝废之以赐百姓，坐免官。"

按：此亦为过度建宫室的反面记录，但史书委过于工官，为帝王开脱罪责。

"未几，复为大匠，又营翠微、玉华二宫，擢工部尚书。帝崩，复摄司空典陵事，以劳进爵大安县公。"

显庆元年（656年），阎立德卒。

"立本，显庆中以将作大匠代立德为工部尚书。"

史载唐永徽三年（652年）高宗欲建明堂，在讨论五室或九室方案时，阎立本劝高宗采纳内部较明亮的五室方案。显庆元年（656年），阎立本卒。

**韦机**

长安人，为高宗所赏识，任司农少卿，主管车都田苑。在东都时主持建高山、宿羽、上阳等离宫。其上阳宫正殿的左右配殿为楼阁，又临洛水建长廊，使封闭的宫殿局部对外开放，为前此宫殿规制所无，在规划布局上有所创新。

康矕素

《唐会要》载其人为玄宗时将作大匠，开元二十六年（738年）命其去东都毁武则天时所建明堂，康拆去其柱心木，毁去上层，恢复为下方上圆的乾元殿。

按：此条专记当时技术超群的工官及其技艺，改进了武则天时期过度建设的宫室。

# 五代

喻浩

喻浩为五代时吴越国名匠。宋沈括《梦溪笔谈》记载："钱氏据两浙时于杭州梵天寺建一木塔，方两三级，钱帅登之，患其塔动。匠师云：未瓦，上轻故如此。乃以瓦布之，而动如初。无可奈何，密使其妻见喻皓之妻，赂以金钗，问塔动之因。皓笑曰：此易耳，但逐层布板讫便实钉之，则定不动矣。匠师如其言，塔遂定。盖钉板上下弥束，六幕相联如胠箧，人履其板，六幕相持，自不能动人。皆服其精练。"

同书同卷又载："营舍之法谓之《木经》，或云喻皓所撰。凡屋有三分，自梁以上为上分，地以上为中分，阶为下分。凡梁长几何。则配极几何，以为榱等。如梁长八尺，配极三尺五寸，则厅法堂也此谓之上分。楹若干尺，则配堂基若干尺，以为榱等。若楹一丈一尺，则阶级四尺五寸之类。以至承拱榱桷皆有定法，谓之中分。阶级有峻平慢三等，宫中则以御辇为法，凡自下而登，前竿垂尽臂，后竿展尽臂为峻道。前竿平肘，后竿平肩为慢道。前竿垂手，后竿平肩为平道。此之谓下分。其书三卷。近岁土木之工益为严善，旧木经多不用，未有人重为之，亦良工之一业也。"

此两条均出自《梦溪笔谈》卷十八，可知喻浩曾撰《木经》，且极熟悉木构架技术，是五代时吴越国名匠。

# 北宋

### 李怀义　北宋初主持创建汴京宫殿

《石林燕语》载："建隆初（960—962年）太祖以大内制度草创，乃诏图洛阳宫殿，令怀义按图营建，凡诸门与殿须相望，无得辄差。……又展皇城东北隅。"

按：此为史书中明确记载宫殿"按图营建"之一例。"门与殿须相望"则指均在中轴线上，表明宫室布置更强调轴线关系。此条说明北宋汴梁宫殿继承的是五代洛阳宫殿的传统（图12-1）。

### 郭忠恕

洛阳人，北宋初学者和著名画家。他精通小学，撰有《佩觿》。他又精于画山水、楼台，作品著录于《宣和画谱》，说他喜画楼观台榭，是北宋大家。释文莹《玉壶清话》载北宋端拱二年（989年）喻浩受命在汴梁建八角十一层的开宝寺塔。喻浩先制作小样（即模型）。郭忠恕对小样验算后，认为顶上有一尺五寸的差距，喻浩核验后确认，即加以改正。此事说明郭忠恕不仅能画建筑，也是极其精确掌握建筑结构、构造的北宋初建筑专家。

### 李诚

郑州人，北宋徽宗崇宁元年（1102年）任将作少监，后升将作监。任职期间参加修建尚书省、龙德宫、朱雀门、开封府廨、太庙等重大工程，是重要工官。绍圣四年（1097年）因政府原编的指导工程建设的《营造法式》不切实用，命李诚重新编修。他受命后，"考究经史群书，并勒人匠逐一讲说，编修海行《营造法式》，元符三年内成书"。书成后于崇宁二年（1103年），并刻版颁行。大观四年（1110年）李诫卒。

他编成的《营造法式》的总释部分反映了他"考究经史群书"，总结历史发展的成果，而按"制度""工限""料例"分类逐条研讨的正文部分，则反映了他"勒人匠逐一讲说"把当时建筑传统做法、实践经验加以归纳总结，使之系统化，并辅以图纸，形成指导全国建筑工程的"法式"。所谓"海行"即指全国通行。北宋李诫主编的《营造法式》曾在南宋初再版，可知延续使用至南宋，并对后世元、明时期建筑传统的延续和发展起重要作用。

## 金

### 张浩　主持建金燕京宫殿

《三朝北盟会编》卷二百四十四载张棣《金国图》曰："宫室：亮欲都燕，遣画工写京师（北宋汴梁）宫室制度，至于阔狭修短曲尽其数，授之左相张浩辈，按图以修之。"

《金史》卷八十三载："天德三年（1151年），广燕京城，营建宫室。浩与燕京留守刘筈、大名尹卢彦伦监护工作，命浩就拟差除。……贞元元年（1153年）海陵定都燕京，改燕京为中都，改析津府为大兴府。浩进拜平章政事，赐金带玉带各一。……海陵欲伐宋，将幸汴而汴京大内失火，于是使浩与敬嗣晖营建南京宫室。"

据《建炎以来系年要录》卷161记载："（金主完颜亮）遣尚书右丞相张浩……调诸路夫匠筑燕京宫室。……凡三年乃成。浩，辽阳人也。"

按：据此，辽阳人张浩为负责建造金中都城及宫殿的官员，历时三年建成。

### 孔彦舟　主持建金燕京宫殿

宋范成大《揽辔录》载："炀王亮初营此都，规摹多出于孔彦舟。役民夫八十万，并军四十万，作治数年，死者不可胜计。地皆古坟冢，悉掘弃之。敌既蹂躏中原，国之计度踵事增华，往往不遗余力，而终不近似。"（图 0-24）。

# 元

## 刘秉忠

据《元史·刘秉忠传》："刘秉忠字仲晦，初名侃，因从释氏，又名子聪，拜官后始更今名。……初帝命秉忠相地于桓州东滦水北建城郭于龙冈，三年而毕，名曰开平，继升为上都，而以燕为中都。四年（1267 年）又命秉忠筑中都城，始建宗庙宫室。八年（1271 年）奏建国号曰大元，而以中都为大都。"

据史料可知刘秉忠为河北邢州人，初名侃，其先世仕于辽、金。母亡后削发为僧，名子聪。后被海云和尚推荐给当时为藩王的忽必烈，还俗后改名刘秉忠，以示效忠于忽必烈。因刘秉忠先世仕于辽、金，属于元代的北人，主要传承的是北方文化，故他提出"采祖宗旧典，参以古制之宜于今者"的方针，其规划都城宫殿不完全拘泥于汉制，而兼顾宫城临水和宫中主殿帝后并尊等蒙古传统，使大都宫城西临太液池和宫中帝后的主殿规模相等。大受宠信。

刘秉忠先后为元世祖忽必烈主持建造上都、大都之都城、宫殿。连忽必烈建国后朝代的名称"大元"也是由他提出的，是元代建国时的重臣。他建大都城在规划中也吸收了一些隋唐特点，如以宫殿面积为都城面积模数，并建宫殿于城市中轴线上等，以后明建北京继之，成为中国古代都城宫殿规划的重要特点。

## 也黑迭儿　主持建元上都元大都城及宫殿

357

元欧阳玄《圭斋文集》载："也黑迭儿，元大食国人，至元三年（1266年）世祖定都于燕，八月，诏也黑迭儿领茶迭儿（庐帐）局，诸色人匠总管府达鲁花赤，兼领宫殿。营建巨丽宏深之宫室城邑，以壮观瞻而为雄视八表之意。也黑迭儿乃心讲目算，指摄肱庞，而定其制度规模。"又载也黑迭儿受命建都城宫室，"魏阙端门，正朝路寝，便殿披庭，承明之署，受厘之祠，宿卫之舍，衣食器御百执事臣之居，以及池塘苑囿，游观之所，崇楼阿阁，缦屋飞檐具以法。"又说他与人同负责修筑大都城墙，"厥基阜崇，厥址具方，其直引绳，其坚凝金，又大称旨"。

按：据此可知刘秉忠是大都城及宫殿的规划设计者，而阿拉伯人也黑迭儿则是具体主持建造者（图0-26）。

阿尼哥

阿尼哥为尼泊尔人，以工匠应征至吐蕃修黄金塔。为帝师八思巴所赏识，度为僧，荐于忽必烈。至元八年（1271年）受命建大都万安寺释迦通灵宝塔（今北京白塔寺塔）。至元十年（1273年）主管诸色人匠总管府。至元十五年（1278年）命还俗，领将作院。大德五年（1301年）建浮图于五台（今五台塔院寺大塔）。大德九年（1305年）建圣寿万宁寺。大德十年死。

# 明朝

陆贤　参加建洪武南京宫殿及永乐北京宫殿者

《康熙无锡县志》载："陆贤，明无锡人。其先在元时为可兀阑（华言匠作大将），董匠作。洪武初（1368年……），朝廷鼎建宫殿，贤与弟祥应召入都。贤授营缮所丞，……历事五朝，……累加工部侍郎。"

按：据此知明太祖朱元璋在南京创建都城宫殿时，曾利用元代匠作大将的后人陆贤为工官（营缮所丞），可知其南京宫殿体制应受元代一定影响。陆祥在宣德时仕至工部侍郎，当对北京的建设也起一定作用。

陈珪　参加永乐建北京宫殿

"陈珪，明泰州人，洪武初（1368年）从徐达平中原。……永乐四年（1406年）董建北京宫殿，经画有条理，甚见奖重。"

吴中　参加永乐建北京宫殿

《明史·吴中传》载："吴中，明武城人，勤敏多计算，规画井然。洪武、永乐间在工部三十余年，官至工部尚书。北京宫殿及长、献、景三陵皆中所营造。"

阮安　参加永乐建北京宫殿及正统重建三大殿

《明史·宦官列传》载："阮安，……永乐间太监。……善谋画，有巧思，长于营造之事。奉命营建北京城池、九门、两宫、三殿，……皆大着劳绩。……正统时重建三殿。"

按：是明代由太监监管内廷工程的最早事例。

蒯祥　参加永乐建北京宫殿及正统重建三大殿

《康熙吴县志》载："蒯祥，明吴县人，本香山木工，初授职营缮，仕至工部左侍郎，能主大营缮。永乐十五年（1417年）建北京宫殿，正统中（1440年）重作三殿，皆其营度。殿阁楼榭，以至回廊曲宇，随手图之，无不中上意。"

按：上举陈珪、吴中、阮安、蒯祥等均为主持或参加明北京都城、宫殿规划建造的官员，从"随手图之，无不中上意"句可知，他们都具有规划设计和制图、造木模型的能力（图17-8）。

余子俊

四川青神人，景泰二年（1451年）进士。成化六年（1470年）巡抚延绥。九年（1473年）修筑自榆林至花马池长1770里的边墙，用军工四万人，三个月内建成。他是对明代修长城有开创性重大贡献的人。

# 清朝

梁九　参加明末清初北京宫殿建设

王士禛《梁九传》载："梁九，顺天人，自明末迄清初，凡大内兴造，皆九董其事。康熙三十四年（1695年）重建太和殿，九手制木殿一区，……工作以之为准，无爽，殆绝技也。"

按：此为史籍中较明确记载按预制之木模型营建宫殿之例。

样式雷家族

综合《哲匠录》的记载，雷氏家族主持有清一代皇家工程，成就巨大，其中突出者有：

雷发达，江西人，清初以艺应募赴北京，是为"样式雷"家族发祥之始。康熙中叶，营建三大殿，雷发达以南匠供役其间，对明清间南北官式建筑的交流和传承起一定作用。

雷金玉：雷发达长子也。……在雍正时期供役圆明园工程，为楠木作样式房掌案。

雷家玺：雷家玺是雷金玉之孙，在乾隆五十七年（1792年）承办万寿山、玉泉山、香山园庭、热河避暑山庄及昌陵等工程。

按：据此可知样式雷家族中，第一代雷发达主要参与建三大殿工程。而其后人雷金玉、雷家玺则主要主持圆明园及万寿山、香山等园林工程和皇家陵墓的规划设计和施工建造，对清代皇家工程规划设计与建造起重大作用。

样式雷家族承揽清代皇家工程两百余年，留下大量图档和模型，是了解皇家巨大工程的规划设计程序和手法的重要史料。其中最重要的是在平面布局中使用模数网格问题。在为慈禧、慈安两太后陵墓的图纸上都画有使用方100尺的方格网，称为"平格网"。这和在分析明清紫禁城平面时发现的普遍使用方10丈的模数网格的情况全同，表明这是继承了明清以来的传统规划手法，对了解古代规划手法传统的发展有重要意义。

以上为史籍所载自春秋战国齐桓公时起（约前 650 年）至清代中期（约 1800 年）约 2400 年间历代主持规划和建造宫殿（部分包括规划和建造城市者）的工官和匠师的大致情况，极不全面，尚有待进一步探索。

古代建造巨大的宫殿应有总体规划和单体建筑设计据以施工，但古代文献简略，目前史料中仅发现北齐建邺南城宫殿、北宋建汴京宫殿、金建燕京宫殿有按所制新图及规划兴建之记载，其他无记载朝代的情况尚有待进一步探索。

图书在版编目（CIP）数据

中国古代宫殿/傅熹年著. —北京：中国建筑工业出版社，2020.12
ISBN 978-7-112-25241-1

Ⅰ.①中… Ⅱ.①傅… Ⅲ.①宫殿－古建筑－介绍－中国 Ⅳ.①TU-092.2

中国版本图书馆CIP数据核字（2020）第099586号


策划编辑：王莉慧
责任编辑：李　鸽
书籍设计：付金红　李永晶
责任校对：王　烨

**中国古代宫殿**

中国建筑设计研究院有限公司
建筑历史研究所　傅熹年　著
\*
**中国建筑工业出版社**出版、发行（北京海淀三里河路9号）
各地新华书店、建筑书店经销
北京方舟正佳图文设计有限公司制版
北京雅昌艺术印刷有限公司印刷
\*
开本：889毫米×1194毫米　1 / 16　印张：23¼　字数：365千字
2022年11月第一版　2022年11月第一次印刷
定价：**165.00**元
ISBN 978-7-112-25241-1
（35957）